高等职业技术教育教材

EDA 技术项目式教程

主 编 周小军 谭 薇

西南交通大学出版社
·成 都·

图书在版编目（CIP）数据

EDA 技术项目式教程 / 周小军，谭薇主编. -- 成都：西南交通大学出版社，2025.1. -- ISBN 978-7-5774-0192-8

Ⅰ．TN702.2

中国国家版本馆 CIP 数据核字第 2024J33V06 号

EDA Jishu Xiangmu Shi Jiaocheng
EDA 技术项目式教程

主　编／周小军　谭　薇

策划编辑／张　波
责任编辑／李　伟
责任校对／左凌涛
封面设计／GT 工作室

西南交通大学出版社出版发行
（四川省成都市金牛区二环路北一段 111 号西南交通大学创新大厦 21 楼　610031）
营销部电话：028-87600564　　028-87600533
网址：https://www.xnjdcbs.com
印刷：成都中永印务有限责任公司

成品尺寸　185 mm×260 mm
印张　13.5　　字数　334 千
版次　2025 年 1 月第 1 版　　印次　2025 年 1 月第 1 次

书号　ISBN 978-7-5774-0192-8
定价　39.00 元

课件咨询电话：028-81435775
图书如有印装质量问题　本社负责退换
版权所有　盗版必究　举报电话：028-87600562

前言
PREFACE

习近平总书记在全国教育大会上强调,要构建职普融通、产教融合的职业教育体系,大力培养大国工匠、能工巧匠和高技能人才。随着我国进入新的发展阶段,产业升级和经济结构调整不断加快,各行各业对技术技能人才的需求越来越紧迫,职业教育的地位和作用也更加凸显。发展新质生产力、为建设现代化产业体系培养人才,是职业教育的重要使命。职业院校作为社会高技能型人才培养的重要组成部分,应进一步深化产教融合,提高职业教育与新质生产力的耦合度,有效弥补产业发展与实际专业之间的差距,促进教育链、人才链与产业链、创新链的无缝衔接,不断推进职业教育教学改革,优化高素质、高技能型专业人才培养模式。"五金"建设是新时代职业教育的新基建,"金教材"是人才培养的主要载体。为满足新时代职业教育高质量发展对教材的需求,编者依据《国家职业教育改革实施方案》《关于推动现代职业教育高质量发展的意见》等要求,结合职业教育教学特色,精心编写了本书。在内容的组织上,本书采用项目任务式体例,遵循"理论够用、实用为主"的原则,进一步突出职业标准和岗位能力的培养。

全书共分为两部分:第一部分为项目平台及语言环境,包括 QuartusⅡ软件的使用和 VHDL 语言的使用;第二部分为项目实训,包括基于 VHDL 的基本逻辑门测试、基于 VHDL 的流水灯设计、基于 VHDL 的七人表决器设计、基于 VHDL 的计数器设计、基于 VHDL 的数字抢答器设计和基于 VHDL 的交通灯控制器设计 6 个项目。其中,第一部分、第二部分项目八及课程思政内容由谭薇编写,第二部分项目三至项目七、项目八的部分内容及思考题由周小军编写。

本书出版得到了甘肃工业职业技术学院"双高计划"职业教育新型教材建设项目的鼎力支持。在本书编写过程中,编者参考了大量有关 EDA 技术的文献资料,同时也借鉴了部分网络资源,在此对相关作者表示衷心的感谢。同时,感谢苏州宏宝利智能科技有限公司、天水释权电子有限公司提供的技术支持。

本书理论与实践并重,突出项目实践操作,注重学生综合职业技能的培养,可作为高等职业院校电子信息类、通信类及自动化类相关专业的教材,也可作为相关单位技术培训和职业技能鉴定考证的参考书。

由于编者水平有限,书中疏漏与不妥之处在所难免,敬请广大读者批评指正。

编 者

2025 年 1 月

目 录
CONTENTS

第一部分　项目平台及语言环境……………………………………………001

项目一　Quartus Ⅱ软件的使用………………………………………………002

项目二　VHDL 语言的使用……………………………………………………020

第二部分　项目实训……………………………………………………………044

项目三　基于 VHDL 的基本逻辑门测试………………………………………045

项目四　基于 VHDL 的流水灯设计……………………………………………063

项目五　基于 VHDL 的七人表决器设计………………………………………085

项目六　基于 VHDL 的计数器设计……………………………………………107

项目七　基于 VHDL 的数字抢答器设计………………………………………135

项目八　基于 VHDL 的交通灯控制器设计……………………………………174

参考文献………………………………………………………………………209

第一部分

项目平台及语言环境

项目一

Quartus Ⅱ 软件的使用

学习目标

（1）理解 Quatus Ⅱ 软件的基本操作与界面布局；
（2）了解 FPGA 设计的基本流程；
（3）了解 FPGA 芯片的基本结构和硬件编程概念。

能力目标

（1）能够使用 Quartus Ⅱ 软件进行 FPGA 设计的输入、编译仿真和下载；
（2）能够分析 FPGA 设计的流程，并提出相应的设计方案。

思政目标

（1）培养学生对电子设计及编程的兴趣，激发学生的创新意识和探索精神；
（2）培养学生的团队协作意识，学会与他人共同分析问题、解决问题。

一、Quartus Ⅱ 概述

Quartus Ⅱ 是 Altera 公司继 MAX + PLUS Ⅱ 后，所提供的 FPGA/CPLD 开发集成环境。Quartus Ⅱ 提供了一个容易适应特定设计所需要的完整多平台设计环境。它不仅包括 FPGA/CPLD 设计所有阶段的解决方案，而且提供了可编程片上系统（SOPC）设计的综合性环境。Quartus Ⅱ 除了保留有 MAX + PLUS Ⅱ 的特色外，还可以利用第三方的综合工具，如 Synopsys、NativeLink 和仿真工具 ModelSim 等。

（一）设计的主要环节

Quartus Ⅱ 可以使设计者完成设计输入、分析与综合、仿真、布局布线、时序分析、引脚锁定及下载等工作。图 1-1 显示了使用 Quartus Ⅱ 进行设计的各主要环节。

```
         ┌─────────────┐
         │  设计输入   │
         └──────┬──────┘
                ↓
         ┌─────────────┐    ┌──────────┐
    ┌──  │ 分析与综合  │──→ │ 功能仿真 │
    │    └──────┬──────┘    └──────────┘
    │           ↓
全编译│   ┌─────────────┐
    │    │  布局布线   │
    │    └──────┬──────┘
    │           ↓
    │    ┌─────────────┐    ┌──────────┐
    └──  │  时序分析   │──→ │ 时序仿真 │
         └──────┬──────┘    └──────────┘
                ↓
         ┌──────────────┐
         │ 引脚锁定及下载│
         └──────────────┘
```

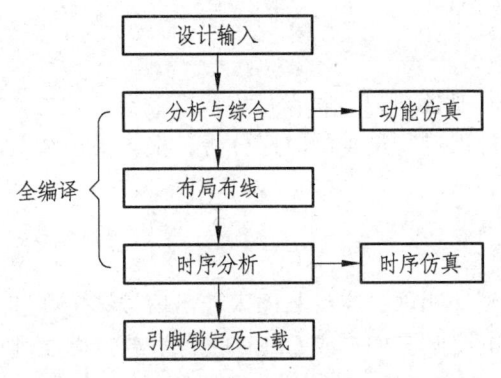

图 1-1　Quartus Ⅱ 进行设计的主要环节

1. 设计输入

设计输入包括图形输入和硬件描述语言（HDL）文本输入两大类型。本书主要用到其中的原理图输入和 VHDL 输入两种方式。HDL 语言描述在状态机、控制逻辑、总线功能方面较强；而原理图输入在顶层设计、数据通路逻辑等方面具有图形化强、功能明确等特点。HDL 设计方式是现今设计大规模数字集成电路的常用形式，除 IEEE 标准中的 VHDL 与 Verilog HDL 两种形式外，还有 FPGA 厂家各自推出的专用语言，如 Quartus Ⅱ 下的 AHDL。Quartus Ⅱ 支持层次化设计，可以在一个新的输入编辑环境中调用不同输入设计方式完成的模块，从而完成混合输入设计，以发挥二者的各自特色。

2. 分析与综合

在完成设计输入之后，即可对其进行分析与综合。其中，先进行语法的分析与校正，然后依据逻辑设计的描述和各种约束条件进行编译、优化、转换和综合，最终获得门级电路甚至更底层的电路描述网表文件。因此，综合就是将电路的高级语言（如行为描述）转换成低级的，可与 FPGA/CPLD 的基本结构相映射的网表文件或程序，既可以使用 Quartus Ⅱ 中的综合器来分析设计文件和建立工程数据库，也可使用其他 EDA 综合工具设计文件，然后产生与 Quartus Ⅱ 软件配合使用的网表文件。

3. 仿　真

仿真包括功能仿真和时序仿真。进行功能仿真，即直接对 VHDL、原理图描述或其他描述形式的逻辑功能进行测试模拟，以了解其实现的功能是否满足原设计的要求，其仿真过程没有加入时序信息，不涉及具体器件的硬件特性。而时序仿真接近真实器件运行特性的仿真，仿真精度高。Quartus II 可以通过建立和编辑波形文件，来执行仿真波形的模拟分析。

4. 布局布线

若功能仿真结果满足逻辑设计，则可执行布局布线。其目的是将综合后产生的网表文件配置于指定的目标器件中，使之产生最终的下载文件。在 Quartus II 中，使用综合中建立的数据库，将工程的逻辑和时序要求与器件的可用资源相匹配。它将每个逻辑功能分配给最好的逻辑单元位置，进行布线和时序，并选择相应的互连路径和引脚分配。

5. 时序分析

Quartus II 中的时序分析功能可以分析设计中所有逻辑的性能，并协助引导适配器满足设计中的时序分析要求，还可以进行最少的时序分析，报告最佳情况时序结果，验证驱动芯片外信号的时钟至管脚延时。

6. 引脚锁定及下载

为了对设计工程进行硬件测试，应将其输入输出信号锁定在芯片确定的引脚上。最后将下载或配置文件通过编程电缆向 FPGA 或 CPLD 进行下载，以便进行硬件调试和验证。

（二）Quartus II 的主界面

双击桌面上的 Quartus II 图标，打开主界面，如图 1-2 所示。主界面上除了工程导航栏、进度栏和信息窗口之外，中间大块区域既是源文件输入区，也是仿真、编译后结果的查看区。而快捷按钮栏中的每个按钮都可在菜单中找到相对应的命令。在后面的实例中，会介绍如何从栏目和窗口中读取需要的信息。

图 1-2　Quartus II 的主界面

二、Quartus Ⅱ 的 VHDL 输入设计流程

下面将以一个 4 分频的分频器为例，介绍运用 Quartus Ⅱ 实现其功能的详细步骤及方法。其主要设计流程如下：

新建工程→新建 VHDL 设计文件→功能仿真→全编译→时序仿真→引脚锁定和下载。

（一）新建工程

首先建立自己的工作文件夹，用来存放所有的设计工程及文件，建议用 DA+学号命名。在工作文件夹中还可以建立设计工程的文件夹，不同的设计项目放在不同的文件夹中。在机房里所有用户文件夹都建立在 D 盘中，文件夹名称中最好不要含有中文，如 D:\DA2004010111\divider4。具体操作步骤如下：

（1）选取菜单中的 File→New Project Wizard，出现新建工程向导窗口。直接点击 Next 进入设置窗口，如图 1-3 所示。

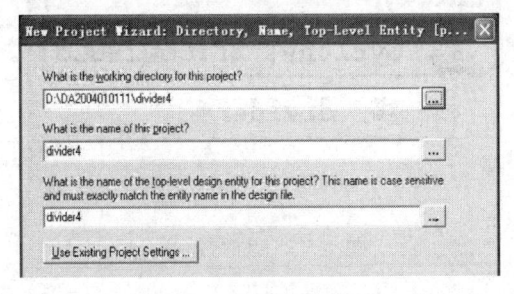

图 1-3　新建工程向导

（2）在工程目录设定处点击 ... 按钮，在 Select Diretory 对话框中选择此工程的存放路径，如图 1-3 中所示为 D:\DA2004010111\divider4。选中后，点击打开按钮。与此同时，Quartus Ⅱ 自动将工程名称、顶层设计实体名称与存放工程的文件夹名称设为一样的名称，为 divided。

（3）点击 Next 进入添加文件窗口（图略）。如果文件夹中存有已录入的与工程相关的输入文件，那么可以直接添加到工程中。因为目前没有任何输入文件，所以点击 Next 进入下一窗口，即选择目标芯片窗口，如图 1-4 所示。

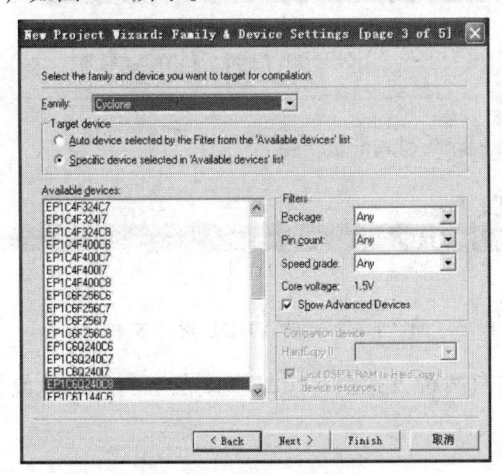

图 1-4　选择目标芯片

（4）在 Family 栏中选择目标芯片系列 Cyclone，然后选择此系列中的具体芯片型号为 EP1C6Q240C8。

（5）点击 Next 进入 EDA 工具设置窗口（图略），勾选要用的第三方 EDA 工具。本次操作不采用第三方工具，因此点击 Next 进入最后的总结窗口（图略）。在这个窗口中列出了所有前面设置的结果。如果有错误，可以点击 Back 回去一一修改，否则按 Finish 结束。

经过第一次设置后，以后再新建工程时目标芯片等设置可以略掉，只需在图 1-3 中设定好工程的存放路径后就直接点击 Finish 结束。

这时在 QuartusⅡ主界面左侧的工程导航栏 Project Navigator 中显示本工程的顶层设计文件名称为 divider4，如图 1-5 所示。若没有出现导航栏，可以从菜单栏 View→Utility→Project Navigator 中调出。

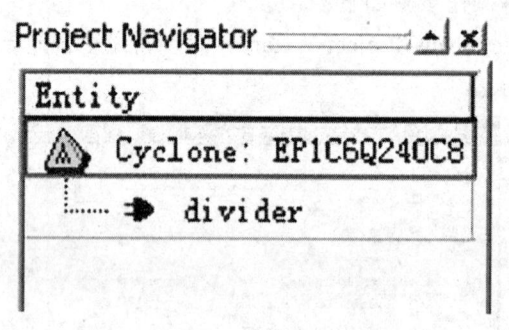

图 1-5　工程导航栏

（二）新建 VHDL 设计文件

在建好工程后，就可以添加 VHDL 输入文件。具体步骤如下：

（1）在 QuartusⅡ主界面菜单栏中选择 File→New，弹出新建设计文件窗口，如图 1-6 所示。在 Device Design Files 页选中 VHDL File 项，点击 OK 按钮打开 VHDL 文本编辑窗口，其默认文件名为"Vhdl.vhd"。

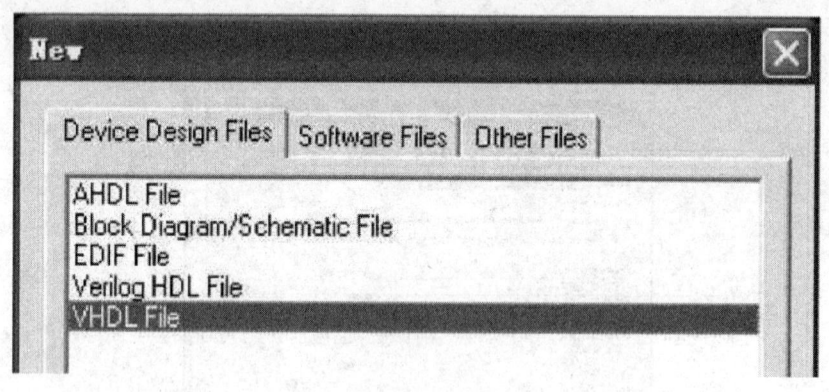

图 1-6　新建 VHDL 设计文件

（2）输入 VHDL 文件有两种方式：一个是直接在空白处输入设计文件，4 分频的 VHDL 文件如下所示。

```vhdl
 1  LIBRARY IEEE;
 2  USE IEEE.std_logic_1164.all;
 3
 4  entity divider4 is
 5    generic(LEN  : integer := 2);
 6    port(
 7         clkin  : in    std_logic;
 8         clkout : out   std_logic
 9         );
10  end divider4;
11
12  architecture beh of divider4 is
13  begin
14    process(clkin)
15      variable cnt  : integer range 0 to LEN - 1;
16      variable clkt : std_logic ;
17    begin
18      if rising_edge(clkin) then
19        if cnt = LEN - 1 then
20          if clkt = '1' then
21            clkt := '0' ;
22          else
23            clkt := '1' ;
24          end if;
25            cnt := 0 ;
26        else
27            cnt := cnt + 1;
28        end if;
29            clkout <= clkt;
30      end if;
31    end process;
32  end beh;
```

最后保存文件名为"divider4.vhd"。注意：确认文件保存在本工程文件夹下、实体名和VHDL设计文件名一致，而且在保存时要勾选"保存为"对话框下方的"Add file to current project"选项。

另一种方式是通过使用模板来输入文件。方法是选择菜单 Edit→Insert Template 或在空白窗口中单击右键选择 Insert Template，弹出插入模板窗口，如图 1-7 所示。在左侧 Show syntax of 列表中选中 VHDL，然后从右侧 Template section 列表中选取 Architecture Body 并点击 OK 即可。那么就会将结构体模版插入文本编辑窗口中，随后修改模版内容成为所需要的 VHDL 输入文件。在 Template section 列表中还有其他多种模版形式，可以提供给设计者使用。

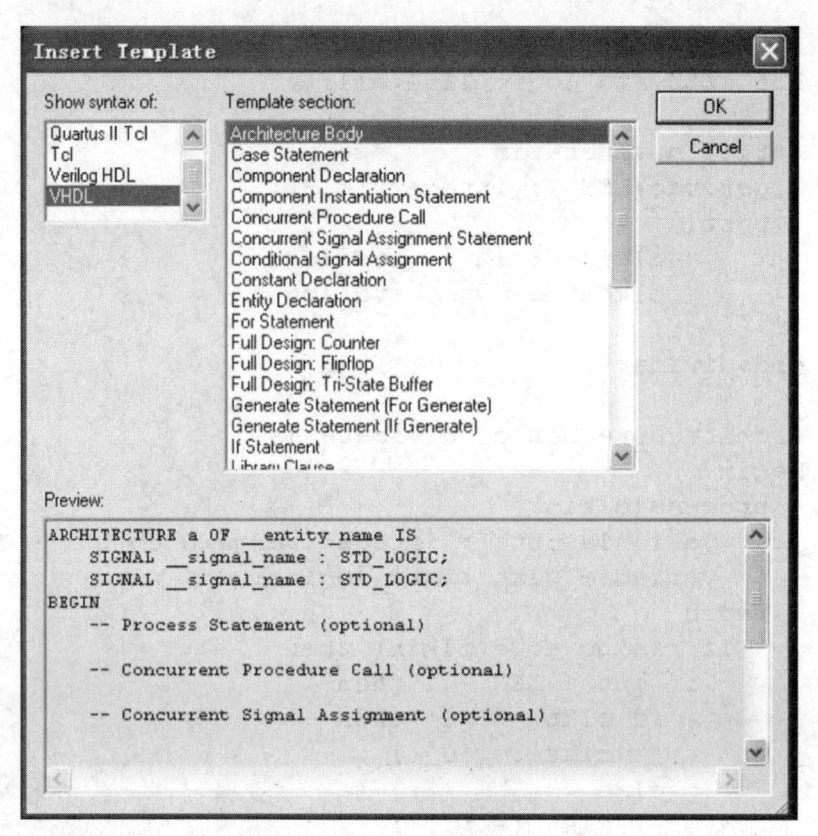

图 1-7 插入模版

（三）功能仿真

因为功能仿真只是对设计文件进行逻辑功能测试，不经过适配，也不涉及具体器件的硬件特性。所以直接进行功能仿真的好处是编译耗时短、开发效率高。下面将介绍如何对 VHDL 设计文件进行分析与综合，然后通过观察输入输出波形的关系来检查它是否满足设计要求。

1. 对 VHDL 设计文件执行分析与综合

从菜单栏中选择 Processing→Start→Start Analysis&Synthesis 或单击快捷按钮 编译进行时，将检查文件的逻辑完整性及语法错误等，并在左侧 Status 栏中显示编译的进度，同时主界面下方的信息窗口中实时显示进程中的各条信息。如果出现错误信息，可双击此条文，则立即在 VHDL 设计文件中标记至相应位置。一般在多条错误信息中只要修改最上面显示的错误即可，因为一种错误会导致多个错误信息的出现。修改后保存文件重新执行编译，直至排除所有的错误。

2. 指定功能仿真模式

选择菜单 Assignments→settings 或单击快捷按钮 ，在左侧 Category 栏中选中 Simulator Settings，然后在右侧 Simulation mode 的下拉栏中选中 Functional，如图 1-8 所示。

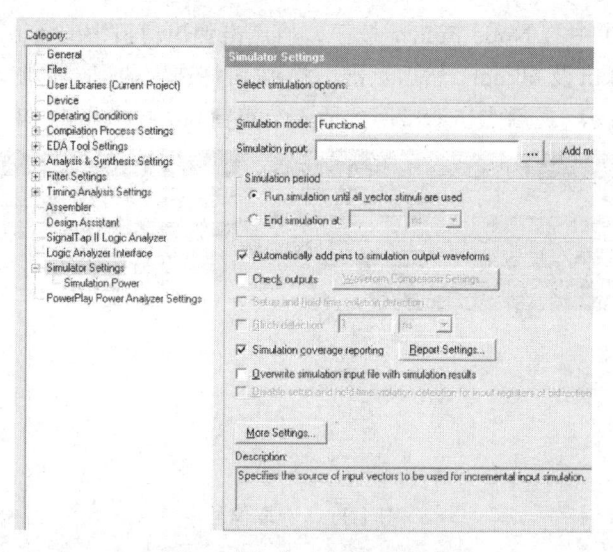

图 1-8 指定功能仿真模式

3. 通过建立波形文件进行仿真

具体步骤如下：

（1）在 Quartus Ⅱ 主界面菜单栏中选择 File→New，在 Other Files 页选中 Vector Waveform File 项，如图 1-9 所示。点击 OK 按钮打开空白波形编辑窗口，其默认文件名为"Waveforml.vwf"。

（2）选择菜单栏中的 Edit→Insert Node or Bus，弹出插入节点窗口，如图 1-10 所示。

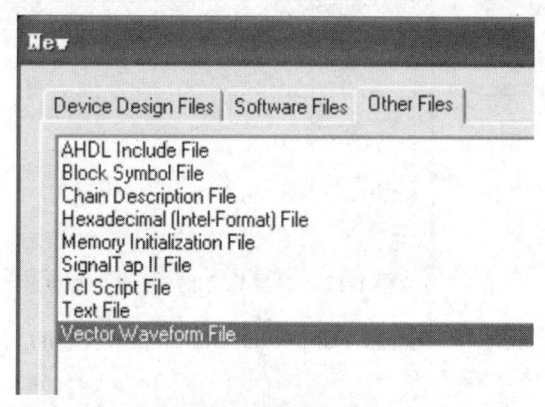

图 1-9 新建波形文件

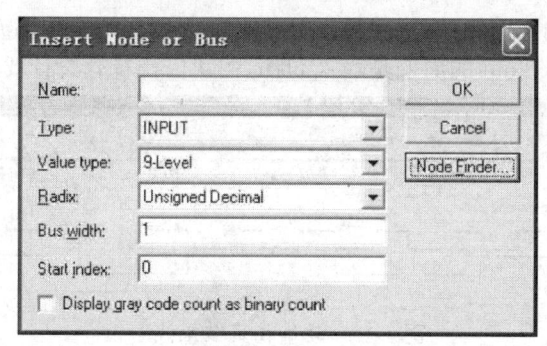

图 1-10 插入节点

（3）点击图 1-10 中的 Node Finder 按钮，再点击弹出窗口中的 List 按钮。在左侧 Nodes Found 窗口中选取 clkin 及 clkout，然后点击 > 按钮将选中的信号选取至右侧 Selected Nodes 窗口中，如图 1-11 所示。最后点击 OK 回到插入节点窗口，再次点击 OK 回到波形编辑窗口。

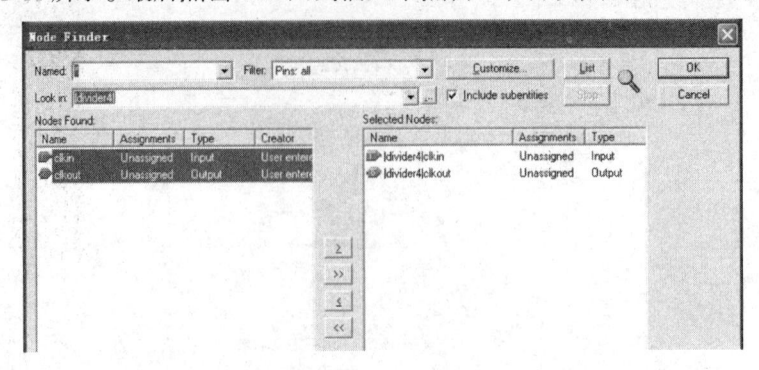

图 1-11　选取信号

（4）选中输入信号 clkin 使之成为蓝条显示，选取波形编辑窗口左侧栏中的 按钮，接受默认设置，结果如图 1-12 所示。保存此波形文件名为"divider4.vwf"。

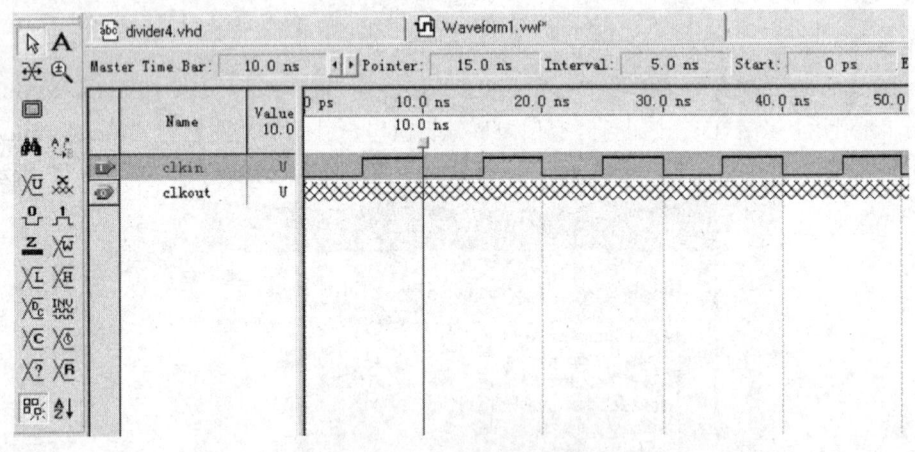

图 1-12　设置输入信号

（5）运行菜单 Processing→Generate Functional Simulation Netlist 命令产生用于功能仿真的网表文件。

（6）选取 Processing→Start Simulation 或单击快捷按钮 执行模拟仿真。仿真无误后，通过点击鼠标右键菜单中的 Zoom 命令将波形放至合适大小，仿真结果波形图如图 1-13 所示。从图中可以看到，输出 clkout 的周期是输入 clkin 的 4 倍，符合设计要求。

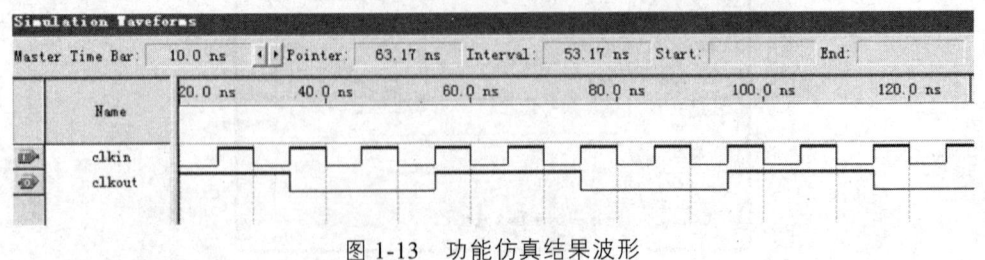

图 1-13　功能仿真结果波形

（四）编译前的一些设置及全编译

Quartus Ⅱ 编译器是由一系列处理模块构成的，它们负责对设计项目进行查错、逻辑综合、结构综合、输出结果的编辑配置及时序分析。在编译前，设计者可以通过不同的设置，使编译器利用不同的综合和适配技术，以提高设计项目的工作速度，优化器件的资源利用率。设计者在执行编译时，既可以选择 Start Compilation 全编译，也可以选择 Start 菜单中的不同选项来分别进行分析与综合、布局布线（适配）、时序分析等。

1. 编译前的设置

在编译处理前，必须做好一些必要的设置，一般常做的有以下几个步骤：

（1）如果前面新建工程时已经选定了目标芯片，那么这步可以跳过不做，否则可以选择菜单 Assignments→settings 或单击快捷按钮 ，在左侧 Category 栏中选中 Device，然后在右侧界面中按图 1-4 所示选取目标芯片 EP1C6Q240C8。

（2）选择菜单 Assignments→settings 或单击快捷按钮 ，在左侧 Category 栏中选中 Device，然后在右侧界面中单击 Device&Pin Options 按钮，弹出窗口，如图 1-14 所示。选中 General 页，在 Options 栏中选择 Auto-restart Configuration after error，使对 FPGA 的配置失败后能自动重新配置。

（3）如果需要将配置文件（*.pof）下载到配置器件中，可在编译前做好设置。选中图 1-14 中的 Configuration 页，在如图 1-15 所示的窗口中选中 Generate Compressed bitstreams 选项。

（4）由于我们选用的实验系统上的配置器件是 EPCS1 或 EPCS4，而对其编程必须用 AS Mode。因此在 Configuration 页还要选择 Configuration scheme 为 Active Serial，Configuration device 则根据实际使用的配置器件来选择，如图 1-15 所示。

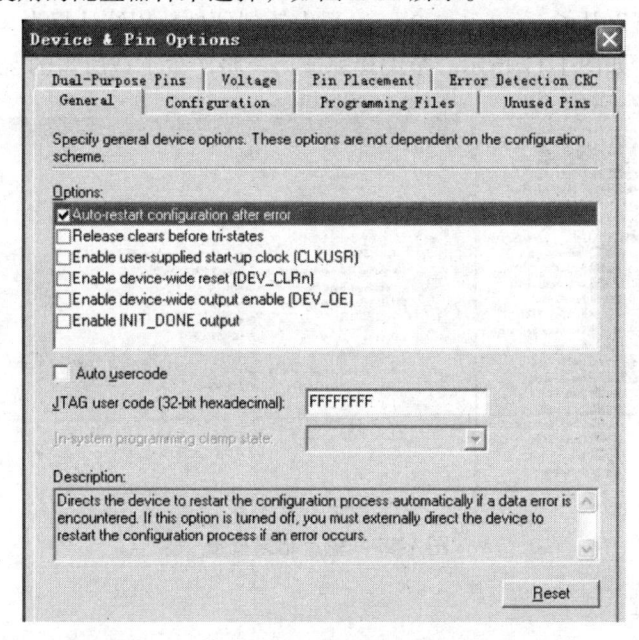

图 1-14 对 FPGA 的配置失败后能自动重新配置

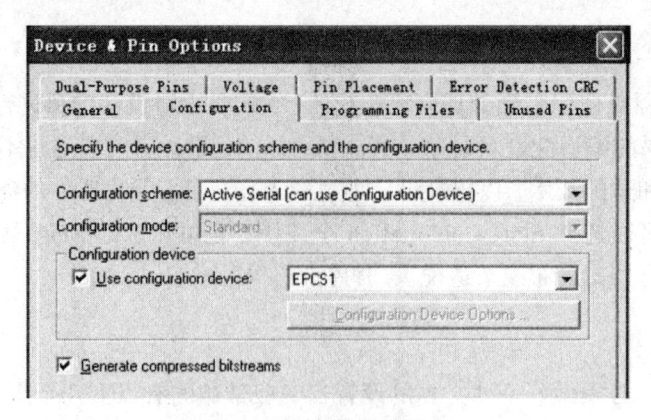

图 1-15 选择配置器件

2. 执行全编译

选取菜单 Processing→Start Compilation 或单击快捷按钮 ▶ 执行全编译。

编译过程中进度栏里的编译进度状况如图 1-16 所示，其中显示了每一个编译的执行步骤及所耗费的时间等信息，主界面最下方的信息窗口中同时显示各条信息。

图 1-16 编译进度状况

编译成功后，可以从 Compilation Report 页中读到硬件耗用统计报告、布局布线报告及时序特性报告等信息，如图 1-17 所示。全编译完成后，将产生下载所需的 sop 或 sof 文件。

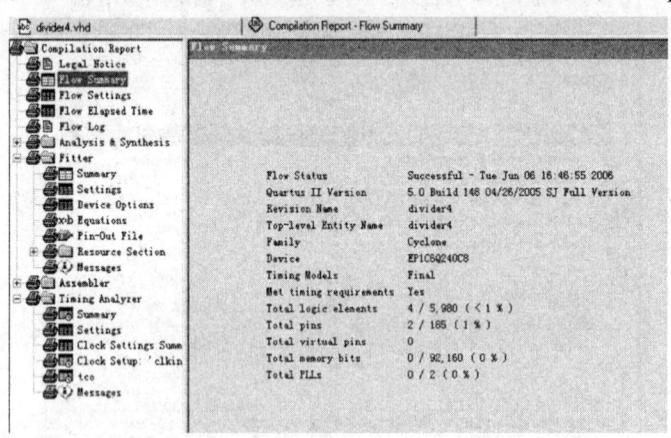

图 1-17 编译结果摘要

（五）时序仿真

在全编译期间已经自动对设计文件进行了时序分析，并从编译报告中读取了相关时序结果。

这里我们希望通过波形模拟方式分析输入输出信号。以下是具体操作过程，其中一些步骤与做功能仿真时相同。

1. 指定时序仿真模式

选择菜单 Assignments→settings 或单击快捷按钮 ✎，在左侧 Category 栏中选中 Simulator setting，然后在右侧 Simulation mode 的下拉栏中选中 Timing，如图 1-18 所示。

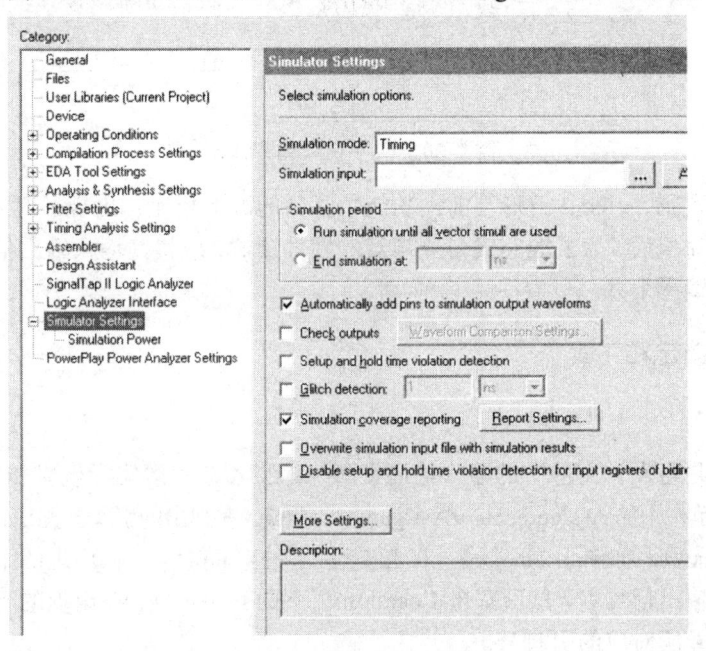

图 1-18　指定时序仿真模式

2. 通过建立波形文件进行仿真

可以按以下步骤进行：

（1）在 Quartus Ⅱ 主界面菜单栏中选择 File→New，在 Other Files 页选中 Vector Waveform File 项。点击 OK 按钮打开空白波形编辑窗口，其默认文件名为"Waveforml.vwf"。或者打开已有的波形文件*.vwf。

（2）对于时序仿真来说，将仿真时间设置在一个合理区域十分重要。通常设置的时间范围在数十微秒之间。选择菜单 Edit→End Time，在弹出的结束时间窗口中设置为 1 μs，如图 1-19 所示。

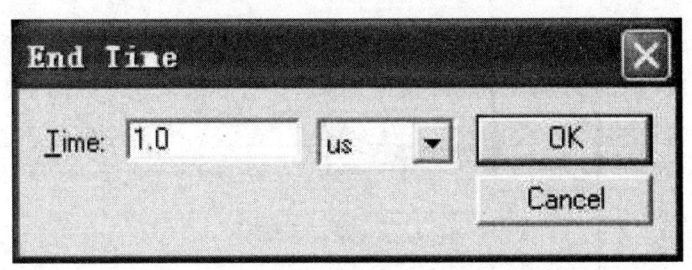

图 1-19　设置结束时间

（3）加入输入输出信号，设置输入信号周期，保存文件等步骤均都与前面介绍功能仿真时相同。

（4）选取 Processing→Start Simulation 或单击快捷按钮 执行模拟仿真。运用 按钮或右键菜单中的 Zoom 命令将波形放至合适大小，仿真结果波形如图 1-20 所示。

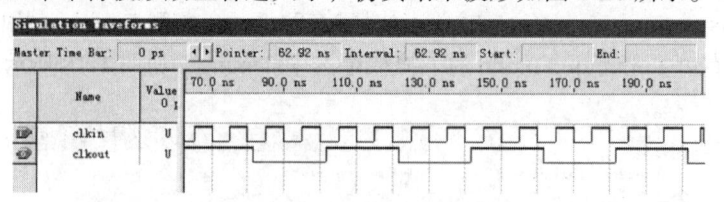

图 1-20　时序仿真结果波形

从图中可以看到，clkout 波形与前面功能仿真后的波形相比，出现了时间差异。

在时序仿真完成后，为了能完成对分频器的硬件测试，应将其输入输出信号锁定在具体的芯片引脚上，并编译下载。

（六）引脚锁定和下载

1. 引脚锁定

引脚锁定就是将设计文件中的输入输出管脚与 FPGA 芯片的实际管脚相对应起来。

（1）选择菜单栏中的 Assignments→Assignment editor，在弹出的引脚分配窗口中的 Category 下拉表中选取 Pin 选项，如图 1-21 所示。双击 To 栏下的<<new>>，在出现的下拉列表中分别选定要锁定的输入输出信号名，然后双击 Location 栏下的<<new>>，在出现的下拉列表中分别指定与输入输出信号所对应的引脚号。

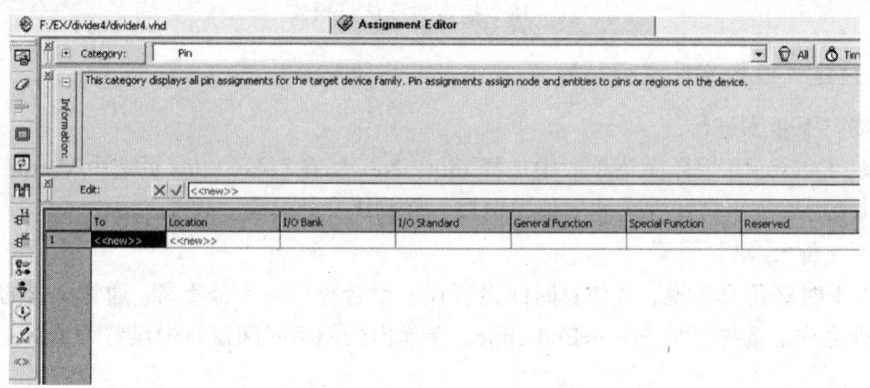

图 1-21　引脚分配

例如：clkin 锁定 28 脚，clkout 锁定 214 脚，分配结果显示如图 1-22 所示。

图 1-22　指定引脚号

（2）保存引脚锁定信息，再做一次全编译（Start Compilation），以便将引脚锁定信息编译进下载文件中。

2. 将编译产生的 sof 文件下载到 FPGA 中

（1）将使用的 GW48 系列 SOPC/EDA 实验开发系统和并口通信线连接好。

（2）打开系统电源，设实验系统的工作模式为模式 5。

（3）选择菜单栏中的 Tools→Programmer 或单击快捷按钮，弹出窗口，如图 1-23 所示。

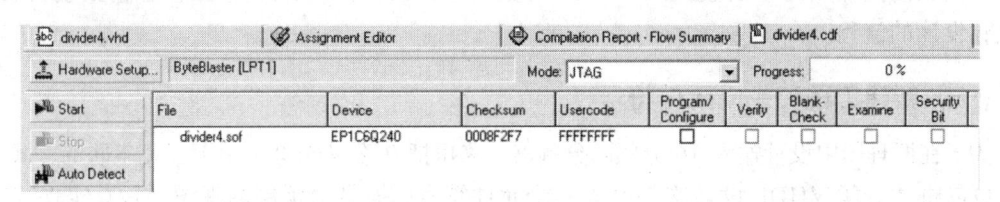

图 1-23　下载界面

（4）将 Hardware Setup 选择为 ByteBlaster [LPT1]。

（5）在 Mode 下拉列表中选取 JTAG。

（6）添加下载文件 divider4.sof。

（7）勾选 Program/Configure 项。

（8）单击 Start 按钮执行下载操作。下载成功后主界面下方信息提示窗中显示成功，Progress 显示 100%，如图 1-24 所示。

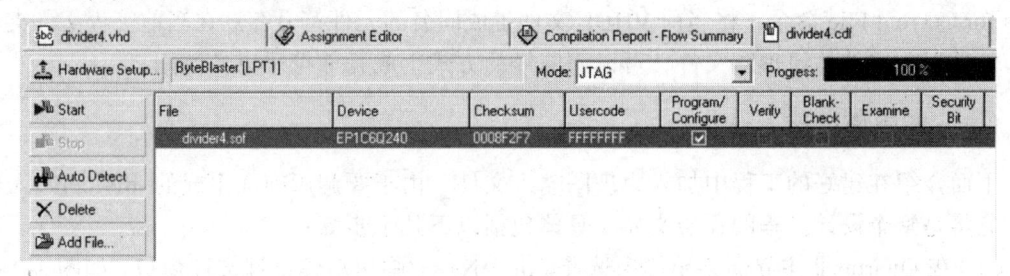

图 1-24　执行下载

如果希望 FPGA 上电后能够保持原有的配置文件而不用重新下载，必须将配置文件*.pof 下载到配置芯片 EPCS1/4 中。EPCS1/4 是 Cyclone 系列芯片的专用配置芯片，编程模式为 Active Serial 模式。所以需要修改如图 1-24 所示的设置，在 Mode 的下拉列表中选择 Active Serial Programming，在弹出的窗口中选择"是"。点击 Odd files 按钮添加配置文件 divider4.pof。勾选 Program/Configure、Verify、Blank-Check 项，如图 1-25 所示。单击 Start 按钮执行下载操作。

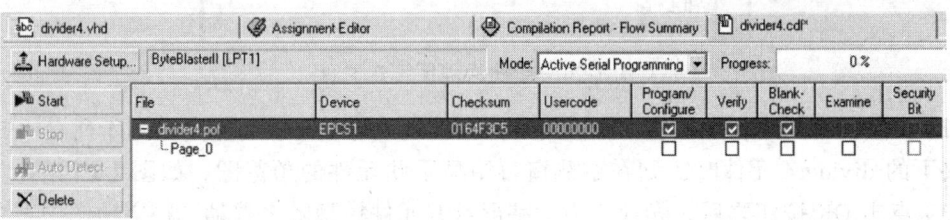

图 1-25　下载 pof 文件

最后可以在实验装置上验证分频器的功能。如选择 Clock（输入端 clkin）的跳线位置为

750 kHz，通过引出的芯片管脚用示波器观察输入输出信号的频率。

三、Quartus II 的原理图输入设计流程

下面在前面分频的基础上设计一个 16 分频的分频器，并且介绍用原理图输入的方式进行层次化设计的流程。

（一）新建工程和生成元件符号

为了在原理图中设计输入 16 分频的分频器，采用把 2 个 4 分频的分频器相串联的方式。因此，可以将 4 分频 VHDL 设计文件生成一个元件符号，提供给顶层原理图调用，实现 VHDL 设计和原理图设计的混合输入设计方法。

（1）新建一个工程文件夹，如 D:\DA2004010111\divider。由于前面已经录入过 4 分频 VHDL 文件，所以可以直接拷贝来作为底层文件调用。将 divider4 工程文件夹中的 divider4.vhd 文件拷贝至当前文件夹中。

（2）新建工程名为 divider，同样选取目标芯片为 Cyclone 的 EP1C6Q240C8，然后点击 Finish 结束新建工程向导。

（3）选择 File→Open，打开 divider4.vhd 文件。再选择 File→Create/Update→Create Symbol Files for Current File 命令，将当前 VHDL 文件生成同名的元件符号存放在当前工程文件夹中。

如果当前文件是原理图文件，可以用同样的方式生成元件符号以备调用。

（二）新建原理图设计文件

下面介绍在建好的工程中加入原理图输入文件。由于要调用前面生成的 divider4 元件，因此它将是整个设计工程的顶层文件。具体包括以下几个步骤：

（1）在 Quartus II 主界面菜单栏中选择 File→New，弹出新建设计文件窗口，如图 1-26 所示。在 Device Design Files 页选中 Block Diagram/Schematic File 项，点击 OK 按钮打开原理图编辑窗口，其默认文件名为"Block1.bdf"。

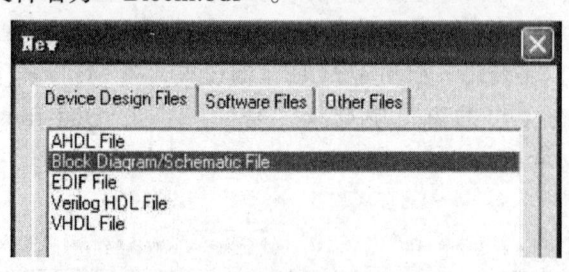

图 1-26 新建原理图设计文件

（2）在空白窗口中任意位置双击左键，弹出输入元件窗口。当选中左侧库列表中 Project 文件夹下的 divider4 元件时，则在右侧窗口中显示此元件的预览图，如图 1-27 所示。

（3）点击 OK 按钮之后，光标变为十字形且有元件模型随之移动。在空白图中适合位置单击左键放下元件。然后重复操作再放置一个。

（4）在输入元件窗口左侧库列表中，选中元件库文件夹 primitives/pin 中的 input 元件，如图 1-28 所示。

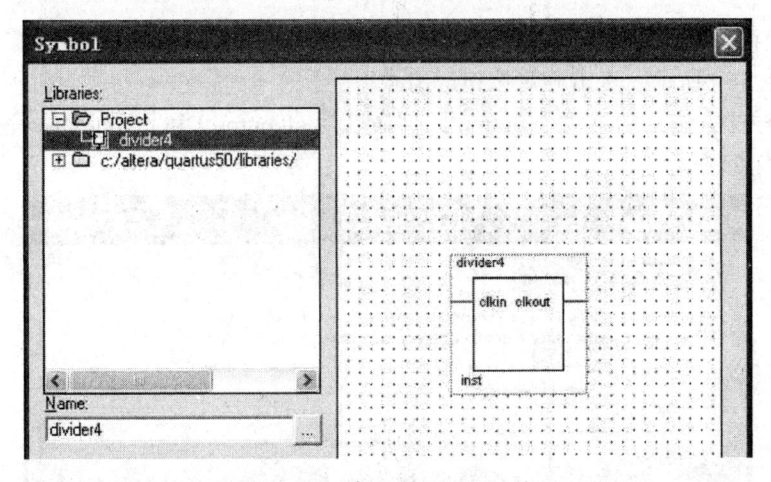

图 1-27 输入 divider4 元件

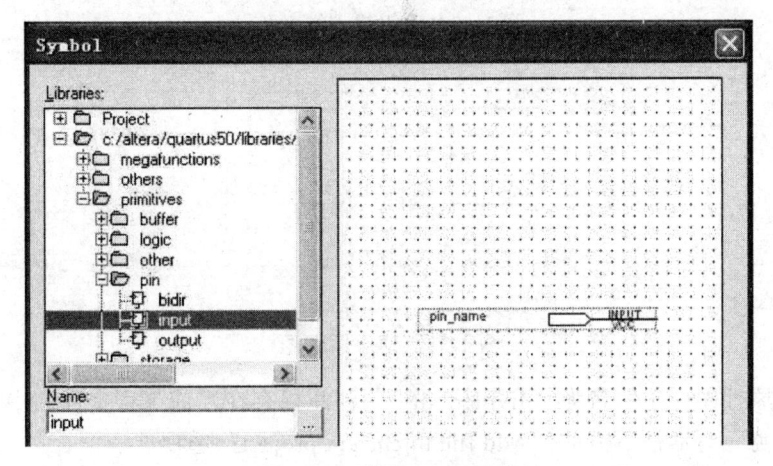

图 1-28 输入 input 元件

（5）点击 OK 按钮后放置在图纸最左侧。用同样的方法调出两个 output 元件，分别放在图中。

（6）将光标移至 input 元件的管脚边，使光标变为如图 1-29 所示的十字形。

（7）单击十字形光标，并移动至左边 divider4 元件的 clkin 管脚上，再次单击形成一根连线。注意不要超过管脚端，不到或超过管脚端都会在线端显示×。完成其他连线。

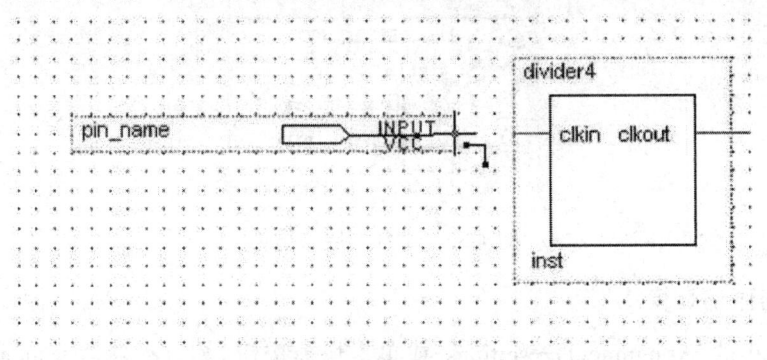

图 1-29 光标变为十字形

（8）双击 input 元件，打开 Pin Properties 窗口，在 Pin names(s)：栏中输入输入端名称 clkinput，如图 1-30 所示，点击确定按钮退出。

（9）用同样的方法分别将两个 output 元件命名为 clkoutputl 和 clkoutput。完成顶层原理图的设计，如图 1-31 所示。

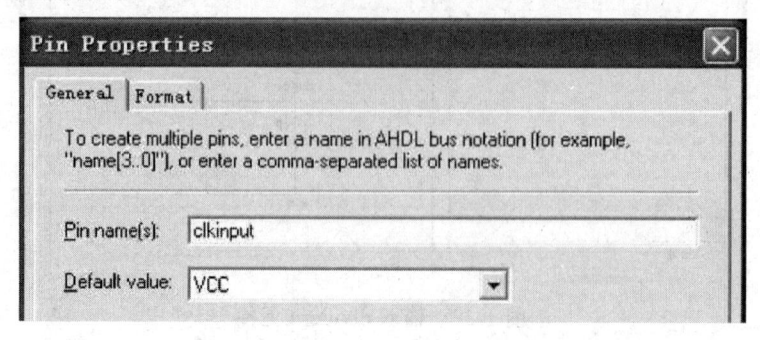

图 1-30　输入输入端名称

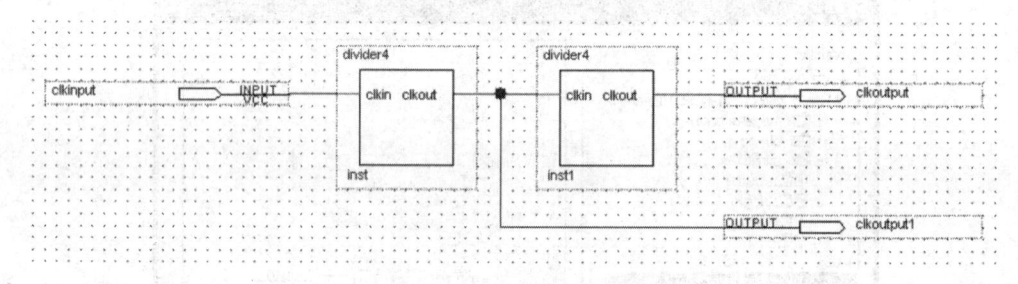

图 1-31　顶层原理图

最后保存原理图，文件名为"divider.bdf"，注意保存在当前工程文件夹中，且在保存时要勾选"保存为"对话框下方的"Add file to current project"选项。

（三）全编译和时序仿真

这里我们略过功能仿真部分，直接观察时序仿真结果。

在做好编译前的必要设置并执行完全编译后，在主界面左侧导航栏中可以看到工程的顶层和底层文件名称及层次结构，如图 1-32 所示。

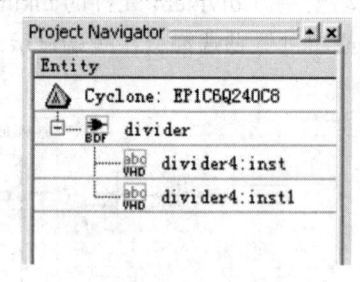

图 1-32　工程的层次结构

1. 指定时序仿真模式

选择菜单中的 Assignments→settings 或单击快捷按钮 ✎，在左侧 Category 栏中选中 Simulator，然后在右侧 Simulator mode 下拉栏中选中 Timing。

2. 通过建立波形文件进行仿真

（1）选择菜单栏中的 File→New，在 Other Files 页选中 Vector Waveform File 项。点击 OK 按钮打开空白波形编辑窗口。

（2）选择菜单中的 Edit→End Time，在弹出的结束时间窗口中设置为 1 μs，如图 1-19 所示。

（3）加入输入输出信号，设置输入信号周期为 10 ns，然后保存波形文件。

（4）选取 Processing→Start Simulation 或单击快捷按钮 ![icon] 执行模拟仿真。运用 ![icon] 按钮或右键菜单中的 Zoom 命令将波形放至合适大小，仿真结果波形如图 1-33 所示。

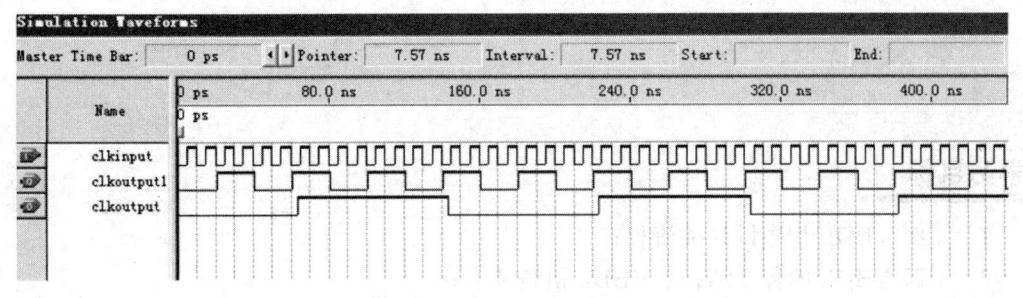

图 1-33　时序仿真结果波形

从图中可以看出，输出端 clkoutput 满足 16 分频的要求。

时序仿真结果满足设计要求后，可对整个工程进行引脚分配和下载。

思考题

（1）EDA 的英文全称是什么？EDA 的中文含义是什么？
（2）什么是 EDA 技术？具体都包含有哪些内容？
（3）EDA 与 ASIC 设计和 FPGA 开发有什么关系？
（4）什么是 VHDL？与软件描述语言相比，VHDL 有什么特点？
（5）在 EDA 技术中，自顶向下的设计方法的重要意义是什么？

项目二

VHDL 语言的使用

学习目标

（1）了解 VHDL 程序设计的流程；
（2）了解 VHDL 的程序结构、VHDL 语言要素；
（3）掌握 VHDL 硬件描述语言的语法和结构。

能力目标

（1）掌握 VHDL 的程序结构、实体；
（2）掌握 VHDL 的结构体、进程、库和程序包；
（3）掌握 VHDL 的语言要素、数据对象和数据类型。

思政目标

（1）培养学生严谨科学的态度；
（2）培养学生的实际工程应用能力，提高学生的综合素质。

一、VHDL 的特点

随着电子设计技术的高速发展，电路的复杂度越来越高，产品的更新速度越来越快，原理图输入的方法已经不能满足工业界对设计能力的要求。VHDL（Very High Speed Integrated Circuit Hardware DescriptionLanguage）是美国国防部 1983 年提出的一种硬件描述语言，它可以描述硬件的结构和行为，通过采用 EDA 工具自动综合出电路结构，极大地提高了设计能力。

VHDL 的特点如下：

（1）可以直接描述电路的行为，由 EDA 工具综合出电路，设计速度快。

（2）工艺无关性。设计人员不必过多关心具体的工艺，由 EDA 工具自动针对具体的工艺综合出电路。同时，设计具有非常高的可移植性，这是原理图输入法不可比拟的。

（3）设计文件可读性好。

二、VHDL 的设计流程

CPLD/FPGA 的 VHDL 设计流程如图 2-1 所示。

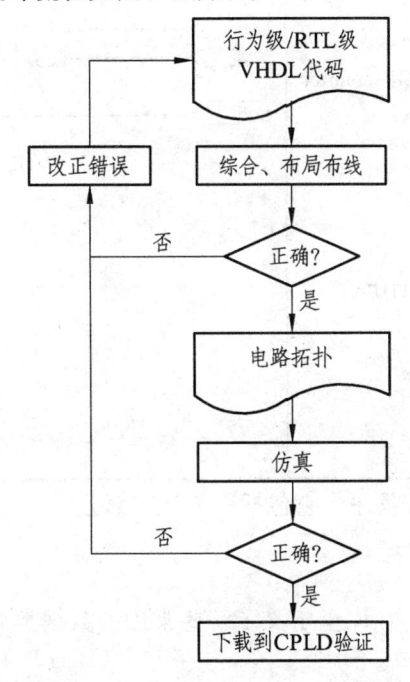

图 2-1　CPLD/FPGA 设计流程

设计流程主要包括以下几个步骤：

（1）写设计文件。按照自顶向下的方法将系统分解为不同的模块，采用行为描述或结构描述的方法设计各个模块。

（2）综合、布局布线。由 EDA 工具根据具体的 CPLD 工艺，编译设计文件，产生电路结构，并完成布局布线，最后产生可下载到 CPLD 的数据文件。

（3）仿真。在计算机上对 EDA 工具产生的电路进行模拟，验证电路的功能、时序是否达到设计要求。

（4）下载到CPLD验证。仿真验证设计的功能正确后，最后下载到CPLD芯片中，并配合外围电路验证整个系统的功能。

三、VHDL的基本语法

VHDL语言是一种比较复杂的语言，它可以在不同的抽象层次描述一个电路，这里仅介绍实验所需要的最基本的语法。

（一）VHDL程序的结构

程序举例（VHDL程序对应原理图见图2-2）：

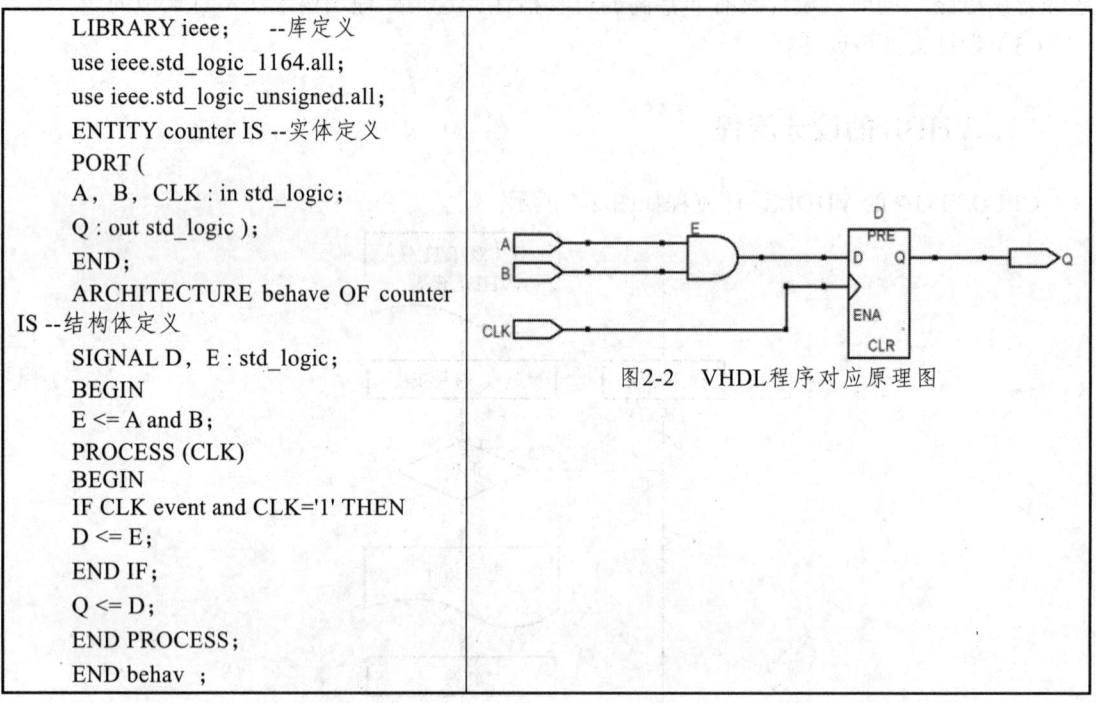

```
LIBRARY ieee;    --库定义
use ieee.std_logic_1164.all;
use ieee.std_logic_unsigned.all;
ENTITY counter IS --实体定义
PORT (
A，B，CLK : in std_logic;
Q : out std_logic );
END;
ARCHITECTURE behave OF counter IS --结构体定义
SIGNAL D，E : std_logic;
BEGIN
E <= A and B;
PROCESS (CLK)
BEGIN
IF CLK event and CLK='1' THEN
D <= E;
END IF;
Q <= D;
END PROCESS;
END behav ;
```

图2-2　VHDL程序对应原理图

上例是一个基本的VHDL程序，它包括三个基本部分：

1. 库

库类似C语言的头文件，在库里定义了一些常用的数据类型、函数等，一般使用以下库即可：

```
LIBRARY ieee;    --标准库资源
use ieee.std_logic_1164.all;    --标准逻辑程序包
use ieee.std_logic_unsigned.all;
```

2. 实　体

实体定义了电路的端口（见图2-3）和输入输出信号的名称、类型、宽度等，语法如下：

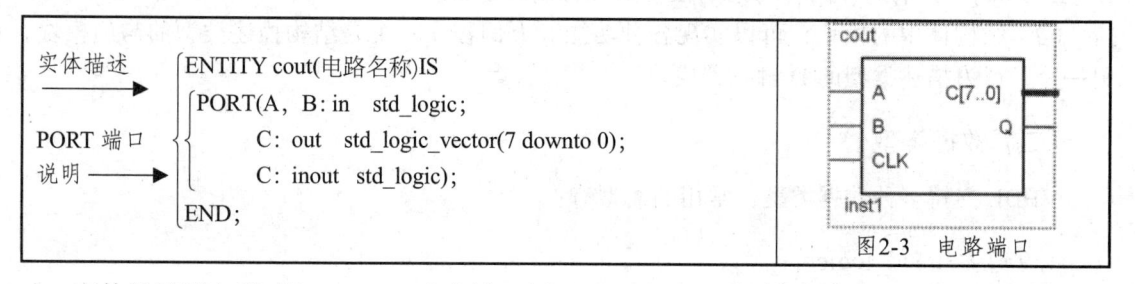

```
实体描述 ──▶  ┌ENTITY cout(电路名称)IS
              │  ┌PORT(A, B: in   std_logic;
PORT 端口 ──▶ │  │      C: out   std_logic_vector(7 downto 0);
说明          │  │      C: inout std_logic);
              │  └END;
```

图 2-3　电路端口

实体描述语句以"ENTITY IS"语句开头，以"END"语句结尾，中间包含 PORT 端口说明部分。

关键词解释如下：

in：输入端口。

out：输出端口。

Inout：输入输出双向端口。

std_logic：标准逻辑位数据类型。

std_logic_vector：标准逻辑矢量数据类型。括号内的语句是定义位宽用的，推荐位宽写成 M downto N 的方式，用下标 M、N 指明位序。上例中信号 C 就是一个 8 位位宽的总线端口信号。

3. 结构体

结构体定义了电路的内部结构，包括电路内部的信号、各个模块的结构描述和行为描述，语法如下：

```
    ARCHITECTURE  behave（结构名）  OF  cout（实体名）  IS SIGNAL  E（内部信号）:
std_logic;
    BEGIN
            模块1
            模块2
            ……

    END;
```

结构体名由设计者自由命名，OF 后面的实体名称表明该结构体属于哪个设计实体，在同一个设计实体中可能包含多个结构体，用不同的结构体名区分。设计时可以根据结构体的特色来为每一个结构体命名。例如：

ARCHITECTURE   Behave   OF   cout   IS   突出结构体的行为特色
ARCHITECTURE   dataflow   OF   cout   IS   突出结构体的数据流特色
ARCHITECTURE   structural OF   cout   IS   突出结构体的组织结构特色
ARCHITECTURE   bool   OF   cout   IS   突出结构体的数学表达方式特色

（1）结构体中内部信号的定义方式和端口的定义方式类似。比如上例程序中的 SIGNAL

D，E：stdjcgic；语句，两者的区别在于是否有端口定义。

（2）结构体中的模块，可以实现各种功能。上例程序一个是结构描述类型的与门模块，另一个是行为描述类型的 D 触发器模块。

（二）数据类型

VHDL 支持多种数据类型，常用的类型有：

1. 9 值逻辑 std_logic

它把信号线上的电平描述成'0'，'1'，'U'，'X'，'Z'，'W'，'L'，'H'，'-'9 种数据。其中，'0'表示逻辑 0；'1'表示逻辑 1；'Z'表示高阻态；'U'表示未初始化；'X'表示未知的；'-'表示忽略。

2. 矢量类型 std_logic_vector

该矢量类型也是 9 值逻辑，使用时必须指定矢量的宽度，一般从高到低位序排列。

例如：signal x: std_logic_vector(3 downto 0); 表示 x 是一个四位总线，由 x(3)，x(2)，x(1)，x(0)构成。

3. 整型 integer

整型信号主要用作状态信号、计数信号或数组的下标，使用时必须指定数值范围。

例如：signal y: integer range 0 to 15;

矢量信号可以通过转换函数 CONV_INTEGER 转换成整型。

例如：y <= CONV_INTEGER(x);

4. 自定义数据类型

VHDL 允许用户自行定义新的数据类型。自定义数据类型是用类型定义语句 TYPE 实现的。TYPE 的规范书写格式如下：

    TYPE 数据类型名 IS 数据类型定义；

1）枚举类型

枚举类型就是把数据类型中的各个元素都列举出来，方便、直观，提高了程序的阅读性。

枚举类型书写格式如下：

    TYPE 数据类型名 IS （元素，元素，……）；

状态机设计方式内的枚举类型：

    TYPE STATE IS (S0，S1，S2，S3);

2）整数类型、实数类型

整数类型、实数类型在 VHDL 语言标准中已定义，有时出于设计者的要求需要自己定义数据类型。整数类型和实数类型用户定义的书写格式如下：

    TYPE 数据类型名 IS 数据类型定义 约束范围；

在七段数码管控制设计中，一位数码管的数据类型应写为

    TYPE digit IS INTEGER range 0 TO 9 ;

3）数组类型

VHDL 程序设计中的数组类型是指将相同类型的数据集合在一起形成一个新的数据类

型。数组类型的书写格式如下：

  TYPE　数据类型名　IS　ARRAY　(INTEGER 0 TO 9)　OF　STD_LOGIC；

例如，在使用 RAM、ROM 或寄存器堆时需要定义数组，语法如下：

  TYPE　instr　is　array (0 to 15)　of　std_logic_vector(7 downto 0)；

  signal IRAM:　instr；

上例首先定义了 instr 数据类型是一个 8 位的矢量数组，数组容量是 16；然后用该数据类型定义了信号 IRAM。因此，IRAM 信号实际上是一个容量为 16 的 8 位数组，可以作为 RAM、ROM 或寄存器堆。

用户定义的数据类型还有记录类型、文件类型、存取类型，因为这些不常使用，这里不作介绍。

（三）数据操作

1. 赋值（<=）

相同数据类型的信号可以赋值，结构体内的赋值语句相当于信号线的连接。
例如：
SIGNAL D,　E: std_logic；
BEGIN
  E <= A and B；
PROCESS (CLK)
BEGIN
  IF CLK，event and CLK='1' THEN
    D <= E；
  END IF；
    Q <= D；
END PROCESS；

E <= A and B 和 D <= E 语句表示了信号线之间的连接关系。

2. 逻辑操作（AND、OR、NOT、NAND、NOR、XOR、XNOR）

逻辑操作可以描述信号的逻辑关系。AND 表示与；OR 表示或；NOT 表示非；NAND 表示与非；NOR 表示或非；XOR 表示异或；XNOR 表示同或。

  例如：y <= not (x(1) nand x(2) or x(3))；

3. 比较操作（=、/=、<、>、<=、>=）

比较操作常用于条件赋值语句和条件分支语句。其中，/=表示"不等于"。

4. 拼接操作（&）

拼接操作可以把两个信号拼接成一个新的矢量信号。

  例如：x(3 downto 2)　<=　x(1) & x(0)；

（四）并行赋值语句

当赋值语句直接出现在结构体中时，表示并行赋值语句，它直接表示了信号的连接关系，或描述了一个电路模块（组合逻辑电路）。所有的语句在仿真时都是并行执行的。语法如下：

赋值目标 <=表达式 WHEN 赋值条件 ELSE
　　　　　表达式 WHEN 赋值条件 ELSE
　　　　　……
　　　　　表达式；

（五）进程语句

进程语句定义了一个电路模块，进程内部是模块的行为描述。语法如下：

［进程名：］PROCESS （信号1，信号2，……）
BEGIN
　　　行为描述语句；
END PROCESS　［进程名］；

其中，PROCESS 语句后的信号列表称为进程的敏感表，一般情况下把整个 PROCESS 用到的所有输入信号都列到敏感表中，除非该进程是一个边沿触发的进程。和并行赋值语句不同，进程内部的行为描述语句在仿真时都是顺序执行的。这里仅介绍条件分支语句和 CASE 语句，它们的语法如下：

1. 条件分支语句

条件分支语句包括3种类型：

1）开关控制的 IF 语句

书写格式：	程序举例：

if 条件 then
　　语句；
end if;
	if CLK event and CLK='1'
	then D <= E;
	end if;
	Q <= D;

2）二选一控制的 IF 语句

书写格式：	程序举例：

if 条件 then
　　语句1；
else
　　语句2；
end if;
	if LOAD='0' then
	　　Q<=Q + 1;
	else
	　　Q<=QLOAD;
	End if;

3）多选择控制的 IF 语句

书写格式：	程序举例：

if 条件1 then
　　语句1;
elsif 条件2 then
　　语句2;
else
　　语句3;
end if;
	if　(D(0)= '0')　then
	　　Q<= "11";
	elsif　(D(1)= '0')　then
	　　Q<="10";
	elsif　(D(2)= '0')　then
	　　Q<="01";
	elsif
	　　Q<="00";
	end if;

2. CASE 分支语句语法

书写格式：	程序举例：
case 信号 is 　when 值1=> 　　语句; 　when 值2|值3…=> 　　语句; 　when others=> 　　语句; end case;	case OP is 　when "00"=> 　　Q<=Q+1; 　when "01"|"10"=> 　　Q<=QLOAD; 　when others=> 　　Q<="0000"; end case;

（六）元件例化

元件例化就是引入一种连接关系，将预先设计好的设计实体定义为一个元件，然后利用特定的语句将此元件与当前的设计实体中的指定端口相连接，从而实现结构化设计。语法如下：

第一部分：元件定义语句。

例如：COMPONENT 元件名 IS
　　　　PORT (信号 1，信号 2: in　std_logic;
　　　　　　　信号 3: out std_logic_vector(7 downto 0);
　　　　　　　信号 4，信号 5: inout std_logic);
　　　　END　COMPONENT;

第二部分：连接说明语句。

例如：元件名 PORT MAP （连接端口名1，连接端口名2，……）;

语法举例：
　　COMPONENT or_gate
　　　　PORT(a，b : IN std_logic;
　　　　　　　c : OUT std_logic);
　　END COMPONENT;
BEGIN
U0: or_gate PORT MAP(tmp3，tmp2，Co_F);

（七）注　释

VHDL 程序的注释行从开始可以位于程序的任何位置。

四、结构体描述的 3 种方法

1. 行为描述法

对设计实体的描述按算法的路径来描述，其抽象程度远远高于数据流描述方式和结构描述方式，在 EDA 工程中称为高层次描述或高级描述。

特点：只需要描述清楚输入与输出的行为，不需要关注设计功能的门级实现。

2. 数据流描述法

数据流描述法是结构描述方法之一。对设计实体的描述是按照从信号到信号的寄存器传输的路径形式来进行的，也称为寄存器传输描述方式。

特点：易于进行逻辑综合，但是需要对设计电路有较深入的了解。

3. 结构描述法

结构描述法指在多层次的设计中，通过调用库中的元件或是已设计好的模块来完成设计实体功能的描述。

特点：结构清晰。

上述 3 种描述方法在设计电路时可以混合使用。

（一）行为描述法设计举例

用行为描述法设计一个 4 选 1 数据选择器。通过给定不同的地址代码 S&，即可从 4 个输入数据 ABCD 中选出所要的一个，并送至输出端 Y。输出逻辑公式如下：

$$Y=A(\wedge S0)+B(S1S0)+C(S1S0)+D(S1S0) \qquad (2-1)$$

4 选 1 数据选择器真值表如表 2-1 所示。

表 2-1　4 选 1 数据选择器真值表

输　入		输出 Y
0	0	A
0	1	B
1	0	C
1	1	D

VHDL 程序：
LIBRARY IEEE；　--标准库资源
USE IEEE.STD_LOGIC_1164.ALL；　--标准逻辑程序包
USE IEEE.STD_LOGIC_ARITH.ALL；
USE IEEE.STD_LOGIC_UNSIGNED.ALL；

```
ENTITY mux_4_1 IS
    PORT (S :    IN   STD_LOGIC_VECTOR( 1 DOWNTO 0);    --数据选择端口
          A，B，C，D : IN STD_LOGIC ; --输入端口
          Y :   OUT STD_LOGIC ); --输出端口
END mux_4_1 ;
ARCHITECTURE mux_behave OF mux_4_1 IS
BEGIN
    Y<= A WHEN S="00" ELSE
        B WHEN S="01" ELSE
        C WHEN S="10" ELSE
        D WHEN S="11" ELSE
        '0' ;
END mux_behave ;
```

使用行为描述法设计的 4 选 1 数据选择器的 RTL 电路图如图 2-4 所示。RTL 电路中的符号意义请参考相关书籍。

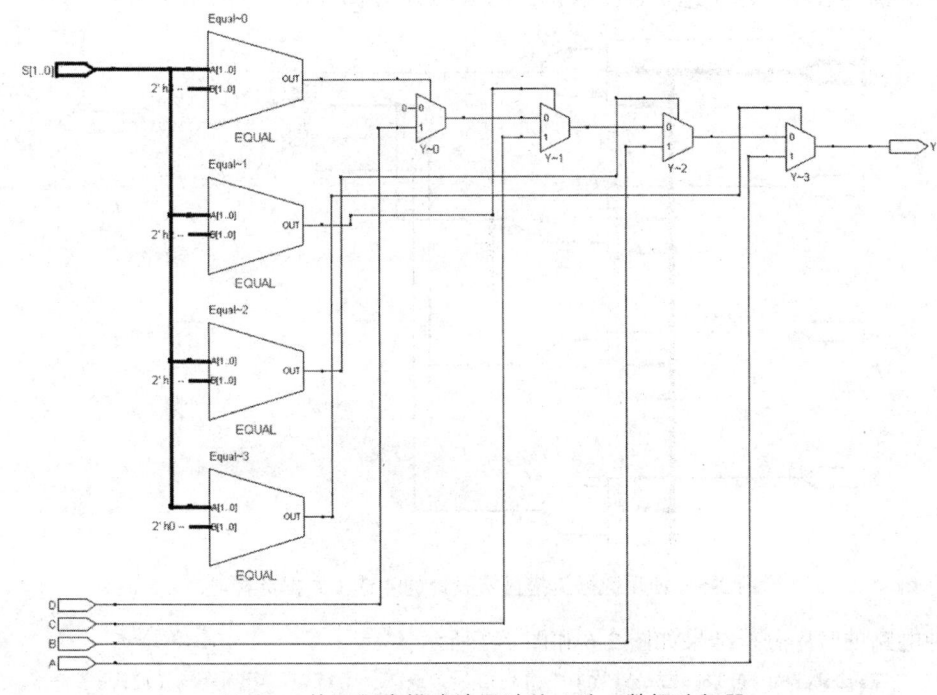

图 2-4 使用行为描述法设计的 4 选 1 数据选择器

思考题：试将上个程序中的部分语句进行修改。

```
Y<= A WHEN S="00" ELSE
    B WHEN S="01" ELSE
    C WHEN S="10" ELSE
    '0' ;
```

查看 RTL 电路图结果，并与图 2-4 进行比较。

（二）数据流描述法设计举例

用数据流描述法设计同样的 4 选 1 数据选择器。
VHDL 程序：

```
LIBRARY ieee;                            --标准库资源
USE ieee.std_logic_1164.ALL;             --标准逻辑程序包
ENTITY mux_41 IS
        PORT( S : IN STD_LOGIC_VECTOR(1 DOWNTO 0)；--数据选择端口
              A，B，C，D : IN STD_LOGIC ；  --输入端口
              Y : OUT STD_LOGIC )；        --输出端口
END mux_41；
ARCHITECTURE
BEGIN
        Y <= ( NOT S(1) AND NOT S(0) AND A ) OR ( NOT S(1) AND S(0) AND B )
        OR ( S(1) AND NOT S(0) AND C ) OR (S(1) AND S(0) AND D )； END mux_behave；
```

数据流描述法设计的 4 选 1 数据选择器的 RTL 电路图如图 2-5 所示。

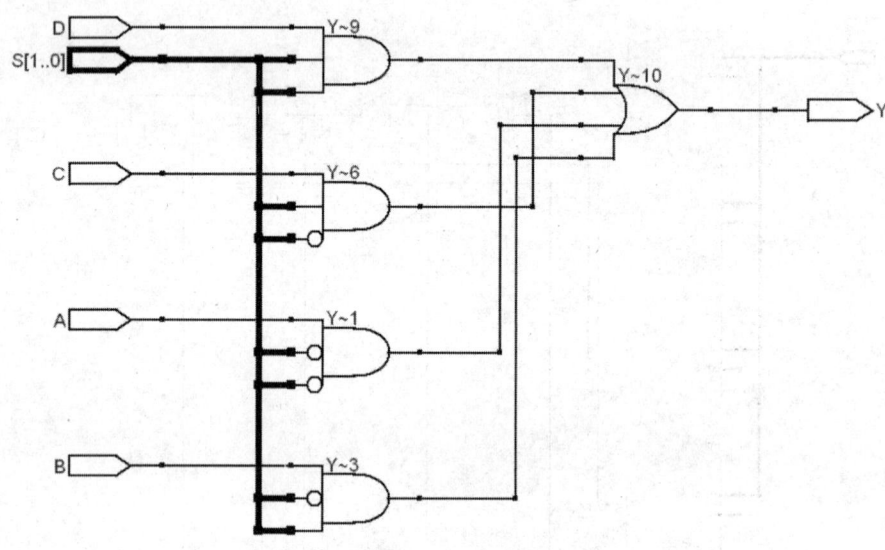

图 2-5 使用数据流描述法设计的 4 选 1 数据选择器

两种电路的时序分析结果如图 2-6 和图 2-7 所示。

	Slack	Required P2P Time	Actual P2P Time	From	To
1	N/A	None	11.408 ns	B	Y
2	N/A	None	11.323 ns	D	Y
3	N/A	None	11.117 ns	S[0]	Y
4	N/A	None	10.981 ns	S[1]	Y
5	N/A	None	10.136 ns	A	Y
6	N/A	None	9.950 ns	C	Y

图 2-6 行为描述法设计的 4 选 1 数据选择器时序分析

Registered Performance | tpd | tsu | tco | th | Custom Delays |

	Slack	Required P2P Time	Actual P2P Time	From	To
1	N/A	None	11.408 ns	C	Y
2	N/A	None	11.323 ns	D	Y
3	N/A	None	11.117 ns	S[1]	Y
4	N/A	None	10.981 ns	S[0]	Y
5	N/A	None	10.136 ns	A	Y
6	N/A	None	9.950 ns	B	Y

图 2-7　数据流描述法设计的 4 选 1 数据选择器时序分析

（三）结构描述法设计举例

用结构描述法设计一位全加器。要求，使用两个半加器和一个二输入或门实现。

首先，根据二进制加法运算规则列出半加器真值表，见表 2-2。其中，A、B 是两个加数，S 是相加的和，C_O 是向高位的进位。将 S、C_O 和 A、B 的关系写成逻辑表达式，则得到

$$\begin{cases} S=\overline{A}B+A\overline{B} \\ C_O=AB \end{cases} \quad (2\text{-}2)$$

表 2-2　半加器真值表

输　入		输出 Y	
A	B	S	Co
0	0	0	0
0	1	1	0
1	0	1	0
1	1	0	1

```
--半加器的 VHDL 语言
--输入端口为 A、B
--输出端口为 S、Co（进位）
LIBRARY IEEE;   --标准库资源
USE IEEE.std_logic_1164.ALL;   --标准逻辑程序包
ENTITY half_adder IS
PORT ( A，B:IN   std_logic;
        Co:OUT     std_logic;
        S: OUT    std_logic);
END half_adder;
ARCHITECTURE rtl OF half_adder    IS
BEGIN
        S <= A   XOR   B  ;
        Co <=  A   AND   B  ;
END rtl;
```

根据二进制加法运算规则列出一位全加器真值表，见表 2-3。G 是低位的进位。将 S、C_O 和 A、B、C_I 的关系写成逻辑表达式，则得到

$$\begin{cases} S = \overline{A}\overline{B}C_I + \overline{A}B\overline{C_I} + A\overline{B}\overline{C_I} + ABC_I \\ C_O = \overline{A}BC_I + A\overline{B}C_I + AB\overline{C_I} + ABC_I \end{cases} \tag{2-3}$$

表 2-3 全加器真值表

输 入				输 出	
C_I	A	B	S	C_O
0	0	0	0	0
0	0	1	1	0
0	1	0	1	0
0	1	1	0	1
1	0	0	1	0
1	0	1	0	1
1	1	0	0	1
1	1	1	1	1

对逻辑表达式（2-3）化简，实现题目要求。
化简过程和结果如下：

$$\begin{cases} S = \overline{A}\overline{B}C_I + \overline{A}B\overline{C_I} + A\overline{B}\overline{C_I} + ABC_I = (\overline{A}B + A\overline{B})\overline{C_I} + (\overline{AB_I} + AB)C_I \\ \quad = A \oplus B \oplus C_I \\ C_O = \overline{A}BC_I + A\overline{B}C_I + AB\overline{C_I} + ABC_I = (\overline{A}B + A\overline{B})C_I + AB(\overline{C_I} + C_I) \\ \quad = (\overline{A}B + A\overline{B})C_I + AB = (A \oplus B)C_I + AB \end{cases} \tag{2-4}$$

一位全加器的 VHDL 语言程序（结构化描述）：

```
LIBRARY IEEE;                          --标准库资源
USE IEEE.std_logic_1164.ALL;           --标准逻辑程序包
ENTITY full_adder2 IS
PORT（A，B:IN   std_logic;             --输入端口为 A、B、Cin（预进位）
     Cin: INstd_logic;
     S_F:OUT    std_logic;             --输出端口为 S_F、Co_F（进位）
     Co_F:OUT   std_logic);
END full_adder2;
ARCHITECTURE structure OF full_adder2 IS
SIGNAL tmp1，tmp2，tmp3 : std_logic;     --定义信号线数据类型
COMPONENT half_adder
    PORT(A，B : IN std_logic;     --将半加器定义为一个元件
```

```
            S : OUT std_logic； Co : OUT std_logic )；
END COMPONENT；
    COMPONENT or_gate
    PORT( a，b : IN std_logic；
            C : OUT std_logic)；
END COMPONENT；
BEGIN
    U0: half_adder    PORT MAP(A，B，tmp1，tmp2)；    --调用半加器模块
    U1: half_adder    PORT MAP(tmp1，Cin，S_F，tmp3)；
    U2: or_gate；     PORT MAP(tmp3，tmp2，Co_F)；    --调用或门模块（需要自行
编写该模块）
END structure；
```

Quartus Ⅱ 综合后的 RTL 电路图见图 2-8。

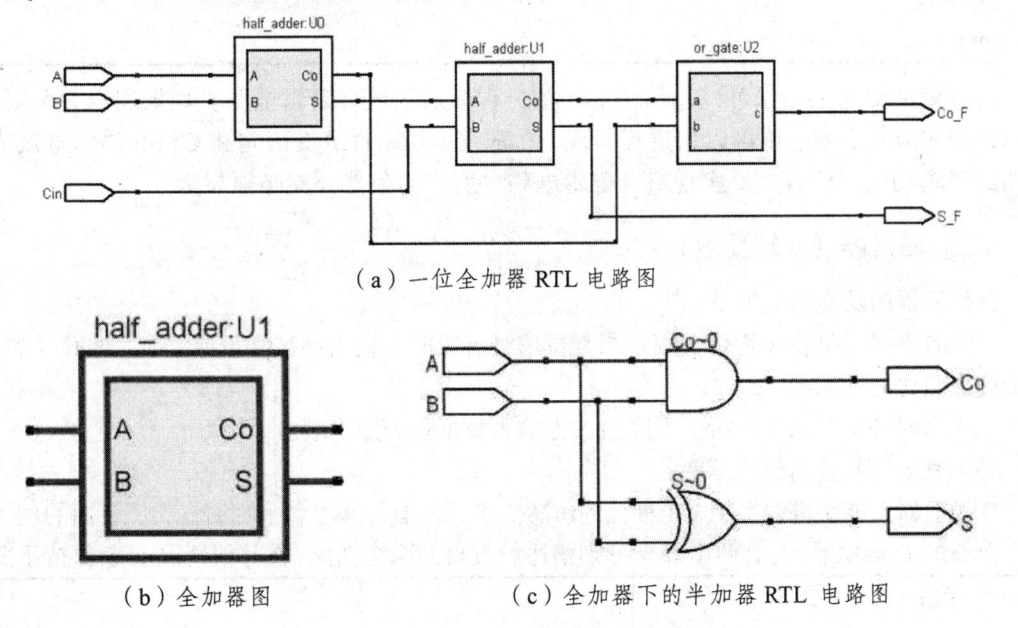

（a）一位全加器 RTL 电路图

（b）全加器图　　　　　　（c）全加器下的半加器 RTL 电路图

图 2-8　Quartus Ⅱ 综合后的 RTL 电路图

五、VHDL 的电路设计举例

学习结构描述法后知道任何一个电路都可以分解为很多模块的互连，这些模块可以用 VHDL 语言在同一个结构体中分别用并行赋值语句或进程来描述。下面介绍几种电路单元的 VHDL 描述。

（一）组合逻辑电路

简单组合逻辑电路既可以使用并行赋值语句，也可以用进程描述。简单组合逻辑电路一般可以用一个布尔方程表示，例如三输入与门：F= A·B·C。

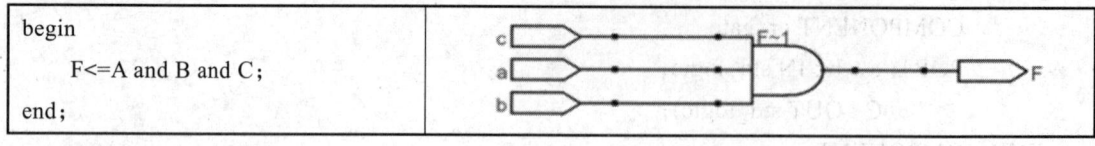

并行赋值语句：
写法1：
```
begin
    F<=A and B and C;
end;
```

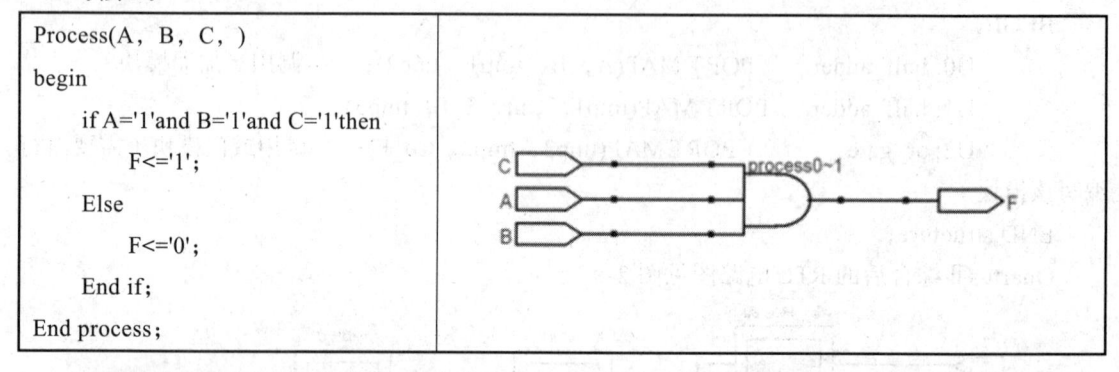

写法2：
```
Process(A，B，C，)
begin
    if A='1'and B='1'and C='1'then
        F<='1';
    Else
        F<='0';
    End if;
End process;
```

并行赋值语句适用于可以用简洁的布尔方程表示的组合逻辑电路。如果逻辑关系复杂，难以用布尔方程表示，则可以用进程实现，在进程中用条件分支语句和CASE语句直接描述电路的逻辑功能。注意：要实现组合逻辑电路，所有的条件分支必须写全。

（二）触发器（D触发器）

D触发器的功能描述如下：

（1）具有异步复位（置位）端，当复位信号有效时，输出端被复位或置位。复位（置位）端的优先级比时钟端高。

（2）在时钟信号的上升沿（下降沿）把输入数据打到输出端。

（3）其他时候输出保持不变。

D触发器只能用进程实现，在进程的敏感表中只需有异步复位和时钟信号。下面的例子是一个典型的D触发器，它有两个分支分别描述触发器的两个功能，在其他情况下Q保持不变。

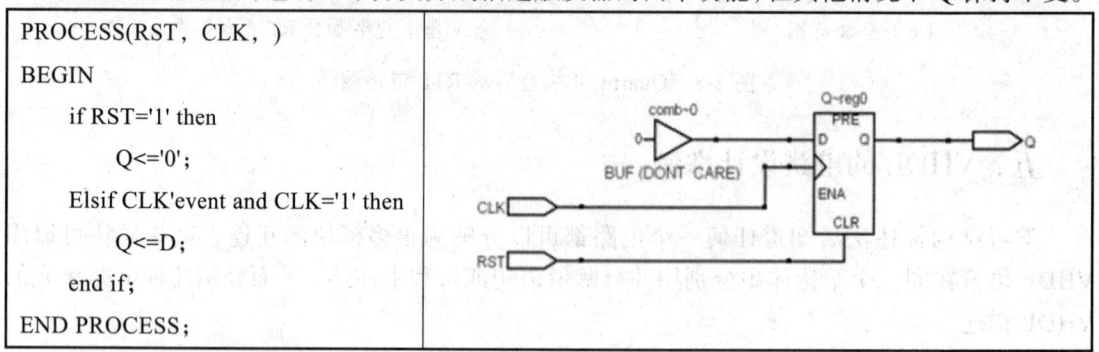

```
PROCESS(RST，CLK，)
BEGIN
    if RST='1' then
        Q<='0';
    Elsif CLK'event and CLK='1' then
        Q<=D;
    end if;
END PROCESS;
```

（三）分频器电路

多个触发器串接，除了具有计数功能外，还有分频功能，也就是将高频率的时钟降为低频率的时钟。本例介绍一个使用十六进制计数器实现的分频器电路。电路转换表见表2-4。

表 2-4　电路动态转换表

计数顺序	电路状态				等效十进制数	C_{out}
	Q_3	Q_2	Q_1	Q_0		
0	0	0	0	0	0	0
1	0	0	0	1	1	0
2	0	0	1	0	2	0
3	0	0	1	1	3	0
4	0	1	0	0	4	0
5	0	1	0	1	5	0
6	0	1	1	0	6	0
7	0	1	1	1	7	0
8	1	0	0	0	8	0
9	1	0	0	1	9	0
10	1	0	1	0	10	0
11	1	0	1	1	11	0
12	1	1	0	0	12	0
13	1	1	0	1	13	0
14	1	1	1	0	14	0
15	1	1	1	1	15	1
16	0	0	0	0	0	0

下段程序是通过改变整型变量 LEN 的值，将输入时钟 clkin 的频率分成相应的时钟频率。

```
LIBRARY IEEE;                                    --标准库资源
USE IEEE.std_logic_1164.all;                     --标准逻辑程序包
use IEEE.std_logic_arith.all;
use IEEE.std_logic_unsigned.all;
        entity divider16 is generic(LEN : integer := 16);  --整型 16 位
port(clkin: in  std_logic;
    clkout : out   std_logic  );
end divider16;
architecture beh of divider16 is
    signal s_cnt : integer ;                     --定义信号线数据类型
    signal ss_cnt : std_logic_vector(3 downto 0);
begin
```

```vhdl
process(clkin)
    variable cnt : integer range 0 to LEN - 1;    --cnt 定义为整型变量
    variable clkt : std_logic ;
begin
    if rising_edge(clkin) then
        if cnt = LEN - 1 then
            if clkt = '1' then
                clkt := '0' ;
            else
                clkt := '1' ;
            end if;
            cnt := 0 ;
        else
            cnt := cnt + 1;
        end if;
        s_cnt <= cnt ;
        ss_cnt <= conv_std_logic_vector(s_cnt, 4) ;    --函数转换。
                        将integer转换为std_logic_vector型。
        clkout <= clkt and ss_cnt(3) and ss_cnt(2) and ss_cnt(1) and ss_cnt(0) ;
    end if;
end process;
end beh;
```

分频器的 RTL 电路图见图 2-9，电路的功能仿真结果波形图见图 2-10。
波形仿真定义与使用和其他项目定义相同。

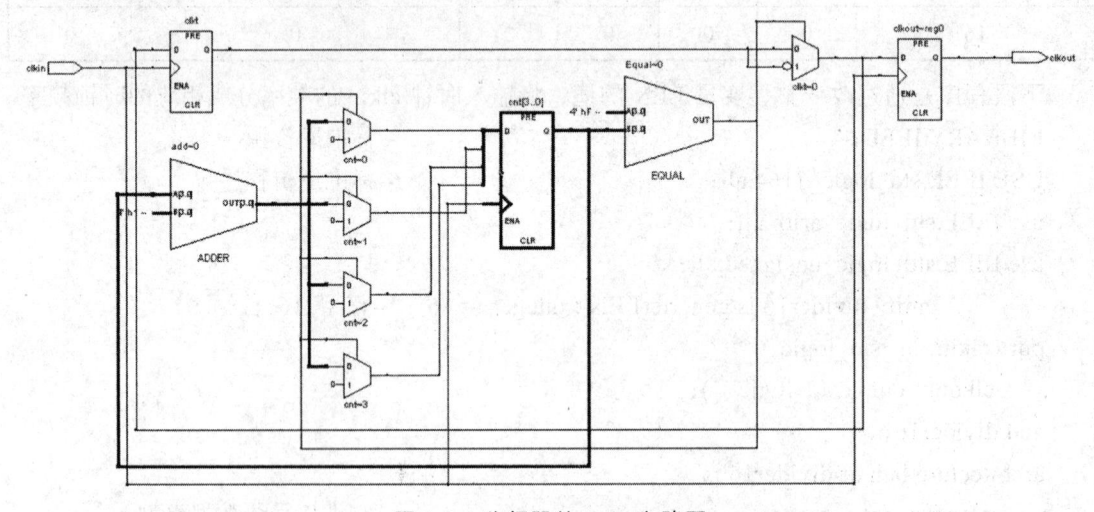

图 2-9　分频器的 RTL 电路图

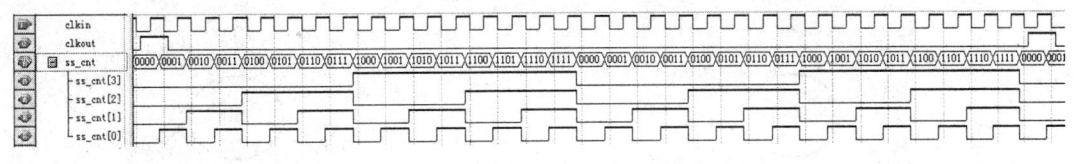

图 2-10　分频器电路的功能仿真结果波形图

（四）锁存器（Latch）

锁存器的功能描述如下：

（1）使能端有效时，输入信号被输出到输出端。

（2）使能端无效时输出保持不变。

锁存器只能用进程实现，在进程的敏感表中应包括所有用到的输入信号。下面的例子是一个典型的锁存器，它用一个分支描述锁存器的锁存功能，在其他情况下 Q 保持不变。和 D 触发器的区别是，锁存器没有边沿型的分支。

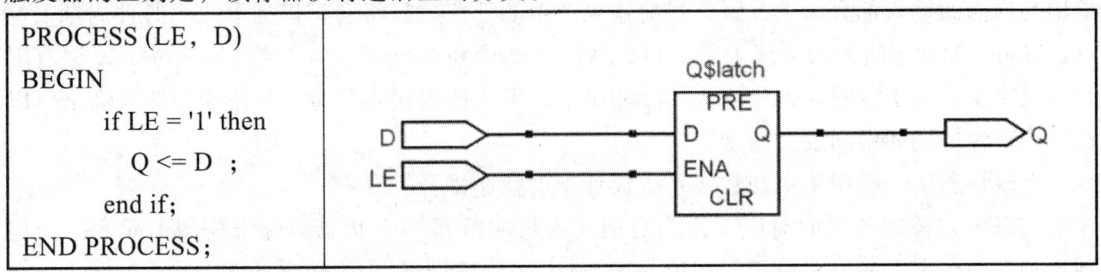

```
PROCESS (LE，D)
BEGIN
    if LE = '1' then
        Q <= D ;
    end if;
END PROCESS;
```

RAM/ROM 的设计比较复杂，在 VHDL 程序设计时一般通过调用宏功能模块来实现其功能。这里不做介绍，读者请参考相关资料。

六、状态机设计

（一）概　述

状态机是指用输入信号和电路状态（状态变量）的逻辑函数去描述时序逻辑电路功能的方法，也叫时序机。有限状态机是指在设计电路中加入一定的限制条件。

时序逻辑电路（简称时序电路）的特点是任一时刻的输出信号不仅取决于当时的输入信号，而且还取决于电路原来的状态，或者说，还与以前的输入有关。

时序电路在电路结构上有两个显著的特点：

（1）时序电路通常包含组合电路和存储电路两个组成部分，而存储电路是必不可少的。

（2）存储电路的输出状态必须反馈到组合电路的输入端，与输入信号一起，共同决定组合电路的输出。

根据输出信号的特点可将时序电路划为 Moore 型和 Mealy 型两种。

Moore 型电路中，输出信号仅仅取决于存储电路的状态。其状态转换图见图 2-11。

Mealy 型电路中，输出信号不仅取决于存储电路的状态，而且还取决于输入变量。其状态转换图见图 2-12。

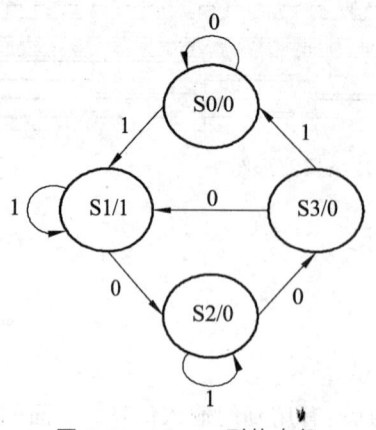

图 2-11　Moore 型状态机 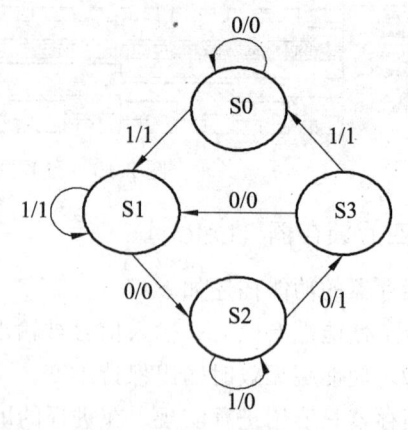　　　　　图 2-12　Mealy 型状态机

Moore 型状态机可能比相应的 Mealy 型状态机需要更多的状态。Moore 型有限状态机的输出与当前的输入部分无关，因此当前输入产生的任何效果将会延迟到下一个时钟周期。可见，Moore 型状态机的最大优点就是可以将输入部分和输出部分隔离开。对于 Mealy 型有限状态机来说，由于它的输出是输入信号的函数，因此如果输入信号发生改变，那么输出可以在一个时钟周期的中间发生改变。

有限状态机一般用来实现数字系统设计中的控制部分。

状态机与控制单元的对应关系为有限状态机中的每一个状态对应于控制单元的一个控制步；它的次态和输出对应于控制单元中与每一个控制步有关的转移条件。

有限状态机的描述方式分为三进程、双进程和单进程三种描述方式。

三进程描述方式：在 VHDL 语言程序的结构体中，使用三个进程语句来描述有限状态机的功能。一个进程用来描述有限状态机中的次态逻辑；一个进程用来描述有限状态机中的状态寄存器；另外一个进程用来描述有限状态机中的输出逻辑。

双进程描述方式：在 VHDL 语言程序的结构体中，使用两个进程语句来描述有限状态机的功能。一个进程语句用来描述有限状态机的次态逻辑、状态寄存器和输出逻辑中的任何两个；另外一个进程则用来描述有限状态机剩余的功能。

单进程描述方式：在 VHDL 语言程序的结构体中，使用一个进程语句来描述有限 状态机中的次态逻辑、状态寄存器和输出逻辑。

在下面的程序中使用的是双进程描述方式。第一个进程负责状态转化，在 CP 上升沿到达时，当前状态（PresetState）向下一个状态（NextState）的转换；第二个进程负责检测输入信号（DIN）和当前状态（PresetState）的值，并由 CASE-WHEN 语句决定输出信号（OP）和下一个状态（NextState）的值。

（二）程序举例

Moore 状态机 VHDL 程序：
LIBRARY IEEE;
USE IEEE.STD_LOGIC_1164.ALL;　--标准库资源
USE IEEE.STD_LOGIC_ARITH.ALL --标准逻辑程序包；

```vhdl
USE IEEE.STD_LOGIC_UNSIGNED.ALL;
ENTITY Moore IS
 PORT(
        CP : IN STD_LOGIC;
        DIN : IN STD_LOGIC;
        OP : OUT STD_LOGIC );
END More;
ARCHITECTURE behave OF Moore IS
TYPE STATE IS (S0, S1, S2, S3);   -- State Type Declare
SIGNAL PresentState : STATE;   -- Present State
SIGNAL NextState : STATE;   -- Next State
BEGIN
SwitchToNextState : Process (CP) -- PresentState -> NextState
 BEGIN
            IF CP'EVENT AND CP = '1' THEN
            PresentState <= NextState;
             END IF;
            END PROCESS SwitchToNextState;
        ChangeStateMode : PROCESS (DIN, PresentState)
        BEGIN
            CASE PresentState IS
                WHEN S0 => --STATE S0 IF DIN =
                '0' THEN --INPUT=0
                    NextState <= S0;
                ELSE
                    NextState <= S1;
                END IF;
                    OP <= '0';   --OUTPUT
                WHEN S1 => --STATE S1 IF DIN =
                '1' THEN --INPUT=1
                    NextState <= S1;
                ELSE
                    NextState <= S2;
                END IF;
                    OP <= '1';   --OUTPUT
                WHEN S2 => --STATE S2 IF DIN =
                '1' THEN --INPUT=1
```

```
                NextState <= S2;
            ELSE
                NextState <= S3;
            END IF;
                OP <= '0';    --OUTPUT
                WHEN S3 => --STATE S3 IF DIN =
'1' THEN --INPUT=1
                NextState <= S0;
            ELSE
                NextState <= S1;
            END IF;
                    OP <= '0';   --OUTPUT
                WHEN OTHERS => --Initial State
            NextState <= S0;
            OP <= '0';    --OUTPUT
        END CASE;
    END PROCESS ChangeStateMode;
END behave;
```

Moore 状态机的 RTL 顶层图如图 2-13 所示，Moore 状态机的状态图如图 2-14 所示。

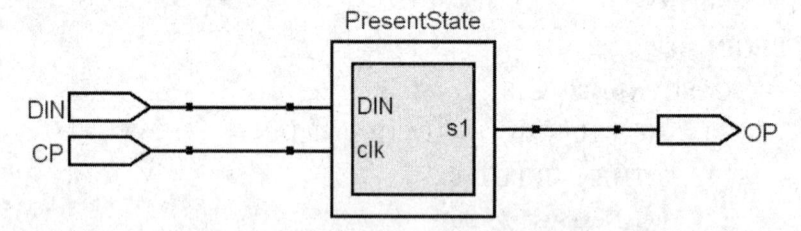

图 2-13　Moore 状态机的 RTL 顶层图

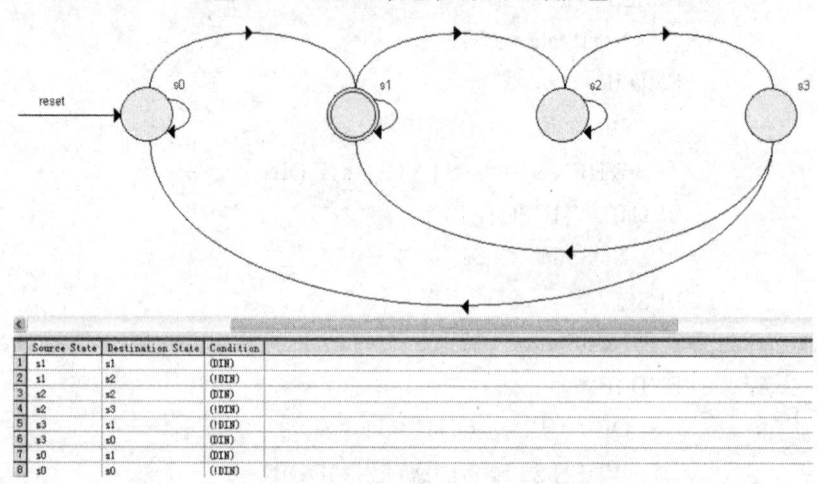

图 2-14　Moore 状态机的状态图

Mealy 状态机 VHDL 程序：
LIBRARY IEEE； --标准库资源
USE IEEE.STD_LOGIC_1164.ALL； --标准逻辑程序包
USE IEEE.STD_LOGIC_ARITH.ALL；
USE IEEE.STD_LOGIC_UNSIGNED.ALL；
ENTITY Mealy is
    PORT (CP : IN STD_LOGIC；   -- CLOCK
           DIN : IN STD_LOGIC； -- I/P Signal
           OP : OUT STD_LOGIC -- O/P Signal)；
END Mealy；
ARCHITECTURE behave OF Mealy IS
    TYPE STATE IS (S0，S1，S2，S3)；   --State Type Declare
    SIGNAL PresentState : STATE； -- Present State
    SIGNAL NextState : STATE；   -- Next State
BEGIN
    SwitchToNextState : Process (CP) -- PresentState -> NextState
    BEGIN
    IF CP'EVENT AND CP = '1' THEN
       PresentState <= NextState；
    END IF；
    END PROCESS SwitchToNextState；
    ChangeStateMode : PROCESS (DIN，PresentState)
    BEGIN
       CASE PresentState IS
         WHEN S0 =>   --STATE S0
          IF DIN = '0' THEN   --INPUT=0
             NextState <= S0；
             OP <= '0'；   --OUTPUT
          ELSE
NextState <= S1；
OP <= '1'；   --OUTPUT
END IF；
         WHEN S1 =>   --STATE S1
          IF DIN = '1' THEN --INPUT=1
             NextState <= S1；
             OP <= T；   --OUTPUT
          ELSE

```
            NextState <= S2;
            OP <= '0';  --OUTPUT
         END IF;
      WHEN S2 =>  --STATE S2
         IF DIN = '1' THEN --INPUT=1
            NextState <= S2;
            OP <= '0';  --OUTPUT
         ELSE
            NextState <= S3;
            OP <= '1';  --OUTPUT
         END IF;
      WHEN S3 =>  --STATE S3
         IF DIN = '1' THEN --INPUT=1
            NextState <= S0;
            OP <= '1';  --OUTPUT
         ELSE
            NextState <= S1;
            OP <= '0';  --OUTPUT
         END IF;
      WHEN OTHERS =>--Initial State
            NextState <= S0;
            OP <= '0';  --OUTPUT
      END CASE;
   END PROCESS ChangeStateMode;
END behave;
```

Mealy 状态机的 RTL 顶层图如图 2-15 所示，Mealy 状态机的状态图如图 2-16 所示。

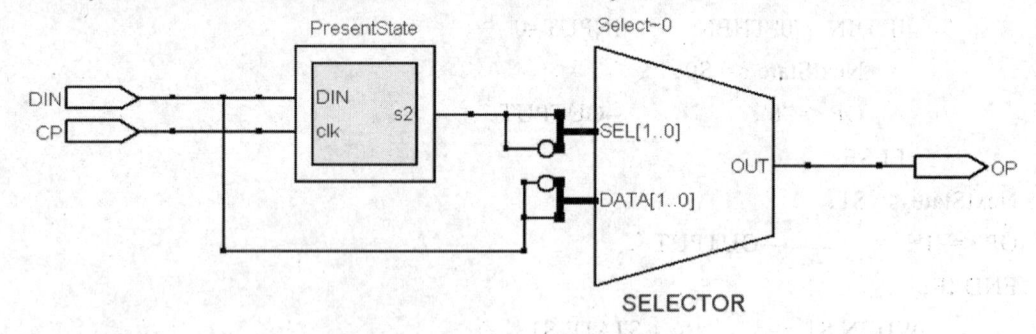

图 2-15 Mealy 状态机的 RTL 顶层图

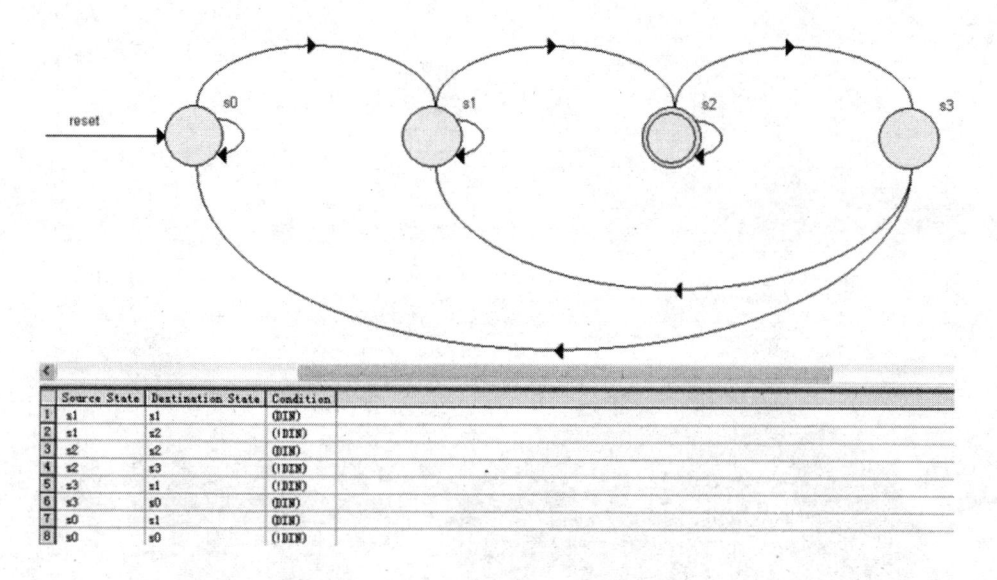

图 2-16 Mealy 状态机的状态图

> **思考题**

(1) 目前比较主流的 EDA 软件工具有哪些？这些开发软件的主要区别是什么？

(2) 常用的硬件描述语言都有哪几种？这些硬件描述语言在逻辑描述方面的区别是什么？

(3) 可编程逻辑器件（简称 PLD）的定义是什么？FPGA 和 CPLD 的中英文含义分别是什么？

(4) 常见的 FPGA 和 CPLD 器件各包括哪几个基本组成部分？

(5) 国际上生产 FPGA/CPLD 的主流公司，并且在国内占有较大市场份额的公司主要有哪几家？其产品系列有哪些？其可用逻辑门/等效门数大约在什么范围？

第二部分

项目实训

项目三

基于 VHDL 的基本逻辑门测试

学习目标

（1）掌握基本逻辑门电路；
（2）编写基本逻辑门电路的 VHDL 程序；
（3）掌握 VHDL 硬件描述语言的语法和结构设计方法。

能力目标

（1）掌握与、或、非、与非、或非等基本门电路；
（2）利用 VHDL 语言实现与、或、非、与非、或非门电路；
（3）利用 QuatusⅡ软件完成与、或、非、与非、或非门电路仿真。

思政目标

（1）激发学生强烈的好奇心和求知欲；
（2）引导学生树立实现中华民族伟大复兴的共同理想；
（3）培养学生科技报国的使命感和责任感。

一、设计内容

本项目主要是测试数字电路中基本的逻辑门（与门、非门、或门、与非门、或非门、异或门），验证常见门电路的逻辑功能，了解常用 74LS 系列门电路的引脚分布。项目各模块均采用 VHDL 语言编写程序，在 QuartusⅡ工具平台中进行开发，编译后的程序可以下载到 EDA 试验箱上进行验证。数字电路中用来实现基本逻辑和常用逻辑运算的电子电路叫逻辑门电路。所谓"门"，就是基本逻辑电路之间的关系。集成逻辑门电路是最简单、最基本的数字集成元件。任何复杂的组合电路和时序电路都可用各种基本逻辑门通过适当的组合连接而成。最常见的基础组合逻辑集成门电路有"与门""或门""非门""与非门"等。

二、设计步骤和调试过程

（一）基本架构

根据项目学习内容要求，设计可分为以下模块：

（1）与门模块测试：与门又称"与电路"、逻辑"积"、逻辑"与"电路，是执行"与"运算的基本逻辑门电路。

（2）或门模块测试：或门是数字逻辑中实现逻辑或的逻辑门。

（3）非门模块测试：非门又称非电路、反相器、倒相器、逻辑否定电路，简称非门，是逻辑电路的基本单元。

（4）与非门模块测试：与非门是与门和非门的结合，先进行与运算，再进行非运算。

（5）异或门模块测试：异或门是数字逻辑中实现逻辑异或的逻辑门或非门模块测试。

（6）或非门是数字逻辑中实现逻辑或非的逻辑门。

（二）各模块设计和相应模块代码

1. 与门测试模块

与门是两个或两个以上输入端，一个输出端的器件。有时也可以有多个输入端，一个输出端。但是不论是哪种方式，只有当所有的输入同时为高电平（逻辑 1）时，输出才为高电平（逻辑 1），否则输出为低电平（逻辑 0）。也就是说，只要有一个输入端为 0 时，输出就是 0，只有所有的输入端是 1 时，输出才是 1。

（1）与门电路的真值表（见表 3-1）。

表 3-1　与门电路真值表

输入 A	输入 B	输入 Y
0	0	0
0	1	0
1	0	0
1	1	1

（2）与门电路逻辑符号（见图 3-1）。

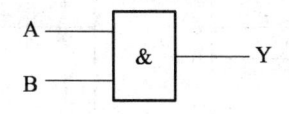

图 3-1　与门电路逻辑符号

（3）与门电路模块的 VHDL 程序。
```
LIBRARY IEEE;
USE IEEE.STD_LOGIC_1164.ALL;
ENTITY YUMEN IS
   PORT(A，B:IN STD_LOGIC;
        C:OUT STD_LOGIC);
END ENTITY;
ARCHITECTURE ART OF YUMEN IS
BEGIN
Y<=A AND B;
END ART;
```

与门 VHDL

与门仿真

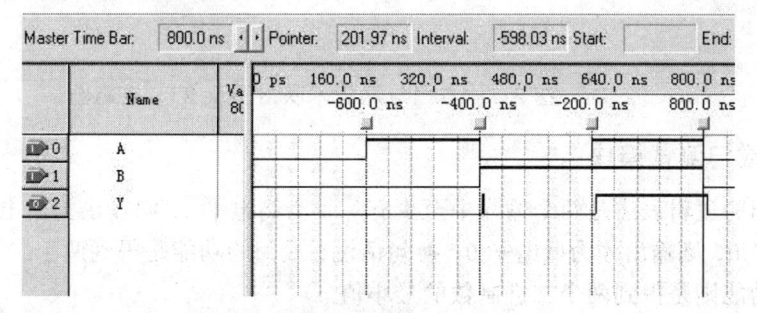

（4）与门电路模块仿真图（见图 3-2）。

图 3-2　与门电路模块仿真图

（5）与门电路模块元件图（见图 3-3～图 3-5）。

或门创建图元符
号 Symbol 及 RTL

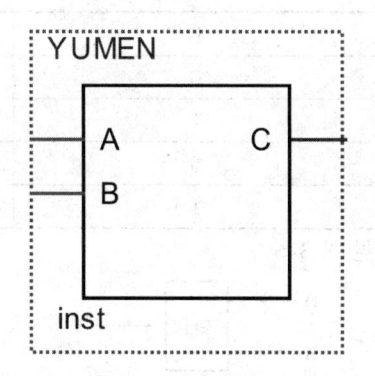

图 3-3　与门电路模块元件图

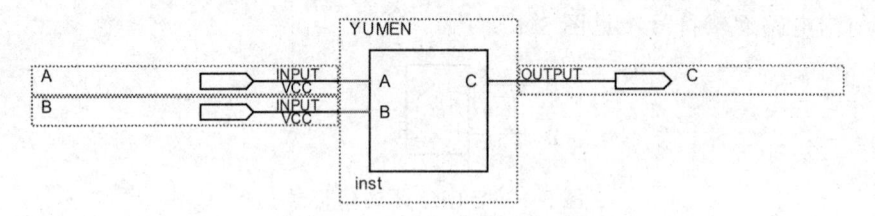

图 3-4 与门电路模块图

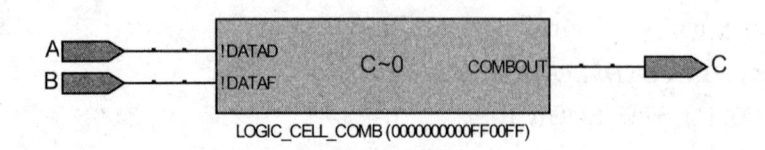

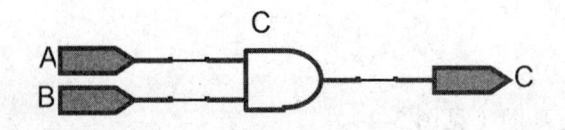

图 3-5 与门电路技术映射图及 RTL 电路图

2. 或门测试模块

或门的逻辑表述是两个输入中至少有一个为高电平 1，则输出为高电平 1；若两个输入均为低电平 0，则输出才为低电平 0。换句话说，或门的功能是得到两个二进制数的最大值，而与门的功能则是得到两个二进制数的最小值。

（1）或门电路真值表（见表 3-2）。

表 3-2 或门电路真值表

A	B	Y=A + B
0	0	0
0	1	1
1	0	1
1	1	1

（2）或门电路逻辑符号（见图 3-6）。

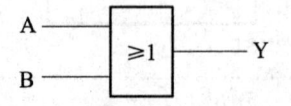

图 3-6 或门电路逻辑符号

（3）或门电路模块 VHDL 程序。
LIBRARY IEEE；
USE IEEE.STD_LOGIC_1164.all；
ENTITY huomen IS
　　PORT(A，B:IN STD_LOGIC；
　　　　Y:OUT STD_LOGIC)；
END ENTITY；
ARCHITECTURE ART OF huomen IS
BEGIN
　Y<=A OR B；
END ART；

或门 VHDL

或门仿真

（4）或门电路模块的仿真图（见图 3-7）。

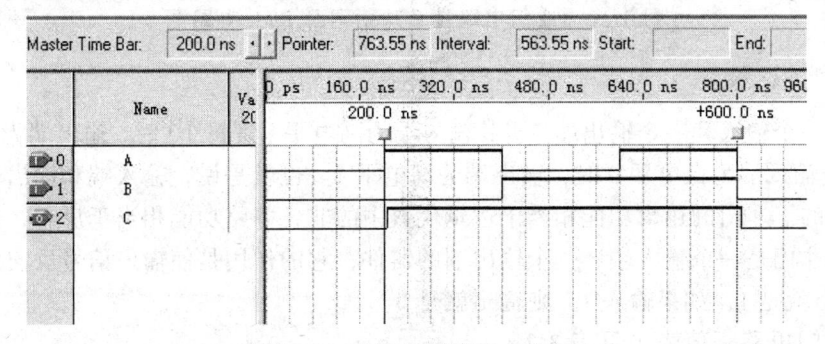

图 3-7　或门电路模块仿真图

（5）或门电路模块的元件图（见图 3-8～图 3-10）。

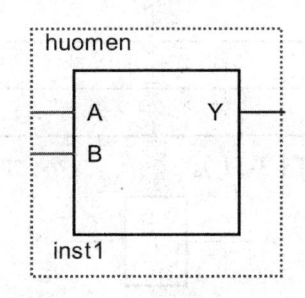

或门创建图元符号
Symbol 及 RTL

图 3-8　或门电路模块元件图

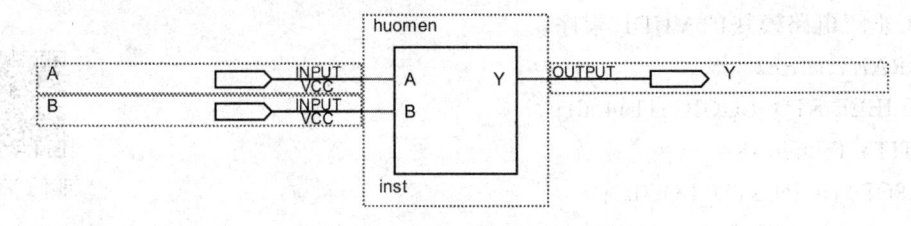

图 3-9　或门电路模块图

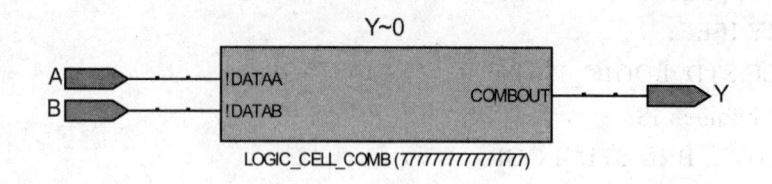

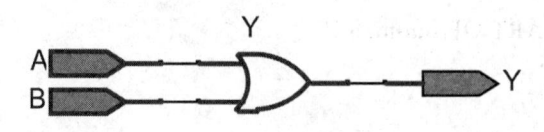

图 3-10 或门电路技术映射图及 RTL 电路图

3．非门测试模块

非门有一个输入和一个输出端。当其输入端为高电平（逻辑 1）时，输出端为低电平（逻辑 0）；当其输入端为低电平 0 时，输出端为高电平 1。也就是说，输入端和输出端的电平状态总是反相的。非门的逻辑功能相当于逻辑代数中的非，电路功能相当于反相，这种运算亦称非运算。非门是一个输入端、一个输出端的器件，它的作用是使输入信号反向，例如输入 0，那么输出就是 1，如果输入 1，则输出就是 0。

（1）非门电路真值表（见表 3-3）。

表 3-3 非门电路真值表

输入 A	输出 Y
0	1
1	0

（2）非门电路逻辑符号（见图 3-11）。

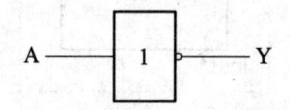

图 3-11 非门电路逻辑符号

（3）非门电路模块的 VHDL 程序。

LIBRARY IEEE;
USE IEEE.STD_LOGIC_1164.all;
ENTITY feimen IS
    PORT(A:IN STD_LOGIC;
        Y:OUT STD_LOGIC);
END ENTITY;
ARCHITECTURE ART OF feimen IS

非门 VHDL

BEGIN
  Y<= NOT A;
END ART;

（4）非门电路模块的仿真图（见图 3-12）。

非门仿真

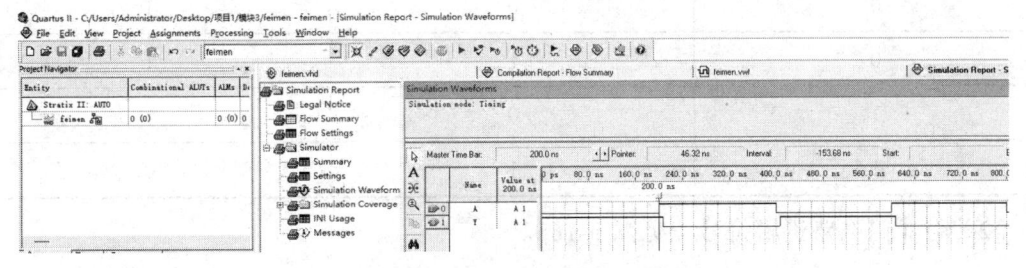

图 3-12　非门电路模块仿真图

（5）非门模块的元件图（见图 3-13～图 3-15）。

非门创建图元符号 Symbol 及 RTL

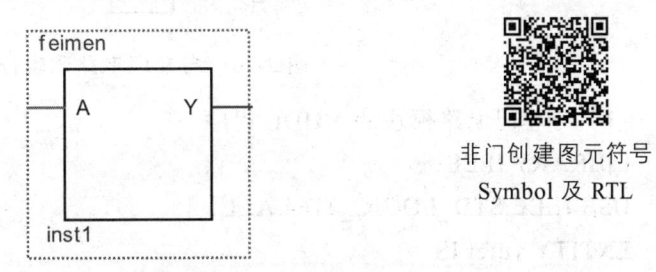

图 3-13　非门电路模块元件图

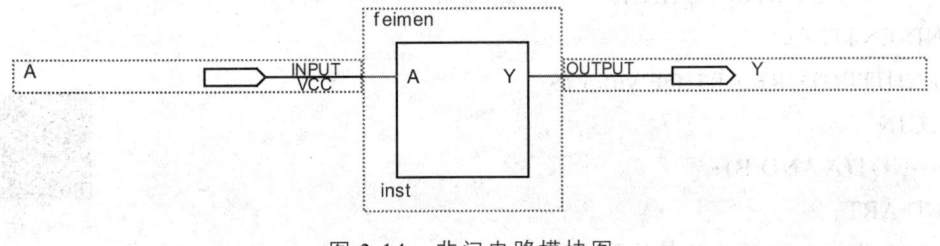

图 3-14　非门电路模块图

图 3-15　非门电路技术映射图及 RTL 电路图

4. 与非门测试模块

与非门是当输入端中有 1 个或 1 个以上是低电平时，输出为高电平；只有所有输入是高电平时，输出才是低电平。与非运算输入要求有两个，如果输入都用 0 和 1 表示的话，那么与运算的结果就是这两个数的乘积。如 1 和 1（两端都有信号），则输出为 0；1 和 0，则输出为 1；0 和 0，则输出为 1。简单来说，与非就是先与后非，即当输入端中有 1 个或 1 个以上是低电平 0 时，输出为高电平 1；只有所有输入是高电平 1 时，输出才是低电平 0。

（1）与非门电路真值表（见表 3-4）。

表 3-4　与非门电路真值表

A	B	Y
0	0	1
0	1	1
1	0	1
1	1	0

（2）与非门电路逻辑符号（见图 3-16）。

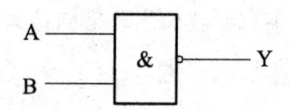

图 3-16　与非门电路逻辑符号

（3）与非门电路模块的 VHDL 程序。

```
LIBRARY IEEE;
USE IEEE.STD_LOGIC_1164.ALL;
ENTITY yufei IS
  PORT(A，B:IN STD_LOGIC;
       Y:OUT STD_LOGIC);
END ENTITY;
ARCHITECTURE ART OF yufei IS
BEGIN
Y<=NOT(A AND B);
END ART;
```

与非门 VHDL

与非门仿真

（4）与非门电路模块的仿真图（见图 3-17）。

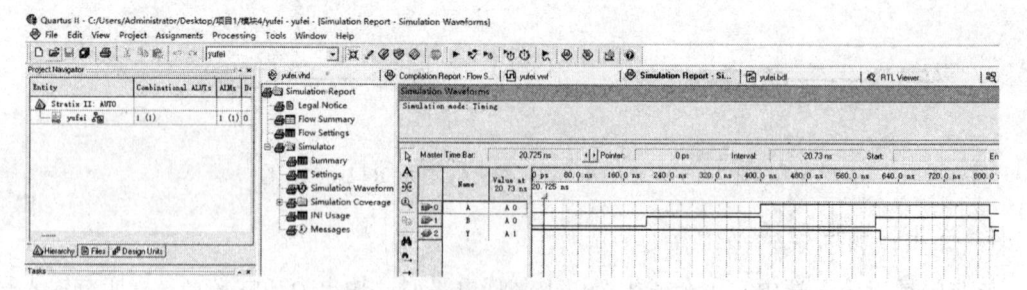

图 3-17　与非门电路模块仿真图

（5）与非门电路模块的元件图（见图 3-18～图 3-20）。

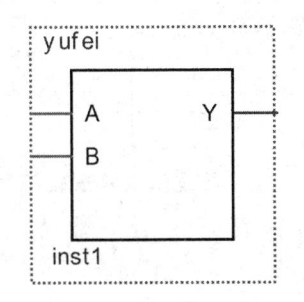

与非门创建图元符
号 Symbol 及 RTL

图 3-18　与非门电路模块元件图

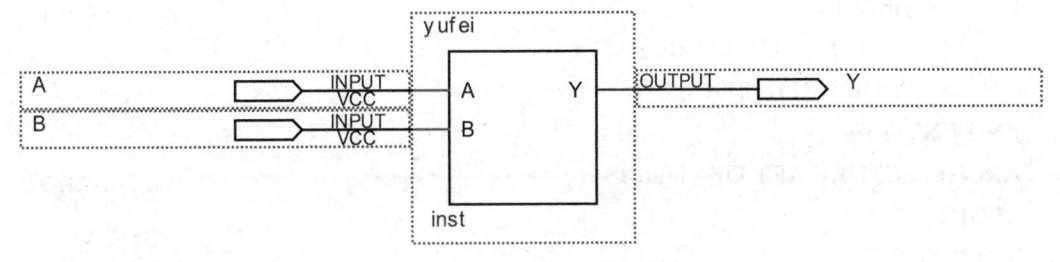

图 3-19　与非门电路模块图

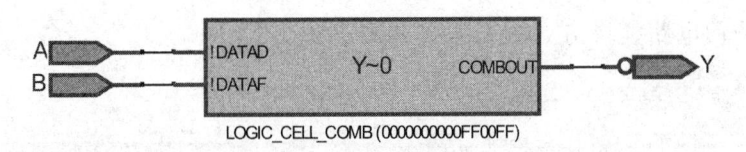

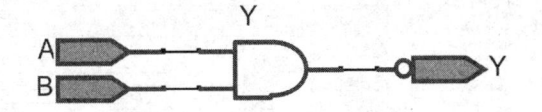

图 3-20　与非门电路技术映射图及 RTL 电路图

5. 异或门测试模块

异或门有多个输入端和 1 个输出端，多输入异或门可由 2 输入异或门构成。异或门的原理是若两个输入的电平相异，则输出为高电平 1；若两个输入的电平相同，则输出为低电平 0。亦即，如果两个输入不同，则异或门输出高电平 1，两个输入相同，则异或门输出低电平 0。

（1）异或门电路真值表（见表 3-5）。

表 3-5　异或门电路真值表

A	B	输入 Y
0	0	0
0	1	1
1	0	1
1	1	0

（2）异或门的逻辑符号（见图 3-21）。

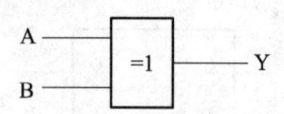

图 3-21　异或门电路逻辑符号

（3）异或门电路模块的 VHDL 程序。
LIBRARY IEEE；
USE IEEE.STD_LOGIC_1164.all；
ENTITY yihuo IS
　　PORT(A，B:IN STD_LOGIC；
　　　　　Y:OUT STD_LOGIC)；
END ENTITY；
ARCHITECTURE ART OF yihuo IS
BEGIN
Y<=A XOR B；
END ART；

异或门 VHDL

异或门仿真

（4）异或门电路模块仿真图（见图 3-22）。

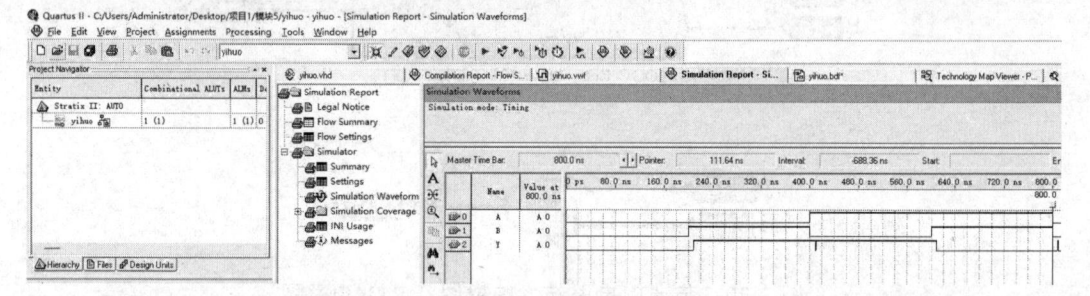

图 3-22　异或门电路模块仿真图

（5）异或门模块元件图（见图 3-23～图 3-25）。

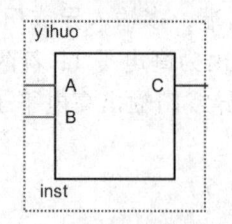

异或门创建图元符号 Symbol 及 RTL

图 3-23　异或门电路模块元件图

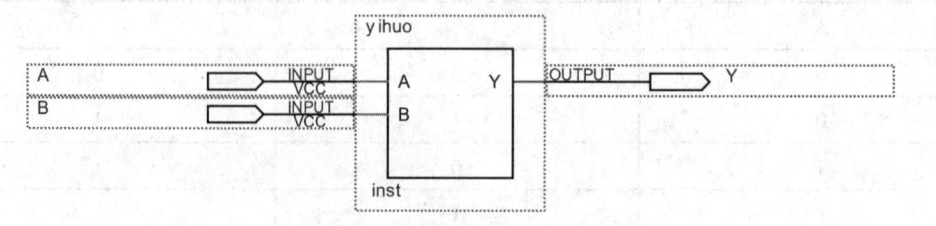

图 3-24　异或门电路模块图

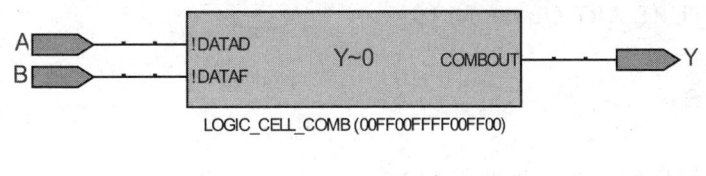

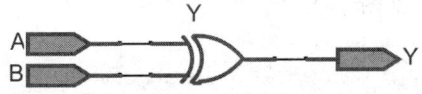

图 3-25　异或门电路技术映射图及 RTL 电路图

6. 或非门检测模块

或非门是若输入均为低电平 0，则输出为高电平 1；若输入中至少有一个为高电平 1，则输出为低电平 0。或非是逻辑或加逻辑非得到的结果。或非是一种具有函数完备性的运算，因此其他任何逻辑函数都能用或非门实现。相比之下，逻辑或运算器是一种单调的运算器，其只能将低电平变为高电平，但不能将高电平变为低电平。在绝大多数但不是所有的电路设计中，逻辑非的功能本身就包含在结构中，如 CMOS 和 TTL 等。在这样的逻辑系列中，要实现或门，唯一的方法是用两个或更多的逻辑门来实现，如一个或非门加一个反相器。

（1）或非门电路真值表（见表 3-6）。

表 3-6　或非门电路真值表

A	B	$Y=A+B$	$Y=A+\bar{B}$
0	0	0	1
0	1	1	0
1	0	1	0
1	1	0	0

（2）或非门电路逻辑符号（见图 3-26）。

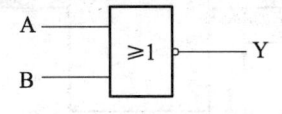

图 3-26　或非门电路逻辑符号

（3）或非门电路模块的 VHDL 程序。

LIBRARY IEEE;
USE IEEE.STD_LOGIC_1164.all;
ENTITY huofei IS
　　PORT(A，B:IN STD_LOGIC;
　　　　　Y:OUT STD_LOGIC);
END ENTITY;

或非门 VHDL

ARCHITECTURE ART OF huofei IS
BEGIN
Y<=A NOR B;
END ART;

（4）或非门模块仿真图（见图 3-27）。

或非门仿真

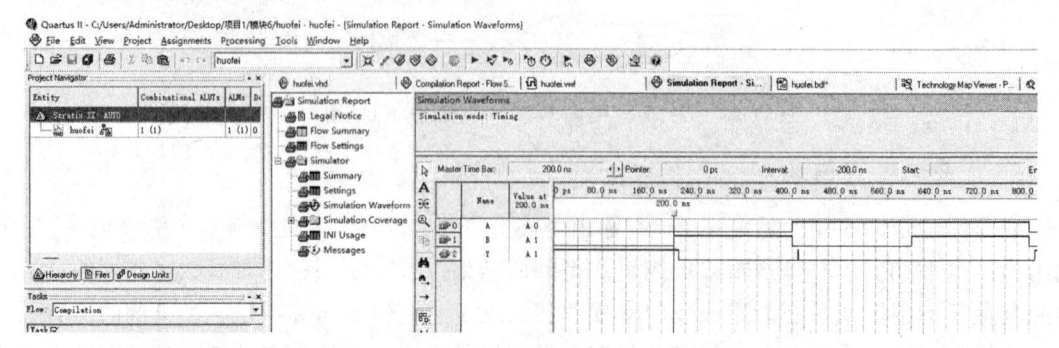

图 3-27　或非门电路模块仿真图

（5）或非门电路模块元件图（见图 3-28～图 3-30）。

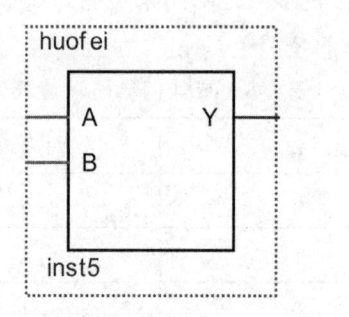

或非门创建图元符号 Symbol 及 RTL

图 3-28　或非门电路模块元件图

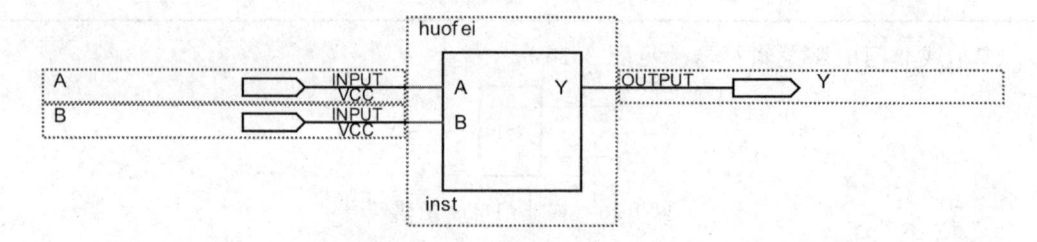

图 3-29　或非门电路模块图

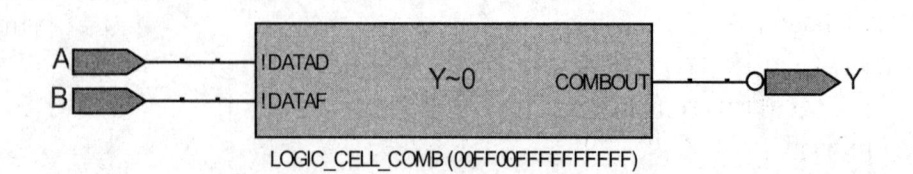

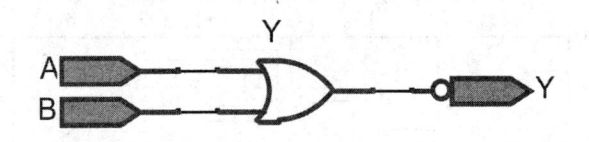

图 3-30　或非门电路技术映射图及 RTL 电路图

三、常用的 74LS 系列门电路的引脚图

（1）74LS00 与非门电路的引脚图（见图 3-31）。

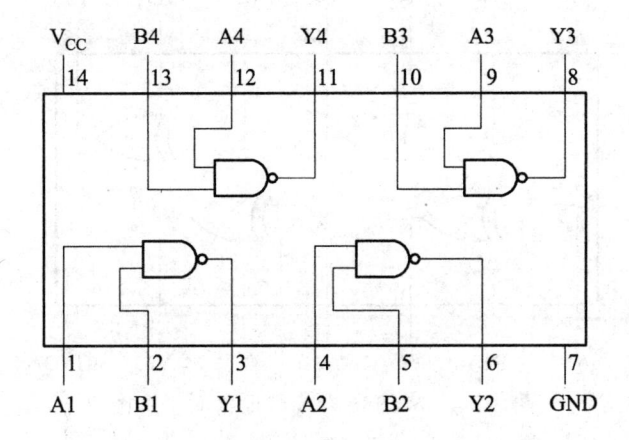

图 3-31　74LS00 与非门电路的引脚图

（2）74LS08 与门电路的引脚图（见图 3-32）。

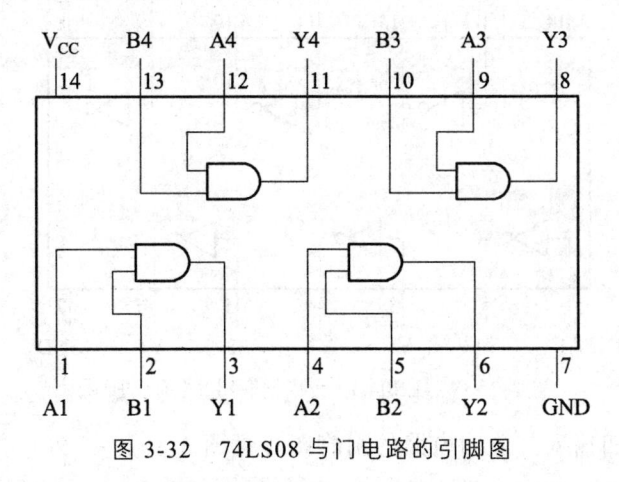

图 3-32　74LS08 与门电路的引脚图

（3）74LS54 与或非门电路的引脚图（见图 3-33）。

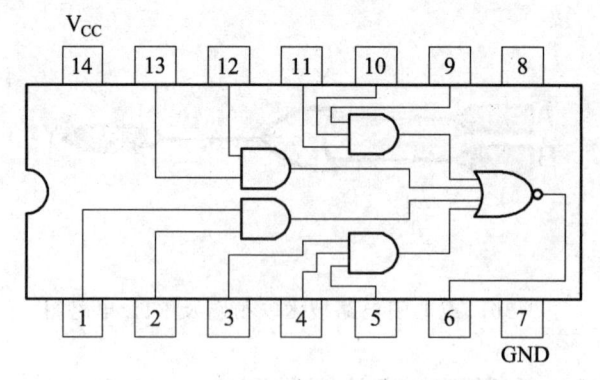

图 3-33　74LS54 与或非门电路的引脚图

（4）74LS86 异或门电路的引脚图（见图 3-34）。

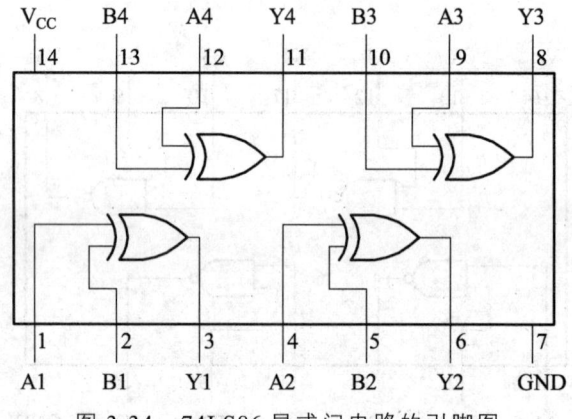

图 3-34　74LS86 异或门电路的引脚图

（5）74LS04 六反相器门电路的引脚图（见图 3-35）。

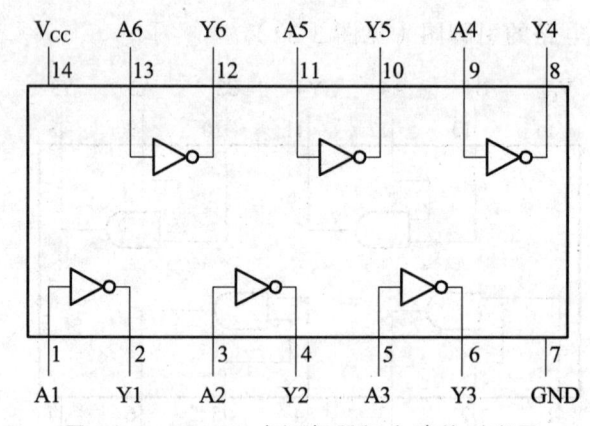

图 3-35　74LS04 六反相器门电路的引脚图

（6）74LS20 双四输入与非门电路的引脚图（见图 3-36）。

图 3-36　74LS20 双四输入与非门电路的引脚图

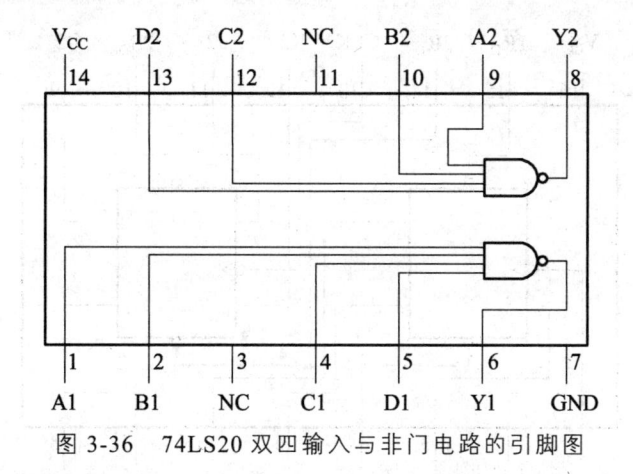

（7）74LS54 四路 2-3-3-2 输入与或非门电路的引脚图（见图 3-37）。

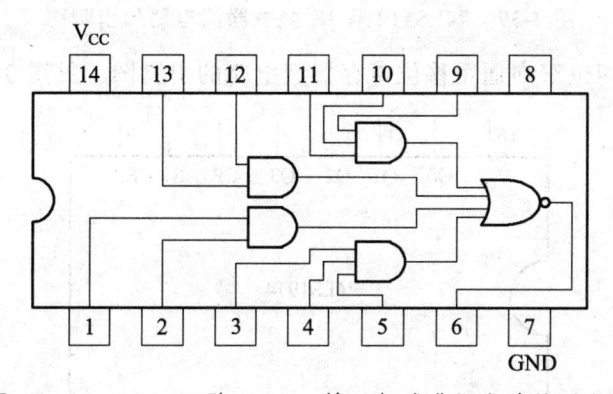

图 3-37　74LS54 四路 2-3-3-2 输入与或非门电路的引脚图

（8）74LS74 双 D 触发器门电路的引脚图（见图 3-38）。

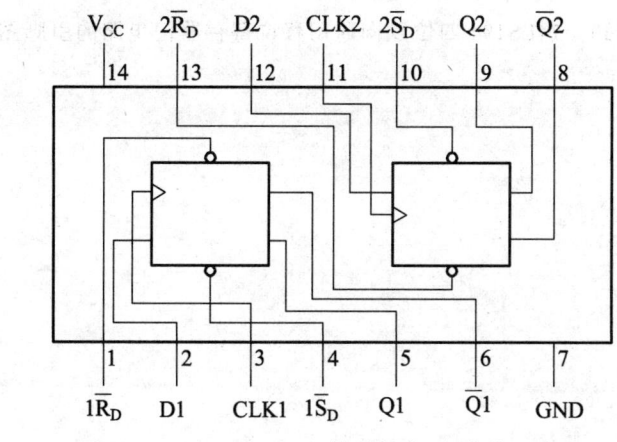

图 3-38　74LS74 双 D 触发器门电路的引脚图

（9）74LS112 双 JK 触发器门电路的引脚图（见图 3-39）。

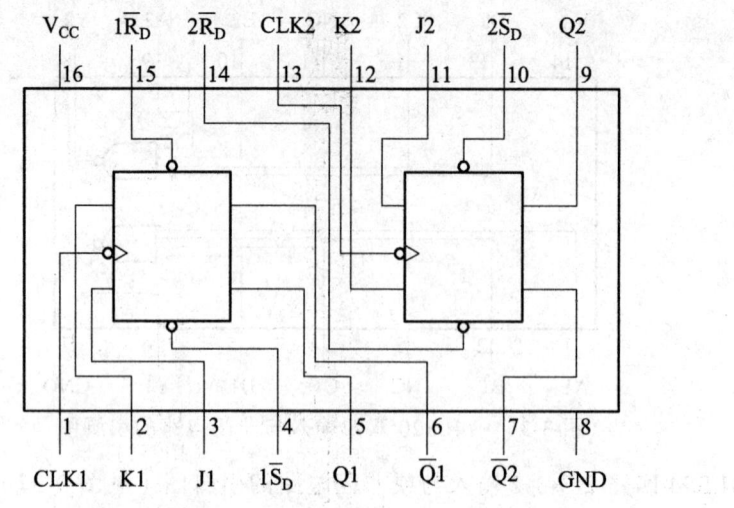

图 3-39　74LS112 双 JK 触发器门电路的引脚图

（10）74LS194 四位双向通用移位寄存器门电路的引脚图（见图 3-40）。

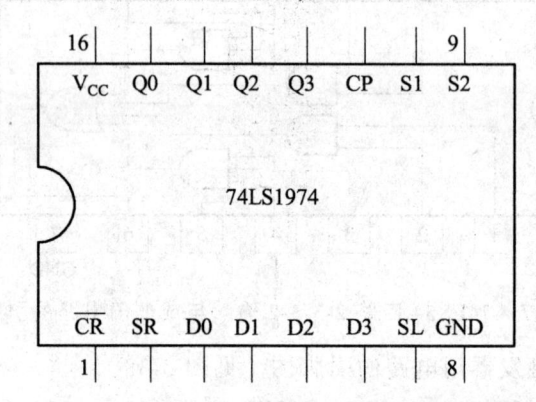

图 3-40　74LS194 四位双向通用移位寄存器门电路的引脚图

科学家的故事

导弹之父——钱学森

钱学森，著名科学家，我国力学事业的奠基人之一，被称为导弹之父。1911年，钱学森生于上海，1929年进入上海交通大学机械工程系攻读铁道机械工程专业，1934年毕业之后成为当年20名留美公费生之一。1935年，在清华大学空气动力学教授王士倬建议下，他进入美国麻省理工学院。1936年，钱学森获得空气动力学权威西奥多·冯·卡门教授赏识，进入加州理工学院研究院。

"这是我们第一次见面，我抬头看到一位个子不高、仪表严肃的年轻人。他异常准确地回答了我的所有问题。他思维的敏捷和富于智慧，顿时给我以深刻印象。"冯·卡门日后如是回忆。钱学森30多岁就被公认是天才，彼时他已在高速空气动力学和喷气推进领域做出了巨大贡献。

此后，钱学森在美国生活一帆风顺，重量级论文发表、博士毕业、晋升教授、加入火箭研制组、参加国防部科学顾问组、结婚生子。1949年，他成为加州理工学院正教授，并出任加州理工学院古根海姆喷气推进研究中心主任。

然而，当钱学森想回自己的国家报效祖国的时候，却被美国以间谍的罪名关进监狱。为了留住钱学森，美国软硬兼施并许以金钱职位利诱。钱学森不为其所动毅然坚持要回自己的祖国，谁也动摇不了他回国的决心。美国海军司令非常赏识钱学森的才华，要求美国司法部无论如何要留住钱学森，据说他在情急之下放言："我宁可把这个家伙枪毙了，也不让他离开美国！钱学森，无论到哪里，都抵得上5个师的兵力！"在当时冷战对峙格局之下，钱学森的贡献显得格外重要，他领导了中国的"两弹一星"，成为中国20世纪50年代后最为重要的科学家之一。

思考题

（1）VHDL程序一般包括几个组成部分？每部分的作用是什么？

（2）VHDL语言中的数据对象有几种？各种数据对象的作用范围如何？各种数据对象的实际物理含义是什么？

（3）归纳利用Quartus II进行VHDL文本输入设计的具体流程。

项目四

基于 VHDL 的流水灯设计

学习目标

（1）掌握基本逻辑器件分频器、计数器、数据选择器等器件的工作原理；
（2）完成分频器、计数器、数据选择器等器件的 VHDL 语言编写程序。

能力目标

（1）掌握分频器等逻辑电路 VHDL 设计方法；
（2）使用 EDA 开发工具对分频器电路进行设计、编译、仿真。

思政目标

（1）培养学生"专、精、细、实"的工匠精神；
（2）培养学生树立职业意识和劳动安全意识。

一、设计内容

1. 基本原理

EDA 技术就是以计算机为工具，设计者可通过 EDA 软件平台，用硬件描述语言 VHDL 完成设计文件，然后由计算机自动完成逻辑编译、化简、分割、综合、优化、布局、布线和仿真，直至完成对特定目标芯片的适配编译、逻辑映射和编程下载等工作。随着 EDA 技术发展和应用领域的不断扩大与深入，EDA 技术在电子信息、通信、自动控制及计算机应用等领域的重要性日渐突出。随着技术市场与人才市场对 EDA 人才的需求不断提高，产品的市场需求和技术市场的要求也必然会反映到教学领域和科研领域中来，因此学好 EDA 技术对培养学生职业技能有很大的帮助。以计算机为载体的 EDA 技术，采用相关 EDA 软件，根据项目设计时描述的源文件（主要包括原理图文件、硬件描述语言文件或波形图文件等），来自动完成电子系统的自动化设计。本项目任务是设计一种基于 VHDL 的流水灯。流水灯就是一串按一定的规律像流水一样连续闪亮的 LED 灯。本项目设计通过控制状态端口 4 种组合来控制 LED 灯工作在 4 种状态（状态参数可以随意调节）。本项目设计的主要目的是测试芯片的输入输出引脚功能和程序的控制端口，其设计思路和控制思想在工业控制技术领域也同样适用。流水灯示例图片如图 4-1～图 4-3 所示。

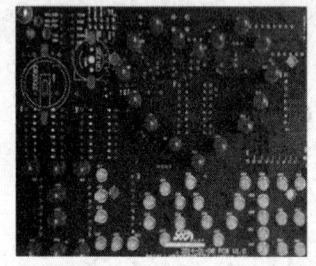

图 4-1 流水灯 1 　　图 4-2 流水灯 2 　　图 4-3 流水灯 3

设计时采用不同模块来实现一个流水灯控制电路，使 LED 灯能连续发出至少 4 种不同的流水显示形式。设计控制电路采用 VHDL 语言设计编写，运用自顶而下的设计思想，按功能逐层分割实现层次化设计，根据多路彩灯控制器的设计原理，分别对应流水灯的多种变化模式。本设计由分频器实现 2、4、8、16 的分频，设计一个十六进制计数器，由低位控制四选一电路、高位控制模式选择电路。模式选择则由状态机来实现 4 种状态之间的转换。设计过程中运用 VHDL 硬件描述语言对各个模块进行层次化、系统化描述，先进行分模块设计，最后再把各个模块组合连接起来成为一个整体。

2. 设计框图

流水灯系统总体设计框架结构如图 4-4 所示。

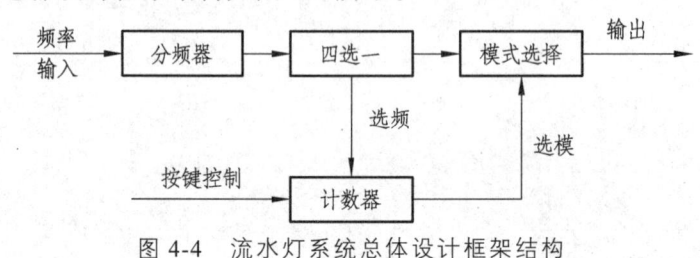

图 4-4 流水灯系统总体设计框架结构

二、设计步骤和调试过程

（一）基本架构

根据如图 4-4 所示的流水灯系统总体设计框架结构，分别按照以下几个模块来进行设计：

（1）分频器模块：其功能是对时钟信号进行 2 分频、4 分频、8 分频、16 分频，然后将信号输入给四选一电路模块。

（2）四选一电路模块：其功能是将分频器的信号接收后，将信号传输给状态机模块和十六进制计数器模块。

（3）十六进制计数器模块：其功能是通过按键控制将四选一电路模块信号进行选择，将其输送到状态机模块。

（4）状态机模块：其功能是四选一电路模块和十六进制计数器模块的信号接收，选择对应的流水灯模式，选择后将其输出。

（二）各模块设计和相应模块代码

1. 分频器模块

分频器是数字电路中最常用的电路之一，在 FPGA 的设计中也是使用效率非常高的基本设计。基于 FPGA 实现的分频电路一般有两种方法：一是使用 FPGA 芯片内部提供的锁相环电路，如 ALTERA 提供的 PLL（Phase Locked Loop），Xilinx 提供的 DLL（Delay Locked Loop）；二是使用硬件描述语言，如 VHDL、Verilog HDL 等。使用锁相环电路有许多优点，如可以实现倍频、相位偏移、占空比可调等。但 FPGA 提供的锁相环个数极为有限，不能满足使用要求。因此通过硬件描述语言实现分频电路经常使用在数字电路设计中，消耗不多的逻辑单元就可以实现对时钟的操作，具有成本低、可编程等优点。计数器是实现分频电路的基础，计数器有普通计数器和约翰逊计数器两种。普通计数器中最普通的计数器是加法（或减法）计数器。而约翰逊计数器是一种移位计数器，采用的是把输出的最高位取非，然后反馈送到最低位触发器的输入端，约翰逊计数器在每个时钟下只有一个输出发生变化。这两种计数器均可应用在分频电路中。分频器经常用来对模拟信号进行处理，常常通过带通滤波器来实现。例如在音频功率放大器中把不同频率段的音频信号区分开，再进行放大输送给不同的扬声器，还原成不同频段的声音。这种分频器通常是利用电感、电容对高低频信号的不同阻抗来把信号区分开。另一类是对脉冲信号进行 2 的 N 次方分之一的分频，例如把 32 768 Hz 的脉冲信号变成 1 Hz 的秒信号。这类分频器通常是利用 T 触发器实现的，每来一个脉冲后触发器状态改变一次，经过 N 个 T 触发器处理后就可以得到 2 的 N 次方分之一的分频信号。所以在这个模块中主要实现时钟信号的分频，将时钟信号分为 2 分频、4 分频、8 分频、16 分频。CLK 时钟信号输入，CLK_DIV2 为 2 分频信号，CLK_DIV4 为 4 分频信号，CLK_DIV8 为 8 分频信号，CLK_DIV16 为 16 分频信号。

（1）分频器模块的 VHDL 源程序。

```
LIBRARY IEEE;
```

分频器 VHDL

```vhdl
USE IEEE.STD_LOGIC_1164.ALL;
USE IEEE.std_LOGIC_ARITH.ALL;
USE IEEE.STD_LOGIC_UNSIGNED.ALL;
ENTITY CLK_DIV IS
 PORT(CLK  : IN   STD_LOGIC;
    CLK_DIV2 :OUT STD_LOGIC;
    CLK_DIV4 :OUT STD_LOGIC;
    CLK_DIV8 :OUT STD_LOGIC;
    CLK_DIV16 :OUT STD_LOGIC);
END   CLK_DIV;
ARCHITECTURE   RTL   OF CLK_DIV IS
    SIGNAL COUNT : STD_LOGIC_VECTOR (3 DOWNTO 0);
BEGIN
    PROCESS(CLK)
BEGIN
    IF (CLK'EVENT   AND CLK='1') THEN
      IF(COUNT="1111") THEN COUNT<=(OTHERS=>'0');
    ELSE    COUNT<=COUNT+1;
      END   IF;
    END   IF;
    END   PROCESS;
      CLK_DIV2<=COUNT(0);
      CLK_DIV4<=COUNT(1);
      CLK_DIV8<=COUNT(2);
      CLK_DIV16<=COUNT(3);
END RTL;
```

（2）分频器模块仿真波形图（见图 4-5）。

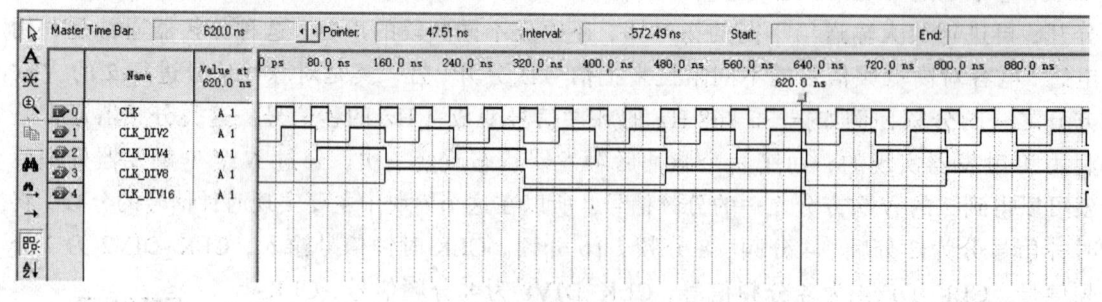

图 4-5 分频器模块仿真波形图

（3）分频器模块原理图（见图 4-6~图 4-8）。

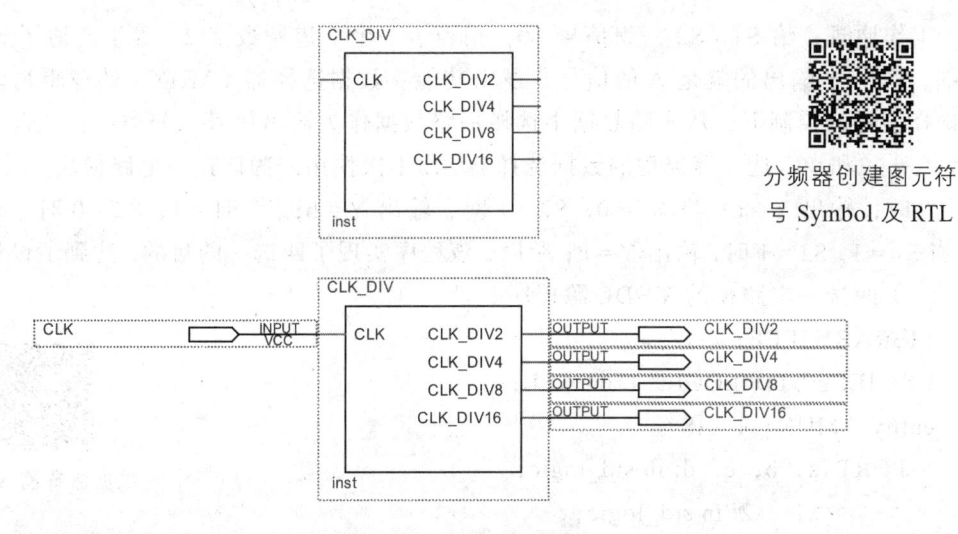

图 4-6　分频器模块元件图

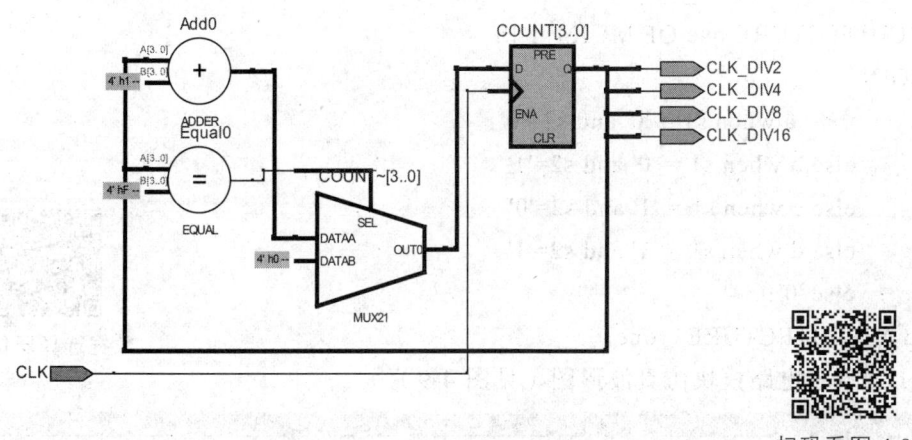

图 4-7　分频器模块 RTL 图

扫码看图 4-8

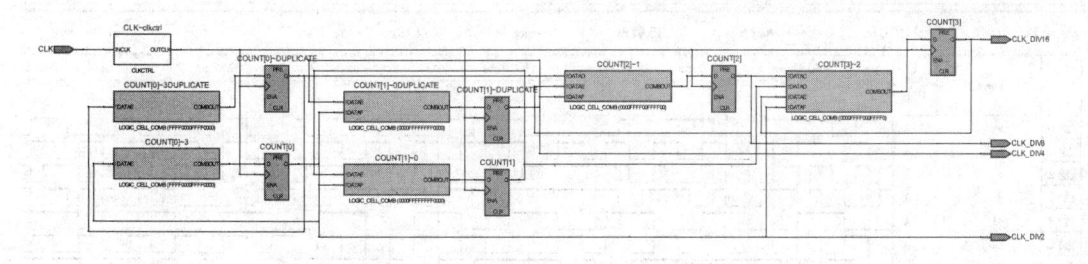

图 4-8　分频器模块 Technolog Map Viewer 图

2. 四选一电路模块

四选一电路模块也叫数据选择器（Data Selector），是根据给定的输入地址代码，从一组输入信号中选出指定的一个送至输出端的组合逻辑电路。有时也把它叫作多路选择器、多路调制器（Multiplexer）或多路开关。

工作原理：给 S1、S2 一组信号 10，相当于一个 2 进制数字 2，等于选通了 A 这个输入端，输出 Y 输出的就是 A 的信号。逻辑功能：数据选择器（MUX）的逻辑功能是在地址选择信号的控制下，从多路数据中选择一路数据作为输出信号。分类：有二选一、四选一、八选一和十六选一等类型的数据选择器。而本次使用的为四选一电路模块。当 S1 = 0，S2 = 0 时，输出 Y = a；当 S1 = 0，S2 = 1 时，输出 Y = b；当 S1 = 1，S2 = 0 时，输出 Y = c；当 S1 = 1，S2 = 1 时，输出 Y = d；所以，该程序实现了四选一的目的，达到了设计要求。

（1）四选一电路模的 VHDL 源程序。

```
LIBRARY IEEE;
USE IEEE.STD_LOGIC_1164.ALL;
entity    MUX4_1 IS
    PORT (a, b, c, d: in std_logic;
          s1, s2: in std_logic;
          Y: out STD_LOGIC);
END ENTITY MUX4_1;
ARCHITECTURE one OF MUX4_1 IS
BEGIN
    y <= a when s1 = '0' and s2='0'
    else b when s1 = '0' and s2='1'
    else c when s1 = '1' and s2='0'
    else d when s1 = '1' and s2='1'
    else '0';
end ARCHITECTURE    one;
```

数据选择器 VHDL

数据选择器仿真

（2）四选一电路模块仿真波形图（见图 4-9）。

图 4-9　四选一电路模块仿真波形图

图 4-9 中，a 是 2 分频信号输入，b 是 4 分频信号输入，c 是 8 分频信号输入，d 是 16 分频信号输入，S1、S2 为输入信号，Y 为输出信号。

（3）四选一电路模块原理图（见图 4-10～图 4-12）。

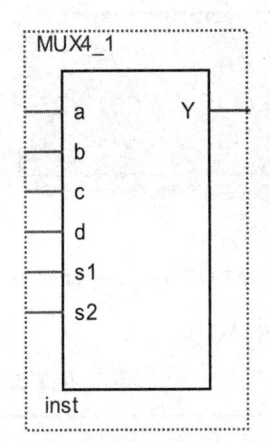

数据选择器创建图元
符号 Symbol 及 RTL

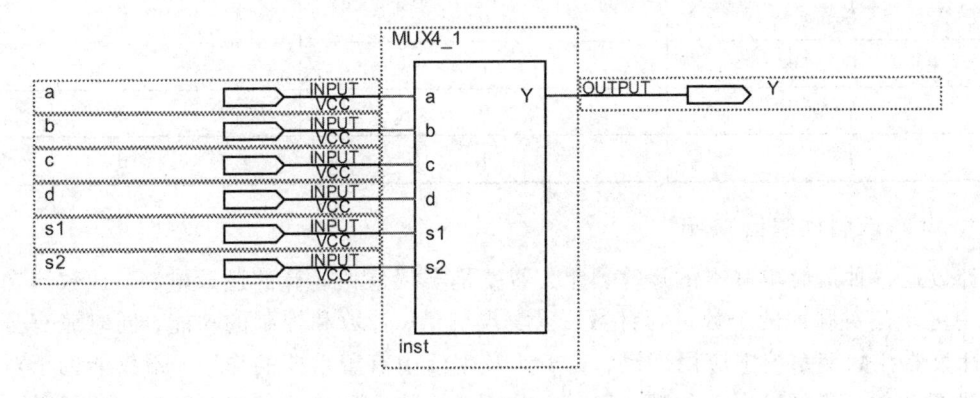

图 4-10 四选一电路模块元件图

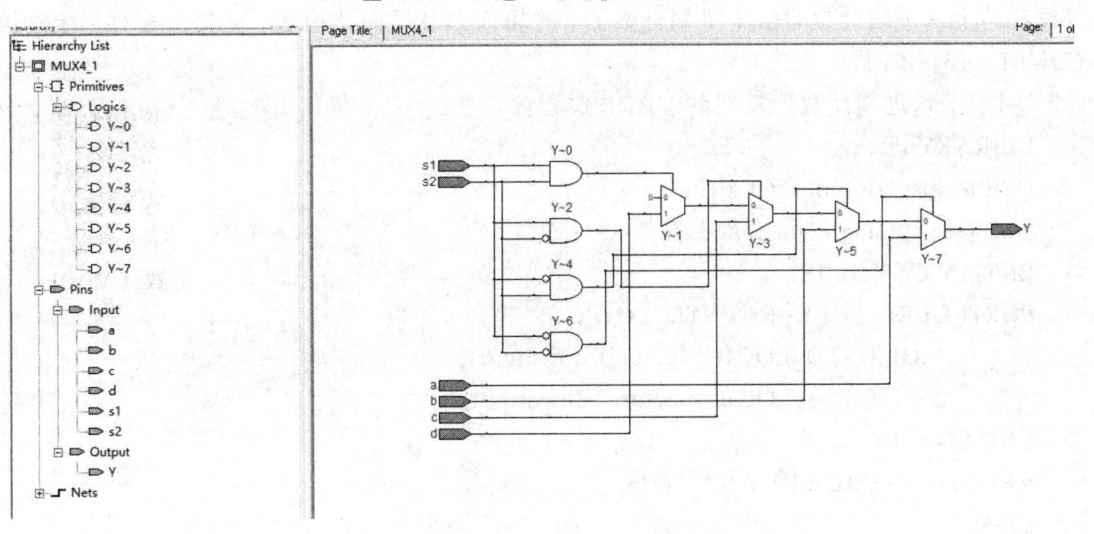

图 4-11 四选一电路模块 RTL 图

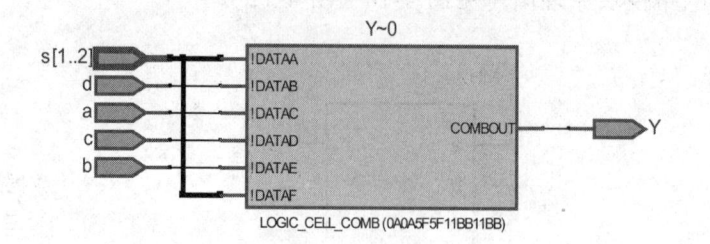

图 4-12　四选一电路模块 Technolog Map Viewer 图

（4）四选一电路模块真值表（见表 4-1）。

表 4-1　四选一电路模块真值表

S1	S2	Y
0	0	a
0	1	b
1	0	c
1	1	d

3. 十六进制计数器模块

计数是一种最简单基本的运算，计数器就是实现这种运算的逻辑电路。计数器在数字系统中主要是对脉冲的个数进行计数，以实现测量、计数和控制的功能，同时兼有分频功能。计数器在数字系统中应用广泛，在工业及生活中有着重要的作用，不仅能用于对时钟脉冲进行计数，还可以用于分频、定时、生产节拍脉冲和脉冲序列以及数字运算等。本项目设计的十六进制计数器由十进制计数器、逻辑门以及反向器构成，使其仿真时，计数状态从 01～16 不断循环。

（1）十六进制计数器模块的 VHDL 源程序。

```
LIBRARY ieee;
USE ieee.std_logic_1164.all;
USE ieee.std_logic_unsigned.all;
ENTITY CNT_16 IS
PORT( CLRN，CLK: IN    STD_LOGIC;
        A:OUT STD_LOGIC_vector(1 downto 0);
        B:OUT STD_LOGIC_vector(1 downto 0));
END CNT_16;
ARCHITECTURE a OF CNT_16 IS
BEGIN
  PROCESS(CLK，CLRN)
        VARIABLE tmpha:std_logic_vector(3 downto 0);
BEGIN
```

十六进制计数器 VHDL

```
        IF CLRN='1' THEN    tmphA := "0000";
        ELSIF CLK'event AND CLK='1' THEN
          if tmpha<15   then  tmpha:=tmpha+1;
          else      tmphA := "0000";
          END IF；
        end if；
          CASE   tmpha   IS
             WHEN "0000"=>B<="00"; A<="00";
             WHEN "0001"=>B<="00"; A<="01";
             WHEN "0010"=>B<="00"; A<="10";
             WHEN "0011"=>B<="00"; A<="11";
             WHEN "0100"=>B<="01"; A<="00";
             WHEN "0101"=>B<="01"; A<="01";
             WHEN "0110"=>B<="01"; A<="10";
             WHEN "0111"=>B<="01"; A<="11";
             WHEN "1000"=>B<="10"; A<="00";
             WHEN "1001"=>B<="10"; A<="01";
             WHEN "1010"=>B<="10"; A<="10";
             WHEN "1011"=>B<="10"; A<="11";
             WHEN "1100"=>B<="11"; A<="00";
             WHEN "1101"=>B<="11"; A<="01";
             WHEN "1110"=>B<="11"; A<="10";
             WHEN "1111"=>B<="11"; A<="11";
             WHEN others=>B<="00"; A<="00";
          END CASE；
    END PROCESS ；
END a；
```

（2）十六进制计数器模块仿真波形图（见图4-13）。

十六进制计数器仿真

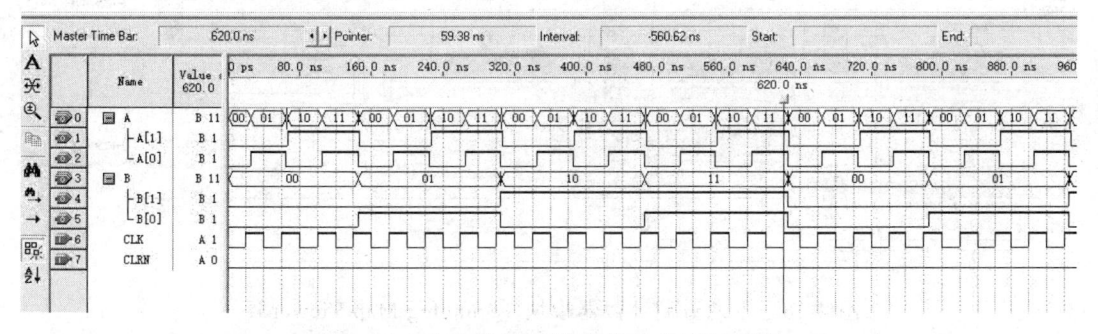

图4-13 十六进制计数器模块仿真波形图

图4-13中，A为低位输出；B为高位输出；CLK为时钟信号；CLRN为清零端。

（3）十六进制计数器模块原理图（见图4-14~图4-16）。

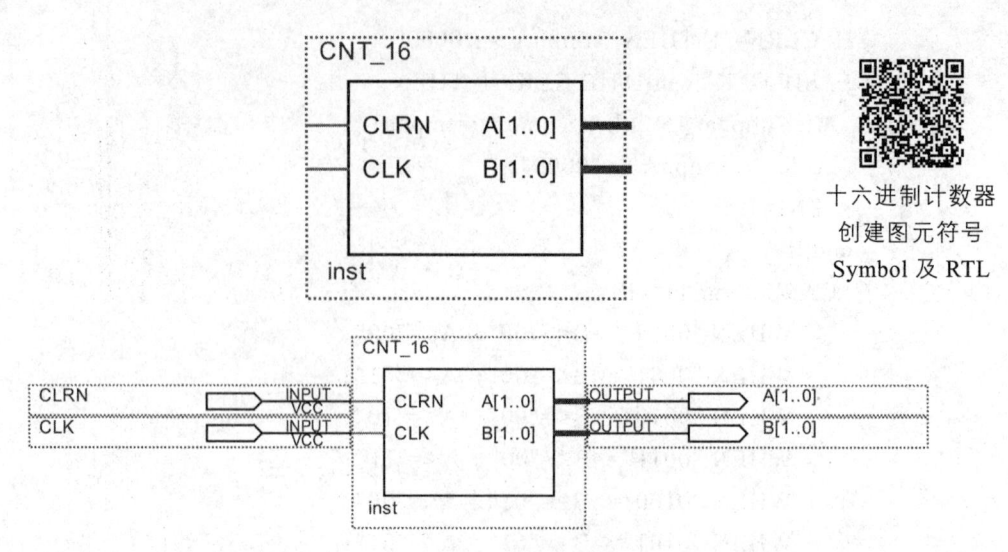

图 4-14　十六进制计数器模块元件图

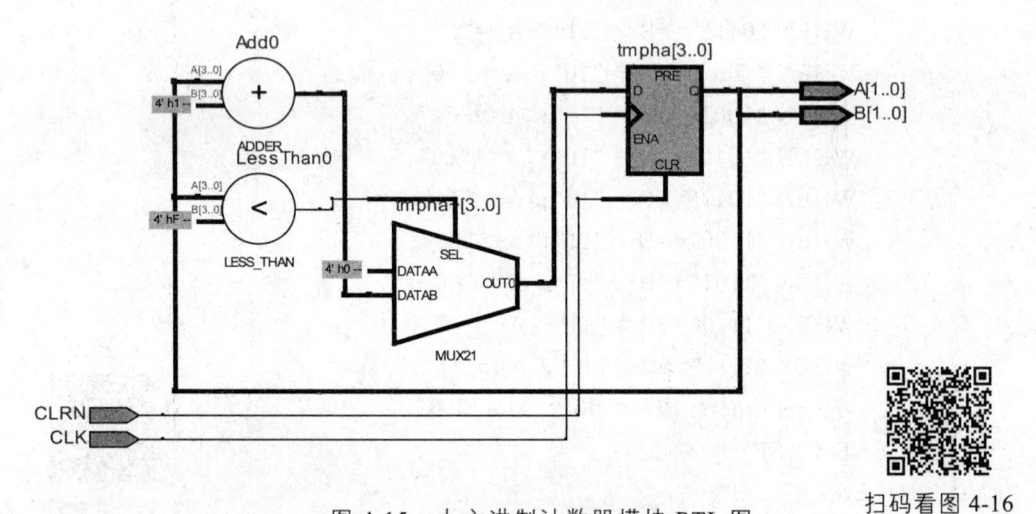

图 4-15　十六进制计数器模块 RTL 图

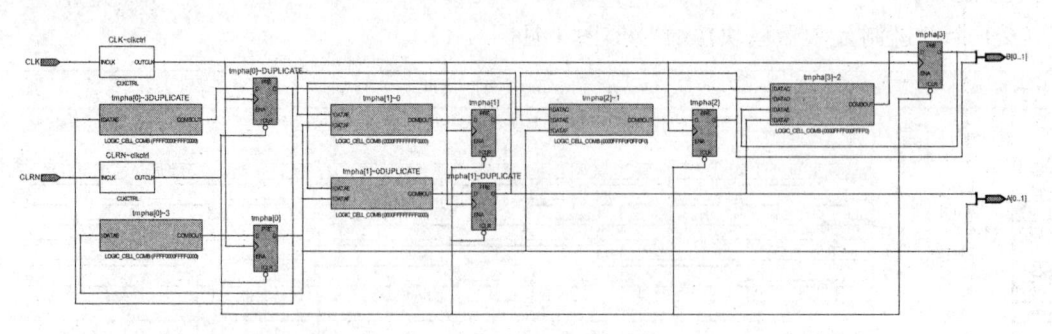

扫码看图 4-16

图 4-16　十六进制计数器模块 Technolog Map Viewer 图

4. 状态机模块

状态机简写为 FSM（Finite State Machine），主要分为两大类：第一类，若输出只和状态有关而与输入无关,则称为 Moore 状态机;第二类,输出不仅和状态有关而且和输入有关系,则称为 Mealy 状态机。要特别注意的是,因为 Mealy 状态机和输入有关,输出会受到输入的干扰,所以可能产生毛刺(Glitch)现象。事实上现在很多 EDA 工具可以很方便地将状态图的描述转换成可以综合的 VHDL 程序代码。状态机的一个极度确切的描述就是它是一个有向图形,由一组节点和一组相应的转移函数组成。状态机通过响应一系列事件而"运行"。每个事件都在属于"当前"节点的转移函数的控制范围内,其中函数的范围是节点的一个子集。函数返回"下一个"(也许是同一个)节点。这些节点中至少有一个必须是终态。当到达终态,状态机停止。这些节点包含一组状态集(states)、一个起始状态(start state)、一组输入符号(alphabet)、一个映射输入符号和当前状态到下一状态的转换函数(Transition Function)的计算模型。当输入符号串时,模型随即进入起始状态。它要改变到新的状态,依赖于转换函数。在有限状态机中,会有许多变量,例如,状态机有很多与动作(Actions)转换(Mealy 机)或状态(摩尔机)关联的动作,多重起始状态,基于没有输入符号的转换,或者指定符号和状态(非定有限状态机)的多个转换,指派给接收状态(识别者)的一个或多个状态,等等。状态机由十六进制计数器的高位控制该程序中的 a1、a2。当 a1 = 0,a2 = 0 时,选择效果 1;当 a1 = 0,a2 = 1 时,选择效果 2;当 a1 = 1,a2 = 0 时,选择效果 3;当 a1 = 1,a2 = 1 时,选择效果 4。a1 为计数器信号输入;b1 为计数器信号输入;CLK 为四选一选择器时钟信号输入;RESET 为清零;Y 为信号输出。该项目中本模块使用 Mealy 状态机。

(1)状态机模块的 VHDL 源程序。

```vhdl
LIBRARY IEEE;
USE IEEE.STD_LOGIC_1164.ALL;
ENTITY SJ IS
    PORT (RESET, CLK    :IN STD_LOGIC;
          a1, a2        :IN STD_LOGIC;
          Y             :OUT STD_LOGIC_VECTOR (15 DOWNTO 0));
END SJ;
ARCHITECTURE behv OF SJ IS
    TYPE FSM_ST IS(s0, s1, s2, s3, S4, S5, S6, S7, S8, S9, S10, S11, S12, S13, S14, S15);
    SIGNAL current_state, next_state:FSM_ST;
BEGIN
  REG: PROCESS(reset, clk)
    BEGIN
      IF reset ='1' THEN current_state <= s0;
      ELSIF clk='1' AND clk 'EVENT THEN
        current_state <= next_state;
      END IF;
    END PROCESS;
  COM:PROCESS (current_state, a1, a2)
```

状态机 VHDL

```vhdl
BEGIN
if a1='0' and a2='0'THEN
    CASE current_state IS
WHEN    S0=>Y<="0000000000000001"; NEXT_STATE<=S1;
WHEN    S1=>Y<="0000000000000011"; NEXT_STATE<=S2;
WHEN    S2=>Y<="0000000000000111"; NEXT_STATE<=S3;
WHEN    S3=>Y<="0000000000001111"; NEXT_STATE<=S4;
WHEN    S4=>Y<="0000000000011111"; NEXT_STATE<=S5;
WHEN    S5=>Y<="0000000000111111"; NEXT_STATE<=S6;
WHEN    S6=>Y<="0000000001111111"; NEXT_STATE<=S7;
WHEN    S7=>Y<="0000000011111111"; NEXT_STATE<=S8;
WHEN    S8=>Y<="0000000111111111"; NEXT_STATE<=S9;
WHEN    S9=>Y<="0000001111111111"; NEXT_STATE<=S10;
WHEN    S10=>Y<="0000011111111111"; NEXT_STATE<=S11;
WHEN    S11=>Y<="0000111111111111"; NEXT_STATE<=S12;
WHEN    S12=>Y<="0001111111111111"; NEXT_STATE<=S13;
WHEN    S13=>Y<="0011111111111111"; NEXT_STATE<=S14;
WHEN    S14=>Y<="0111111111111111"; NEXT_STATE<=S15;
WHEN    S15=>Y<="1111111111111111"; NEXT_STATE<=S0;
END   CASE;
elsif a1='0' and a2='1' THEN
    CASE current_state IS
WHEN    S0=>Y<="0111111111111111"; NEXT_STATE<=S1;
WHEN    S1=>Y<="0011111111111111"; NEXT_STATE<=S2;
WHEN    S2=>Y<="0001111111111111"; NEXT_STATE<=S3;
WHEN    S3=>Y<="0000111111111111"; NEXT_STATE<=S4;
WHEN    S4=>Y<="0000011111111111"; NEXT_STATE<=S5;
WHEN    S5=>Y<="0000001111111111"; NEXT_STATE<=S6;
WHEN    S6=>Y<="0000000111111111"; NEXT_STATE<=S7;
WHEN    S7=>Y<="0000000011111111"; NEXT_STATE<=S8;
WHEN    S8=>Y<="0000000001111111"; NEXT_STATE<=S9;
WHEN    S9=>Y<="0000000000111111"; NEXT_STATE<=S10;
WHEN    S10=>Y<="0000000000011111"; NEXT_STATE<=S11;
WHEN    S11=>Y<="0000000000001111"; NEXT_STATE<=S12;
WHEN    S12=>Y<="0000000000000111"; NEXT_STATE<=S13;
WHEN    S13=>Y<="0000000000000011"; NEXT_STATE<=S14;
WHEN    S14=>Y<="0000000000000001"; NEXT_STATE<=S15;
WHEN    S15=>Y<="0000000000000000"; NEXT_STATE<=S0;
END   CASE;
```

```vhdl
elsif a1='1' and a2='0' THEN
    CASE current_state IS
    WHEN    S0=>Y<="1000000000000001"; NEXT_STATE<=S1;
    WHEN    S1=>Y<="1100000000000011"; NEXT_STATE<=S2;
    WHEN    S2=>Y<="1110000000000111"; NEXT_STATE<=S3;
    WHEN    S3=>Y<="1111000000001111"; NEXT_STATE<=S4;
    WHEN    S4=>Y<="1111100000011111"; NEXT_STATE<=S5;
    WHEN    S5=>Y<="1111110000111111"; NEXT_STATE<=S6;
    WHEN    S6=>Y<="1111111001111111"; NEXT_STATE<=S7;
    WHEN    S7=>Y<="1111111111111111"; NEXT_STATE<=S8;
    WHEN    S8=>Y<="1111111001111111"; NEXT_STATE<=S9;
    WHEN    S9=>Y<="1111110000111111"; NEXT_STATE<=S10;
    WHEN    S10=>Y<="1111100000011111"; NEXT_STATE<=S11;
    WHEN    S11=>Y<="1111000000001111"; NEXT_STATE<=S12;
    WHEN    S12=>Y<="1110000000000111"; NEXT_STATE<=S13;
    WHEN    S13=>Y<="1100000000000011"; NEXT_STATE<=S14;
    WHEN    S14=>Y<="1000000000000001"; NEXT_STATE<=S15;
    WHEN    S15=>Y<="0000000000000000"; NEXT_STATE<=S0;
END  CASE;
elsif a1='1' and a2='1' THEN
    CASE current_state IS
    WHEN    S0=>Y<="0000000110000000"; NEXT_STATE<=S1;
    WHEN    S1=>Y<="0000001111000000"; NEXT_STATE<=S2;
    WHEN    S2=>Y<="0000011111100000"; NEXT_STATE<=S3;
    WHEN    S3=>Y<="0000111111110000"; NEXT_STATE<=S4;
    WHEN    S4=>Y<="0001111111111000"; NEXT_STATE<=S5;
    WHEN    S5=>Y<="0011111111111100"; NEXT_STATE<=S6;
    WHEN    S6=>Y<="0111111111111110"; NEXT_STATE<=S7;
    WHEN    S7=>Y<="1111111111111111"; NEXT_STATE<=S8;
    WHEN    S8=>Y<="0111111111111110"; NEXT_STATE<=S9;
    WHEN    S9=>Y<="0011111111111100"; NEXT_STATE<=S10;
    WHEN    S10=>Y<="0001111111111000"; NEXT_STATE<=S11;
    WHEN    S11=>Y<="0000111111110000"; NEXT_STATE<=S12;
    WHEN    S12=>Y<="0000011111100000"; NEXT_STATE<=S13;
    WHEN    S13=>Y<="0000001111000000"; NEXT_STATE<=S14;
    WHEN    S14=>Y<="0000000110000000"; NEXT_STATE<=S15;
    WHEN    S15=>Y<="0000000000000000"; NEXT_STATE<=S0;
```

END　CASE；
end if；
end PROCESS；
END　BEHV；

状态机仿真

（2）状态机模块仿真波形图（见图 4-17）。

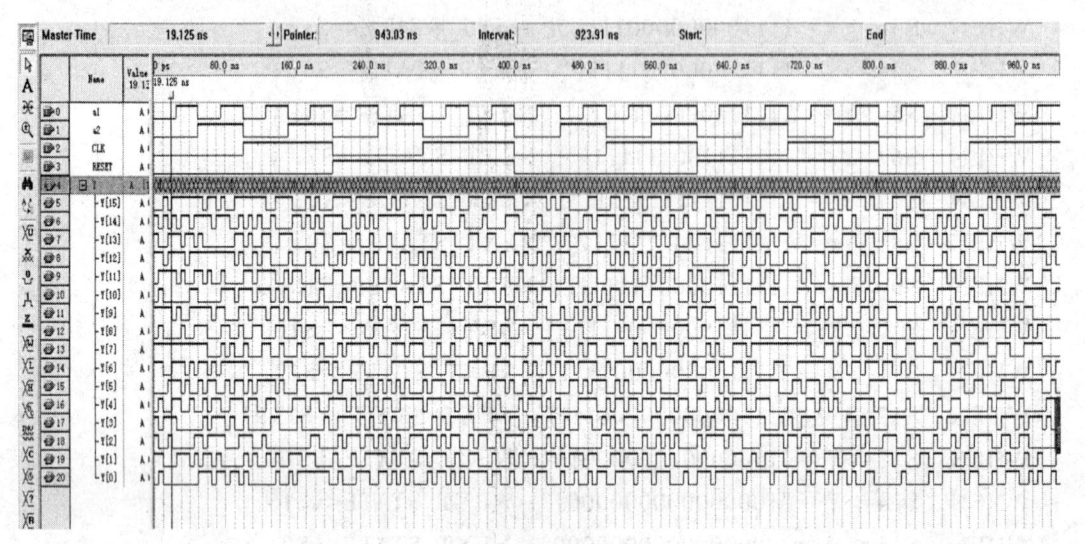

图 4-17　状态机模块仿真波形图

（3）状态机模块原理图（见图 4-18～图 4-20）。

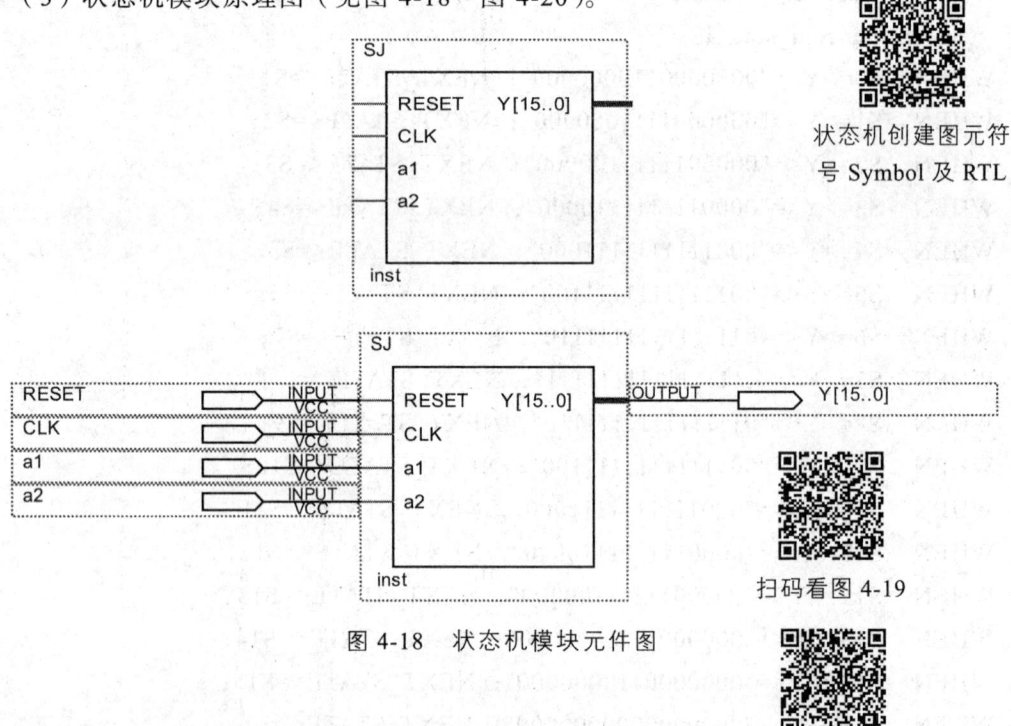

状态机创建图元符号 Symbol 及 RTL

图 4-18　状态机模块元件图

扫码看图 4-19

扫码看图 4-20

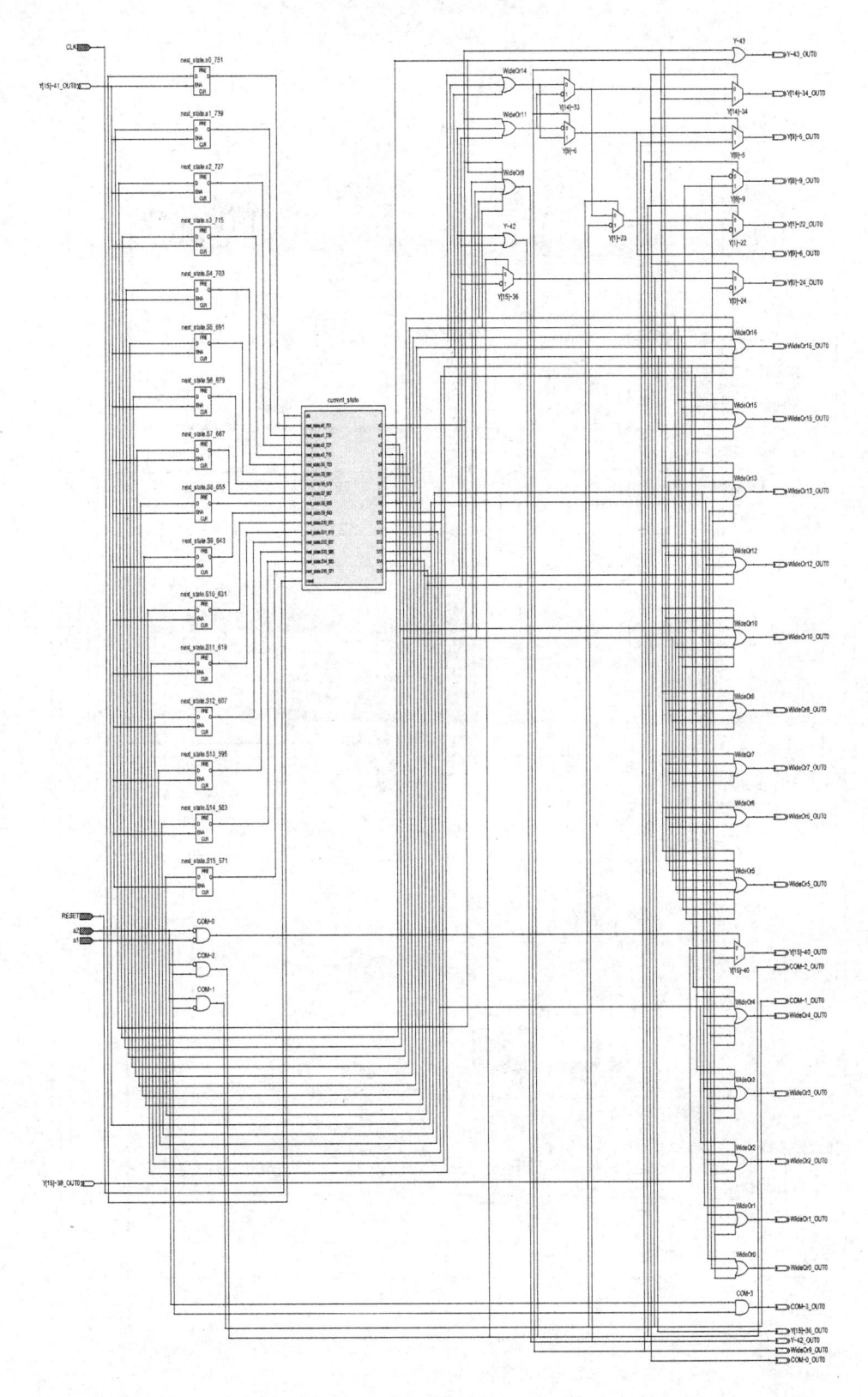

图 4-19 状态机模块 RTL 图

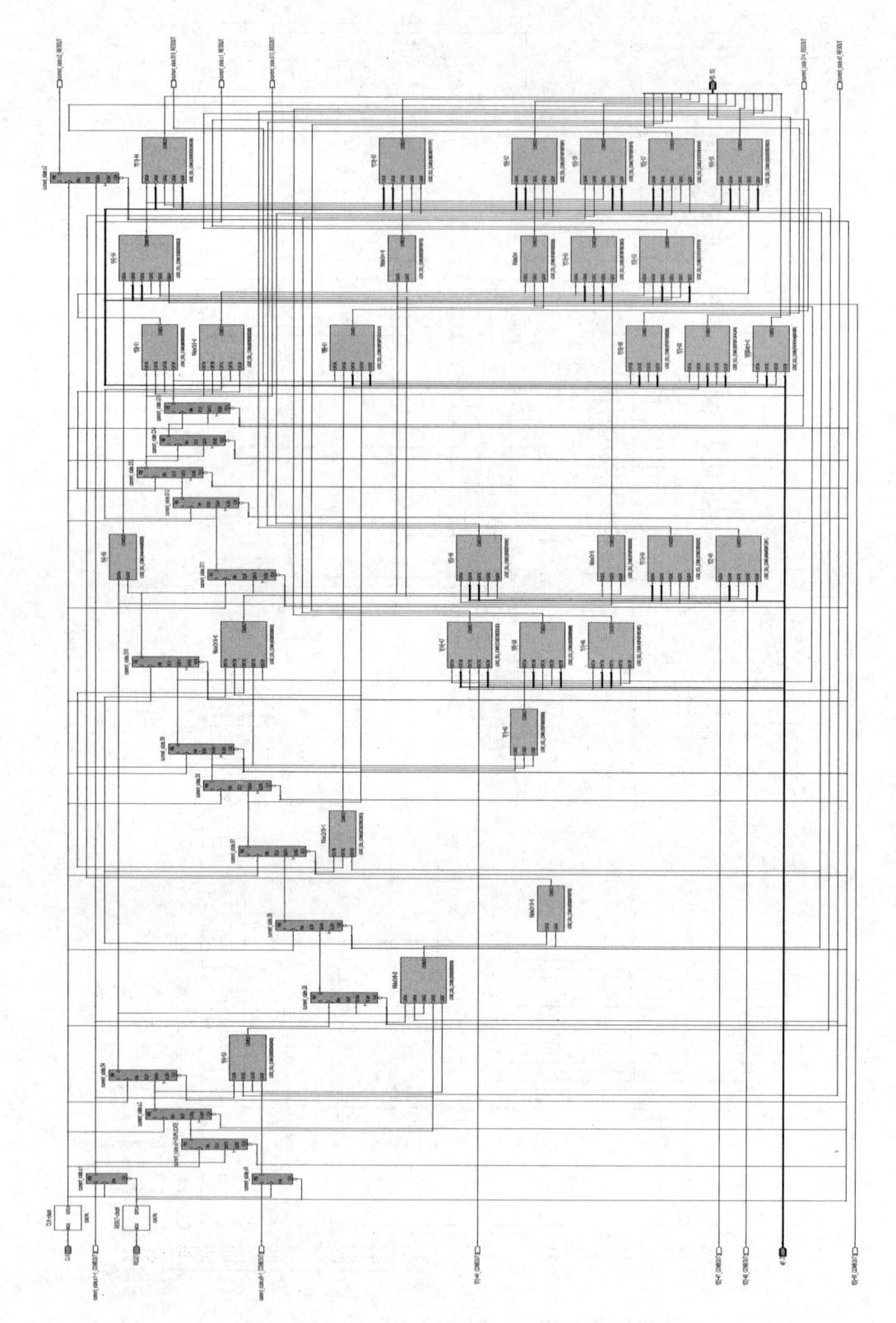

图 4-20 状态机模块 Technolog Map Viewer 图

（4）状态机模块的状态表（见表 4-2）。

表 4-2　状态机模块的状态表

a1	a2	流水灯效果
0	0	效果 1
0	1	效果 2
1	0	效果 3
1	1	效果 4

5. 流水灯系统顶层设计原理图

将四段程序封装后按设计原理框图连接起来，得到如图 4-21 所示的原理图。

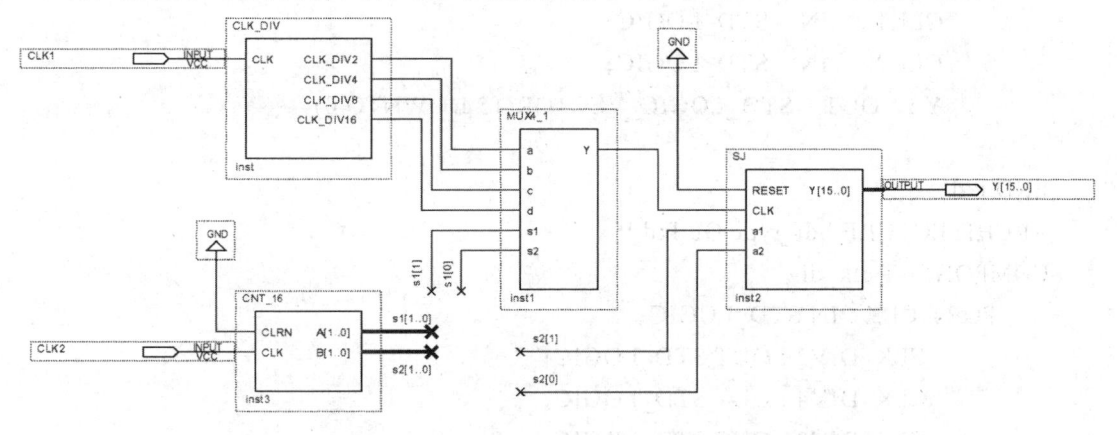

图 4-21　流水灯系统顶层设计原理图

试验调试结果：经过测试，流水灯样式一共有 4 种，如模式选择程序描述的一样，且每一种效果有 4 种速度可调。通过按键频率选择可以调节显示样式，并调节流水灯的变化快慢程度。

6. 流水灯系统顶层设计 VHDL 文件

-- Copyright (C) 1991-2009 Altera Corporation

-- Your use of Altera Corporation's design tools, logic functions

-- and other software and tools, and its AMPP partner logic

-- functions, and any output files from any of the foregoing

-- (including device programming or simulation files), and any

-- associated documentation or information are expressly subject

-- to the terms and conditions of the Altera Program License

-- Subscription Agreement, Altera MegaCore Function License

-- Agreement, or other applicable license agreement, including,

-- without limitation, that your use is for the sole purpose of

-- programming logic devices manufactured by Altera and sold by

-- Altera or its authorized distributors. Please refer to the

顶层原理图设计

```vhdl
-- applicable agreement for further details.
-- PROGRAM          "Quartus II"
-- VERSION          "Version 9.1 Build 222 10/21/2009 SJ Full Version"
-- CREATED          "Sun Jul 24 00:43:42 2022"
LIBRARY ieee;
USE ieee.std_logic_1164.all;
LIBRARY work;
ENTITY lxd IS
    PORT
    (
        CLK1 :  IN   STD_LOGIC;
        CLK2 :  IN   STD_LOGIC;
        Y :    OUT   STD_LOGIC_VECTOR(15 DOWNTO 0)
    );
END lxd;
ARCHITECTURE bdf_type OF lxd IS
COMPONENT clk_div
    PORT(CLK : IN STD_LOGIC;
         CLK_DIV2 : OUT STD_LOGIC;
         CLK_DIV4 : OUT STD_LOGIC;
         CLK_DIV8 : OUT STD_LOGIC;
         CLK_DIV16 : OUT STD_LOGIC
    );
END COMPONENT;
COMPONENT mux4_1
    PORT(a : IN STD_LOGIC;
         b : IN STD_LOGIC;
         c : IN STD_LOGIC;
         d : IN STD_LOGIC;
         s1 : IN STD_LOGIC;
         s2 : IN STD_LOGIC;
         Y : OUT STD_LOGIC
    );
END COMPONENT;
COMPONENT sj
    PORT(RESET : IN STD_LOGIC;
         CLK : IN STD_LOGIC;
         a1 : IN STD_LOGIC;
         a2 : IN STD_LOGIC;
```

```vhdl
        Y : OUT STD_LOGIC_VECTOR(15 DOWNTO 0)
    );
END COMPONENT;
COMPONENT cnt_16
    PORT(CLRN : IN STD_LOGIC;
         CLK : IN STD_LOGIC;
         A : OUT STD_LOGIC_VECTOR(1 DOWNTO 0);
         B : OUT STD_LOGIC_VECTOR(1 DOWNTO 0)
    );
END COMPONENT;
SIGNAL s1 :   STD_LOGIC_VECTOR(1 DOWNTO 0);
SIGNAL s2 :   STD_LOGIC_VECTOR(1 DOWNTO 0);
SIGNAL SYNTHESIZED_WIRE_0 :   STD_LOGIC;
SIGNAL SYNTHESIZED_WIRE_1 :   STD_LOGIC;
SIGNAL SYNTHESIZED_WIRE_2 :   STD_LOGIC;
SIGNAL SYNTHESIZED_WIRE_3 :   STD_LOGIC;
SIGNAL SYNTHESIZED_WIRE_4 :   STD_LOGIC;
SIGNAL SYNTHESIZED_WIRE_5 :   STD_LOGIC;
SIGNAL SYNTHESIZED_WIRE_6 :   STD_LOGIC;


BEGIN
SYNTHESIZED_WIRE_4 <= '0';
SYNTHESIZED_WIRE_6 <= '0';
b2v_inst : clk_div
PORT MAP(CLK => CLK1,
         CLK_DIV2 => SYNTHESIZED_WIRE_0,
         CLK_DIV4 => SYNTHESIZED_WIRE_1,
         CLK_DIV8 => SYNTHESIZED_WIRE_2,
         CLK_DIV16 => SYNTHESIZED_WIRE_3);
b2v_inst1 : mux4_1
PORT MAP(a => SYNTHESIZED_WIRE_0,
         b => SYNTHESIZED_WIRE_1,
         c => SYNTHESIZED_WIRE_2,
         d => SYNTHESIZED_WIRE_3,
         s1 => s1(1),
         s2 => s1(0),
         Y => SYNTHESIZED_WIRE_5);
b2v_inst2 : sj
```

```
PORT MAP(RESET => SYNTHESIZED_WIRE_4,
         CLK => SYNTHESIZED_WIRE_5,
         a1 => s2(1),
         a2 => s2(0),
         Y => Y);
b2v_inst3 : cnt_16
PORT MAP(CLRN => SYNTHESIZED_WIRE_6,
         CLK => CLK2,
         A => s1,
         B => s2);
END bdf_type;
```

科学家的故事

"世界上第一台计算机是什么时候诞生的？到底是谁发明的？"

第一台现代电子通用计算机于1946年诞生。实际上，1623年，德国科学家契克卡德制造了人类有史以来第一台机械计算机。1642年，法国科学家帕斯卡发明了著名的帕斯卡机械计算机，首次确立了计算机器的概念。1679年，数学家莱布尼茨提出了"二进制"。1725年，法国纺织机械师乔布提出了"穿孔纸带"的构想。1822年，英国科学家巴贝奇制造出第一台差分机，并于1834年提出了分析机的概念。他的朋友爱达编制了人类历史上第一批计算机程序。1890年，统计学家霍列瑞斯博士发明了制表机，从而完成了人类历史上第一次大规模数据处理。1893年，德国人施泰格尔研制出一种名为"大富豪"的计算机，该计算机是在手摇式计算机的基础上改进而来的。1895年，英国青年工程师弗莱明通过"爱迪生效应"发明了人类第一只电子管。1913年，美国麻省理工学院教授万·布什领导制造了模拟计算机"微分分析仪"。1937年，美国AT&T贝尔实验室研究人员斯蒂比兹制造了电磁式数字计算机。1946年，美国宾西法尼亚大学摩尔学院教授莫契利和埃克特共同研制成功了第一台现代电子通用计算机。随后，计算机步入了电子管时代。尽管电子管时代的计算机已经步入了现代计算机的范畴，但其体积之大、能耗之高、故障之多、价格之贵大大制约了它的普及应用。1954年，世界上第一台晶体管计算机诞生，自此计算机找到了腾飞的起点，得到了迅速发展。未来计算机将会朝着智能化、网络化的方向不断前进。

思考题

（1）什么叫标识符？VHDL 的基本标识符是怎样规定的？

（2）VHDL 语言中的标准数据类型有哪几类？用户可以自己定义的数据类型有哪几类？并简单介绍各数据类型。

（3）请写出 1 位全减器的 VHDL 程序。要求：首先设计 1 位半减器，然后用例化语句将它们连接起来，半减器主体用 h_suber 表示，输出差是 diff，s_out 是借位输出，sub_in 是借位输入。

项目五

基于 VHDL 的七人表决器设计

学习目标

（1）掌握基本逻辑器件编码器、译码器等器件的工作原理；
（2）完成编码器、译码器等器件的 VHDL 语言编写程序。

能力目标

（1）掌握组合逻辑电路的设计方法；
（2）掌握编码器、译码器电路的 VHDL 描述方法；
（3）了解时序逻辑电路的设计方法。

思政目标

（1）培养学生电路组合的创新能力；
（2）使学生做到理论和实践结合，知行合一。

一、设计内容

1. 基本原理

随着我国信息化、民主化的不断发展，投票表决方式在各种场合中的应用越来越多。表决器是投票系统中的客户端，是一种代表投票或举手表决的表决装置，如图 5-1 所示。表决时参与议会的有关人员只要按动各自表决器上"赞成""反对""弃权"的某一按钮，荧光屏上即显示出表决结果。七人表决器顾名思义就是由七个人来投票，同意的票数大于或者等于 4 时，则认为同意；反之，当反对的票数大于或等于 4 时，则认为不同意。项目中用七个拨动开关来表示七个人，当对应的拨动开关输入为"1"时，表示此人同意；若拨动开关输入为"0"，则表示此人反对。表决的结果用一个 LED 表示，若表决的结果为同意，则 LED 被点亮；如果表决的结果为反对，则 LED 不会被点亮；同时，数码管上显示通过的票数。本项目中设计的表决系统经过扩展可广泛应用到评奖、投标、评审等众多领域。

图 5-1 表决器

本项目利用 THGSC-3 型实验系统中的拨动开关模块、LED 模块以及数码管模块来实现一个简单的七人表决器的功能。拨动开关模块中的 K1~K7 代表七个人，当拨动开关高电平时输入为"1"，表示对应的人投了同意票，当拨动开关输入为"0"时，表示对应的人投了反对票。LED 模块中的 LED1 表示七人表决的结果，当 LED1 点亮时，表示此行为通过表决；反之，当 LED1 熄灭时，表示此行为未通过表决。同时，通过的票数在数码管上显示出来。

2. 设计框图及流程

设计过程中首先确定七人表决器的系统框图（见图 5-2），然后根据设计要求并结合系统框图来设计程序流程图，再根据程序流程图来编写 VHDL 程序，最后，调试程序，进行软件仿真，并记录仿真结果。其实现原理是先编写一个十进制的减法计数器，输入信号为 clk, clr, en, 输出 q[3..0]。因外部时钟信号的频率为 1 kHz，此频率太大，无法显示投票的限制时间，所以要用一个分频器来增大计数时间。设计一个分频器的程序，将时钟信号经过分频器输入计数器中，输入为 clk，输出为 newclk。当 clk 有 1 000 个上升沿时 newclk 产生一个脉冲，也就是计数器计数一次。然后，编辑七人表决器的主程序，其输入为 clk, clr, en, input[6..0]和 q[3..0]，输出为 output, led[6..0]。此程序的时钟脉冲 clk 也为 1 kHz。q 从 9 到 4 期间投票是有效的，从 4 到 0 期间是无效的，此时就显示之前同意的票数。记录的票数通过 case 语句转换到 8 位七段数码管显示出来。投票的时间和记录的票数要通过两个数码管显示，所以要用一个三八译码器来完成。接着编辑一个三八译码器的程序，其输入为 clk, led[6..0], q[3..0]，输出为 choice, data[7..0]。程序中当用一个中间变量来选择数码管，由于 clk 的扫描频率很大，所以两个数码管看上去是同时显示。

图 5-2　七人表决器的总体框图

具体流程如下：

（1）打开 Quartus Ⅱ 软件。

（2）使用七个拨动开关（K1~K7）作为输入变量来表示七个投票人，当拨动开关输入为"1"时，表示对应的人投同意票，当拨动开关输入为"0"时，表示对应的人投反对票。

（3）使用一个七段数码管来显示同意的票数。

（4）使用七个 LED（LED2~LED8）来分别记录投票人的个人投票结果。当 LED 亮起时，表示对应的投票人同意，否则表示不同意，同时一个七段译码管上显示得到的票数。

（5）使用一个 LED（LED1）来表示最终的投票结果。当 LED1 亮起时，表示表决通过，不亮时表示表决不通过；同时一个数码管上面显示最终投票结果，显示 1 表示通过，显示 0 则表示不通过。

（6）使用一个拨动开关（K8）来达到复位要求，即需要复位时能够达到同时清零数码管的显示结果和 LED 的显示情况。

（7）软件仿真成功后，保存仿真图、RTL 结构图、技术记录结果。

二、设计步骤和调试过程

（一）基本框架

根据总体框图，可以将其分为以下模块：

（1）十进制计数器模块；

（2）译码器模块；

（3）分频器模块；

（4）表决器模块；

（5）顶层设计原理图。

（二）模块设计和相应模块代码

1. 十进制计数器模块

（1）十进制计数器 VHDL 程序：

library ieee;

十进制计数器
VHDL

```vhdl
use ieee.std_logic_1164.all;
use ieee.std_logic_unsigned.all;
entity cont10 is
port (clk, clr, en:in std_logic;
        q:out std_logic_vector(3 downto 0));
end cont10;
architecture rtl of cont10 is
signal count_4:std_logic_vector(3 downto 0);
begin
q(0)<=count_4(0);
q(1)<=count_4(1);
q(2)<=count_4(2);
q(3)<=count_4(3);
process(clk, clr)
begin
if(clr='0')then
    count_4<="1001";
elsif(clk'event and clk='1')then
if(en='1')then
if(count_4="0000")then
count_4<="1001";
else
count_4<=count_4-'1';
end if;
end if;
end if;
end process;
end rtl;
```

（2）十进制计数器仿真图（见图5-3）。

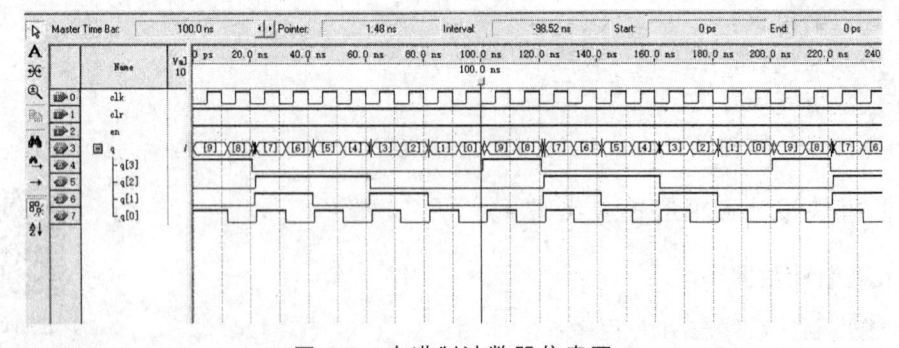

图5-3 十进制计数器仿真图

（3）十进制计数器元件图（见图 5-4）。

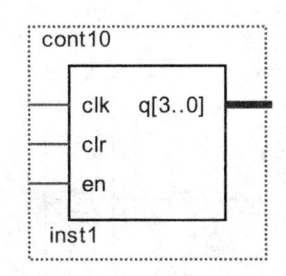

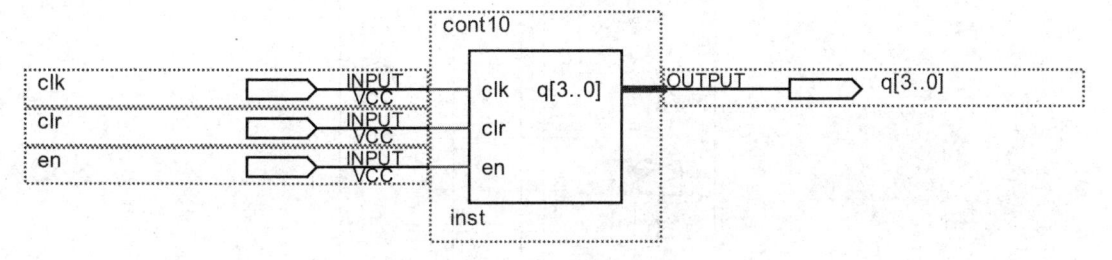

图 5-4 十进制计数器元件图

（4）十进制计数器模块 RTL 及技术映射图（见图 5-5 和图 5-6）。

十进制计数器 RTL

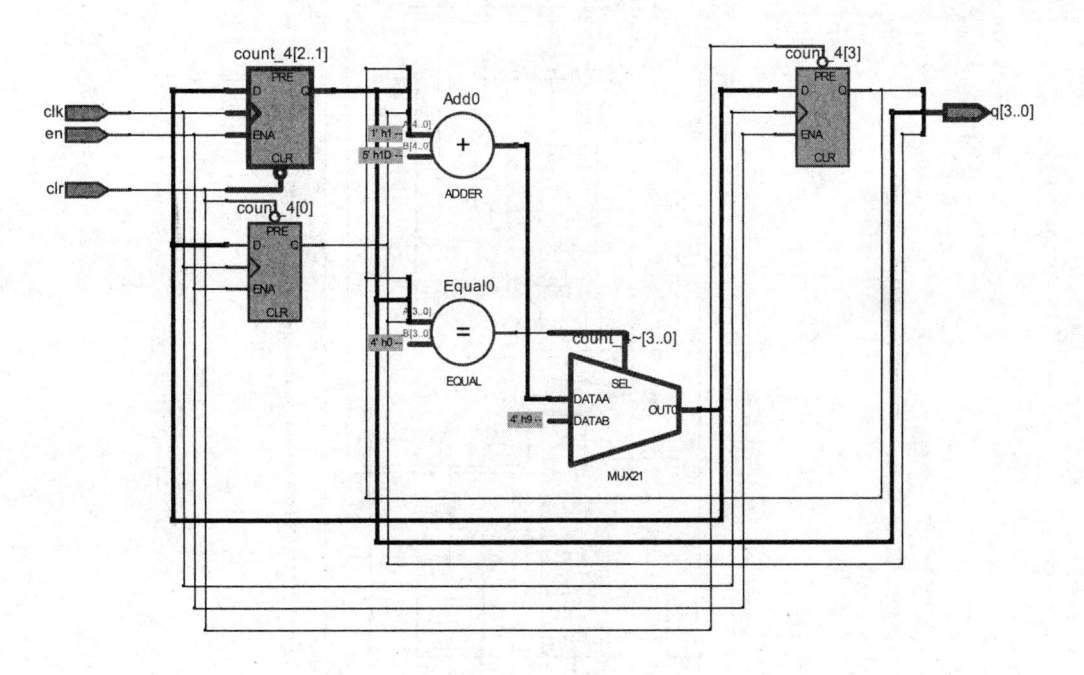

图 5-5 十进制计数器的 RTL 图

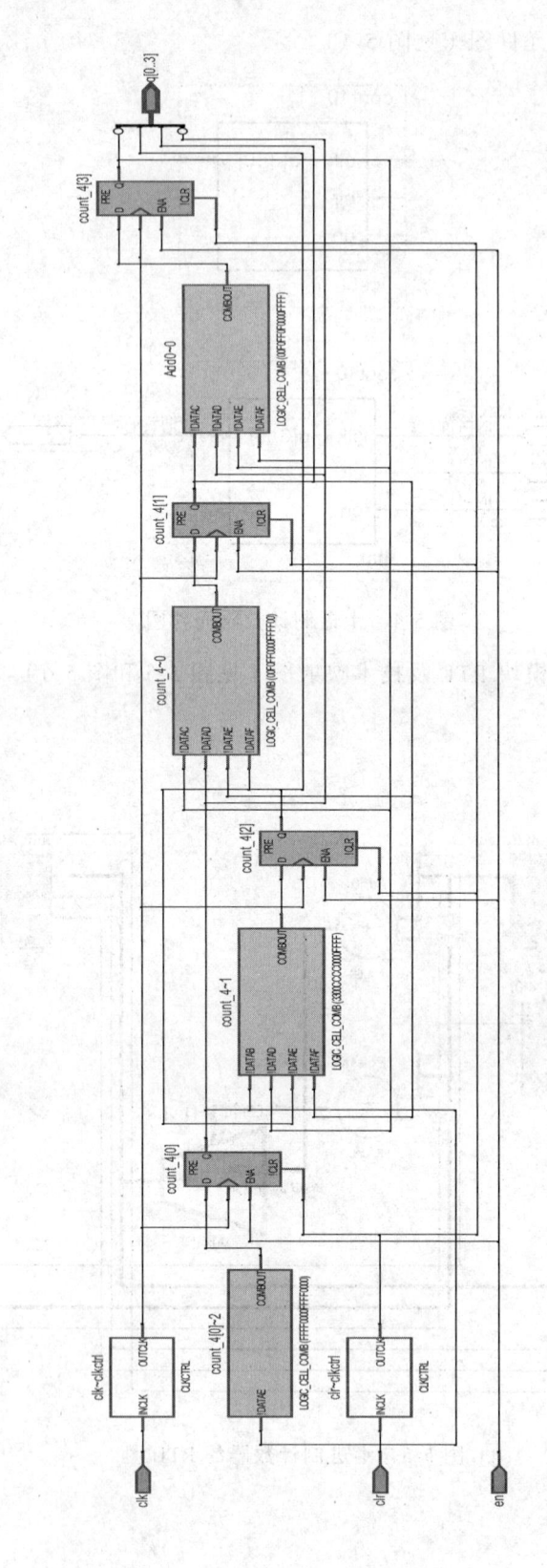

图 5-6 十进制计数器的 Techology Map 图

2. 译码器模块

（1）译码器模块 VHDL 程序：

```
LIBRARY IEEE;
USE IEEE.STD_LOGIC_1164.ALL;
USE IEEE.STD_LOGIC_UNSIGNED.ALL;
ENTITY YMQ IS
   PORT(A，B，C:IN STD_LOGIC;
        Y:OUT BIT_VECTOR(7 DOWNTO 0));
END ENTITY YMQ;
ARCHITECTURE ART1 OF YMQ IS
SIGNAL SR: STD_LOGIC_VECTOR(2 DOWNTO 0);
BEGIN
SR<=C&B&A;
PROCESS(SR)IS
BEGIN
CASE SR IS
   WHEN "000"=>Y<="00000001";
   WHEN "001"=>Y<="00000010";
   WHEN "010"=>Y<="00000100";
   WHEN "011"=>Y<="00001000";
   WHEN "100"=>Y<="00010000";
   WHEN "101"=>Y<="00100000";
   WHEN "110"=>Y<="01000000";
   WHEN "111"=>Y<="10000000";
   WHEN OTHERS=>Y<="00000000";
END CASE;
END PROCESS;
END ARCHITECTURE ART1;
```

译码器 VHDL

译码器仿真

（2）译码器模块仿真图（见图 5-7）。

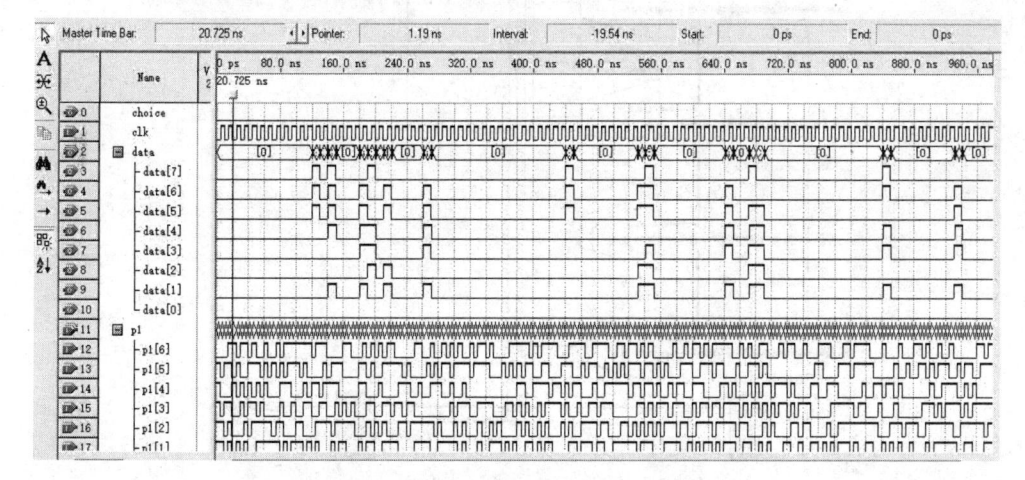

图 5-7　译码器模块的仿真波形图

（3）译码器模块元件图（见图 5-8）。

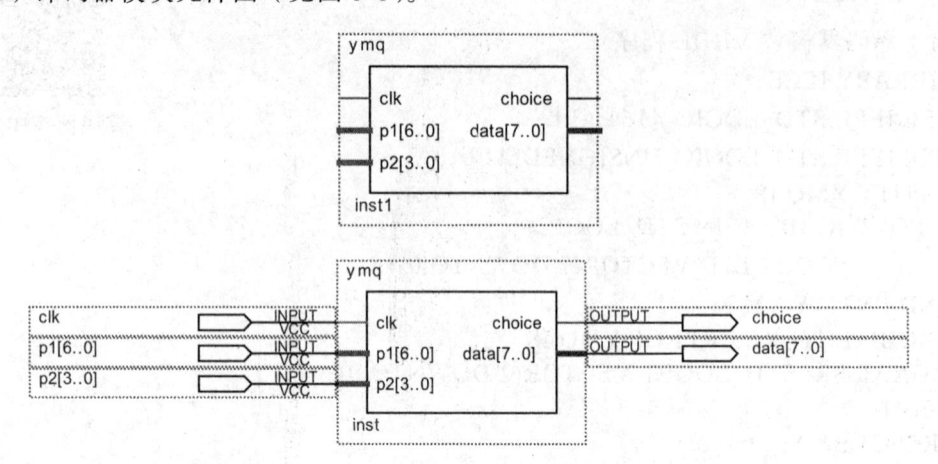

图 5-8　译码器模块的元件图

（4）译码器模块 RTL 及技术映射图（见图 5-9 和图 5-10）。

译码器 RTL

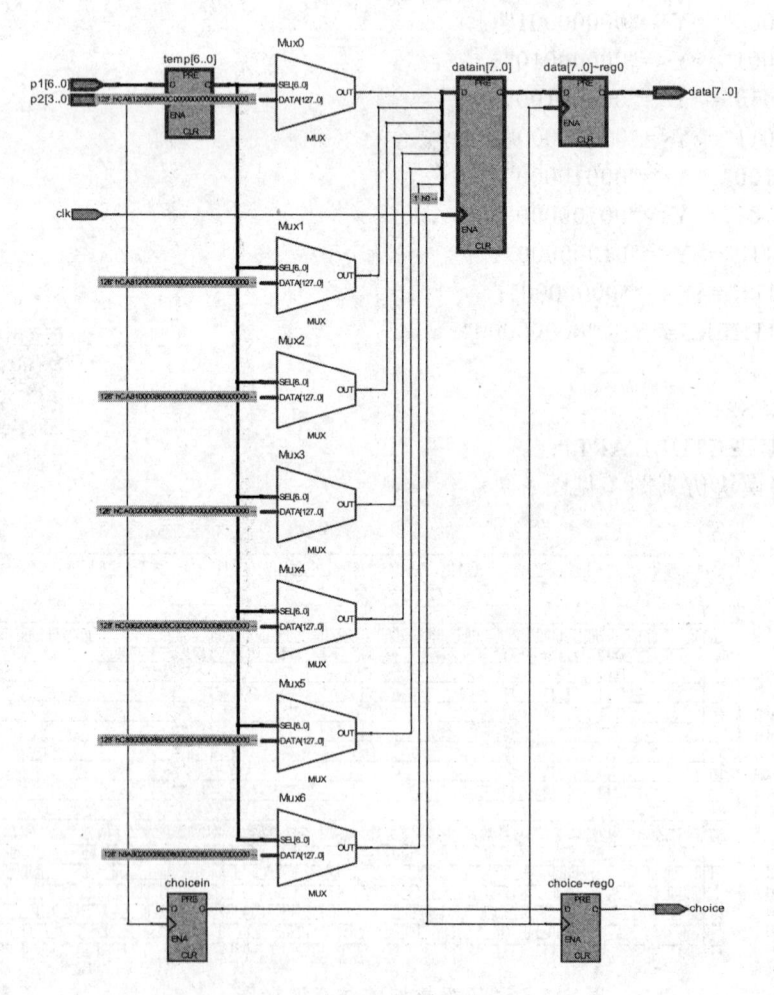

图 5-9　译码器模块的 RTL 图

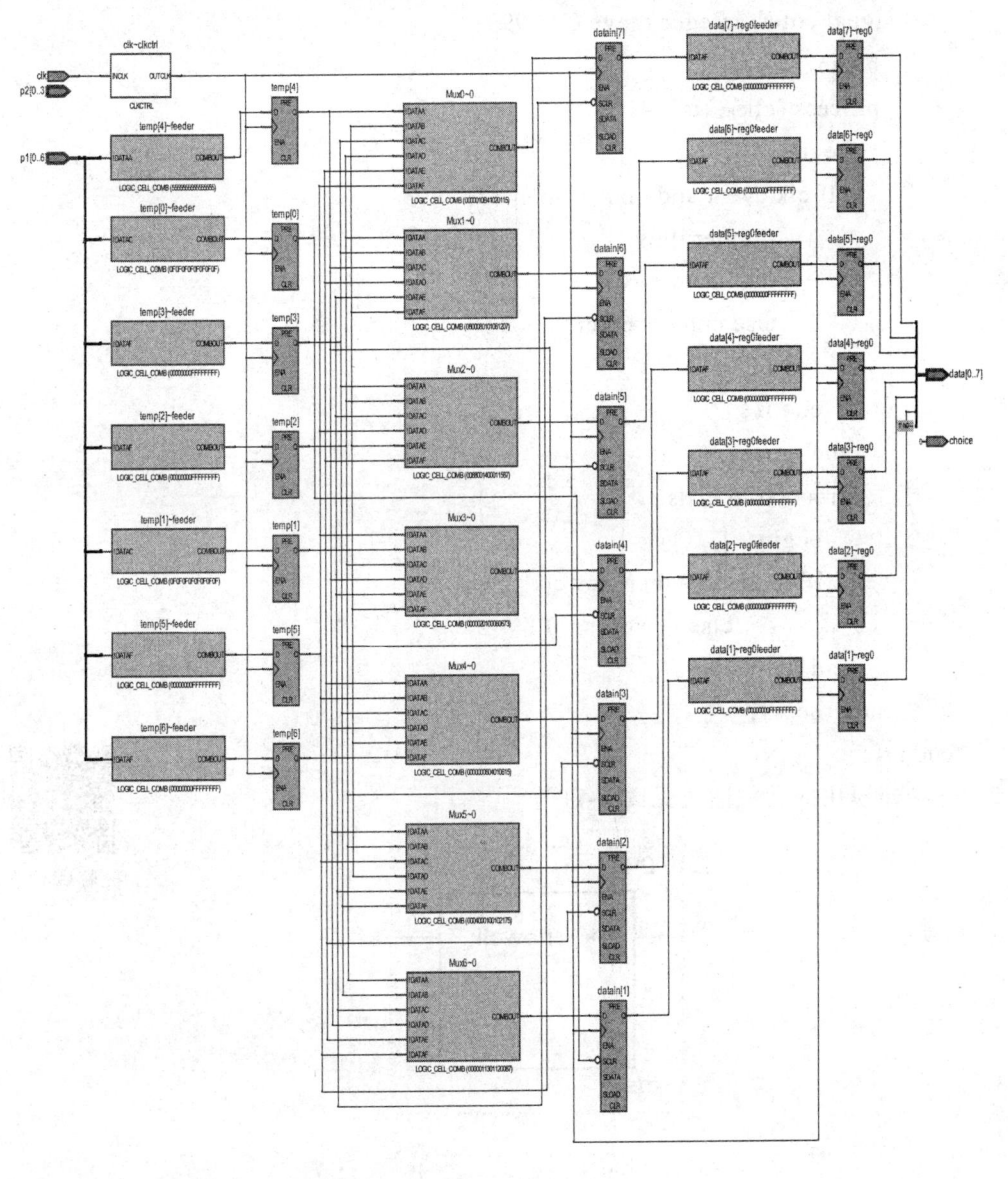

图 5-10　译码器模块的 Techology Map 图

3. 分频器模块

（1）分频器模块的 VHDL 程序：

```
library ieee;
use ieee.std_logic_1164.all;
entity fpq is
    port(clk:in std_logic;
newclk:out std_logic);
end entity fpq;
architecture art of fpq is
```

分频器 VHDL

```vhdl
signal cnter: integer range 0 to 999;
  begin
  process (clk)   is
    begin
      if clk'event and clk='1' then
          if cnter=999
          then cnter<=0;
          else cnter<=cnter+1;
          end if;
      end if;
  end process;
  process(cnter)is
    begin
      if cnter=999 then newclk<='1';
              else newclk<='0';
    end if;
  end process;
end art;
```

（2）分频器模块的元件图（见图5-11）。

分频器仿真

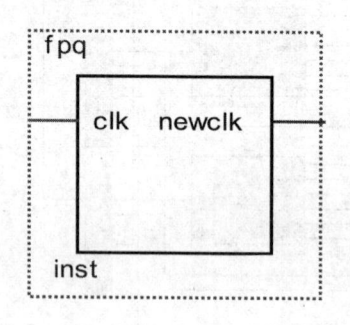

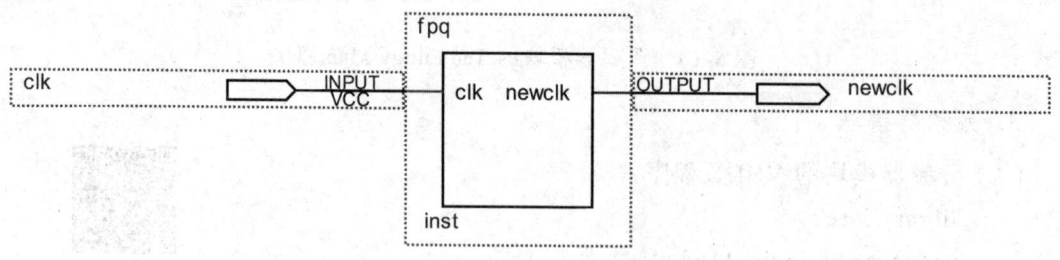

图 5-11　分频器模块的元件图

（3）分频器的波形图（见图5-12）。

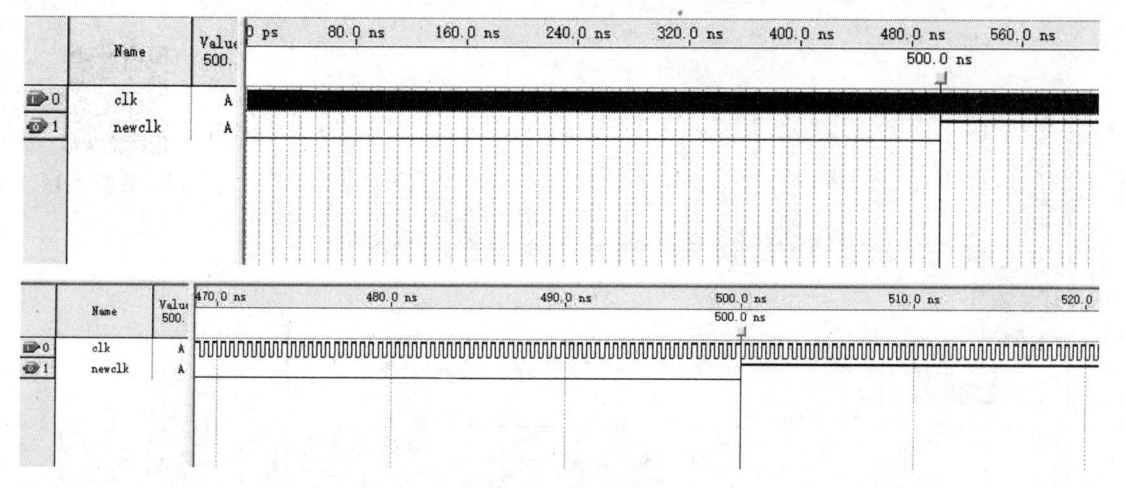

图 5-12　分频器模块的波形图

（4）分频器模块 RTL 及技术映射图（见图 5-13 和图 5-14）。

分频器 RTL

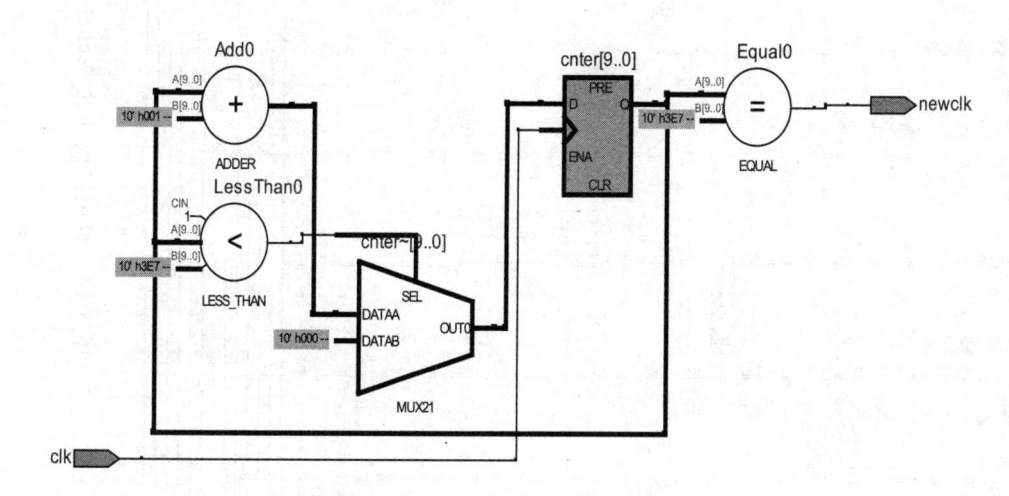

图 5-13　分频器模块的 RTL 图

扫码看图 5-14

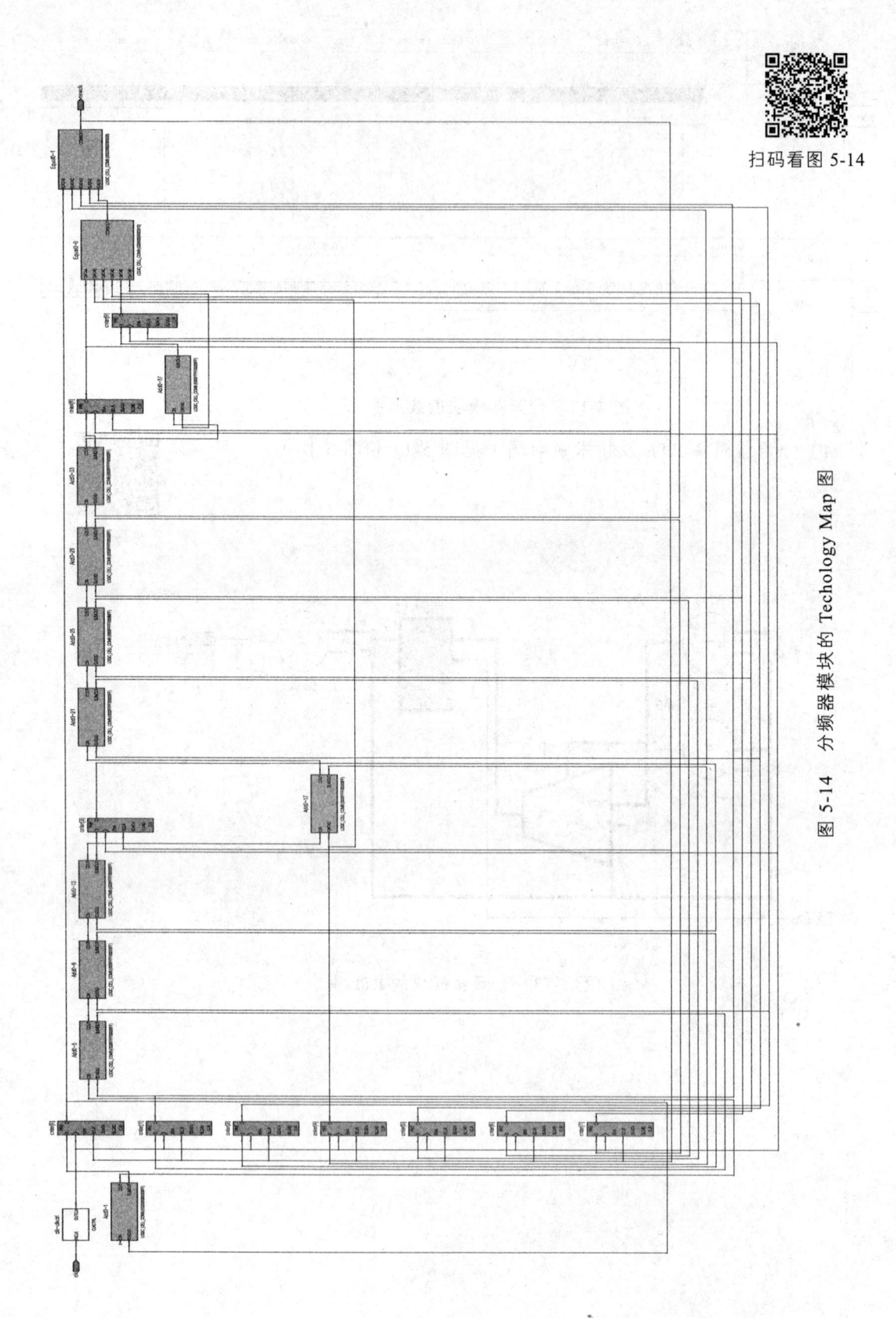

图 5-14 分频器模块的 Techology Map 图

4. 表决器模块

（1）表决器的 VHDL 源程序：

```vhdl
library ieee;
use ieee.std_logic_1164.all;
use ieee.std_logic_unsigned.all;
entity bjq is
port(input:in std_logic_vector(6 downto 0);
     q:in std_logic_vector(3 downto 0);
     clk, clr, en:in std_logic;
     l:out std_logic_vector(6 downto 0);
     output:out std_logic);
end bjq;
architecture art of bjq is
begin
process(input, q, clr, en, clk)
variable cnt:integer range 0 to 7;
variable x:std_logic_vector(0 to 6);
begin
 cnt:=0;
if(q="0100")
    then cnt:=cnt;
else
if(clr='0')then
   cnt:=0;
elsif en='1'then
     for i in 6 downto 0 loop
       if(input(i)='1')then
         cnt:=cnt+1;
       else cnt:=cnt;
       end if;
     end loop;
end if;
case cnt is
    when 0 to 3=>output<='0';
    when 4 to 7=>output<='1';
end case;
case cnt is
    when 0=>x:="1111110";
    when 1=>x:="0110000";
    when 2=>x:="1101101";
    when 3=>x:="1111001";
    when 4=>x:="0110011";
    when 5=>x:="1011011";
    when 6=>x:="1011111";
```

表决器 VHDL

```
    when 7=>x:="1110000";
    when others=>x:="0000000";
    end case;
l<=x;
end if;
end process;
end art;
```

表决器仿真

（2）表决器元件图（见图 5-15）。

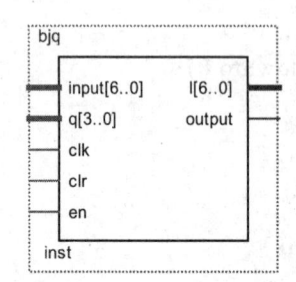

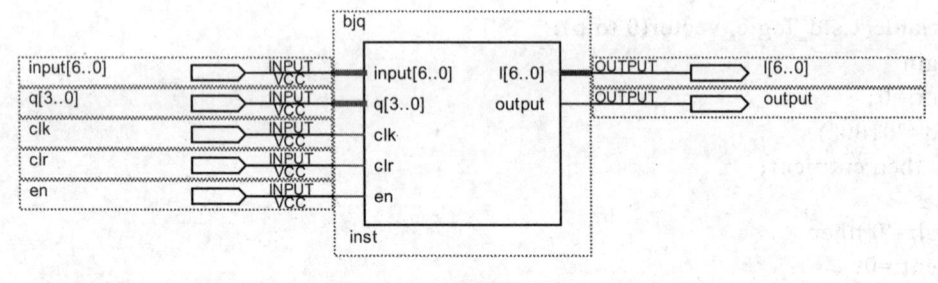

图 5-15　表决器元件图

（3）表决器模块仿真图（见图 5-16）。

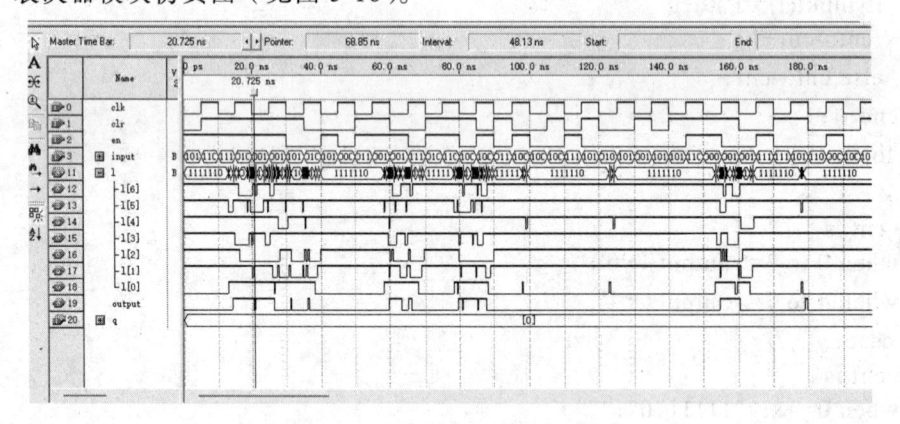

图 5-16　表决器的仿真波形图

（4）表决器模块 RTL 及技术映射图（见图 5-17 和图 5-18）。

表决器 RTL

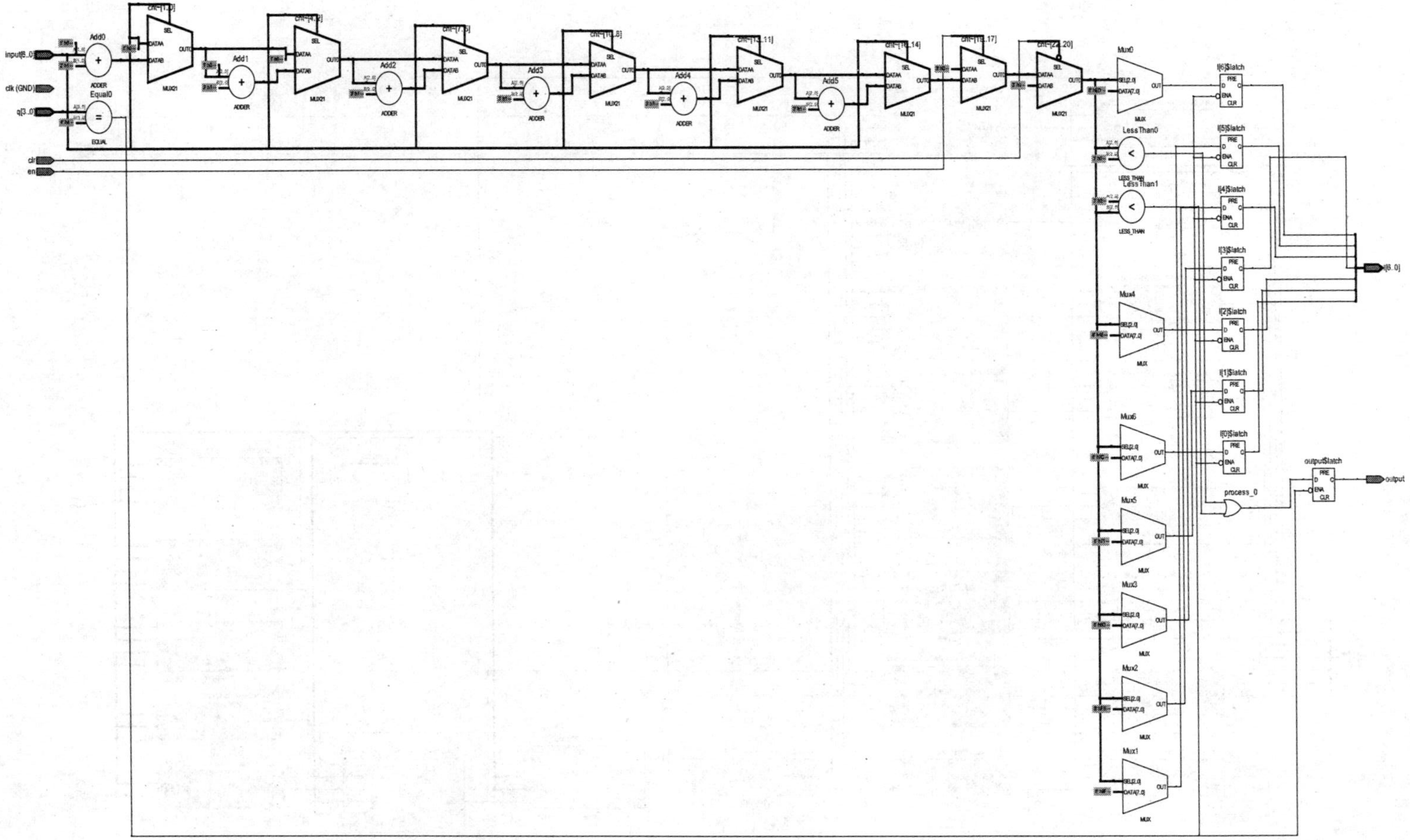

图 5-17 表决器的 RTL 图

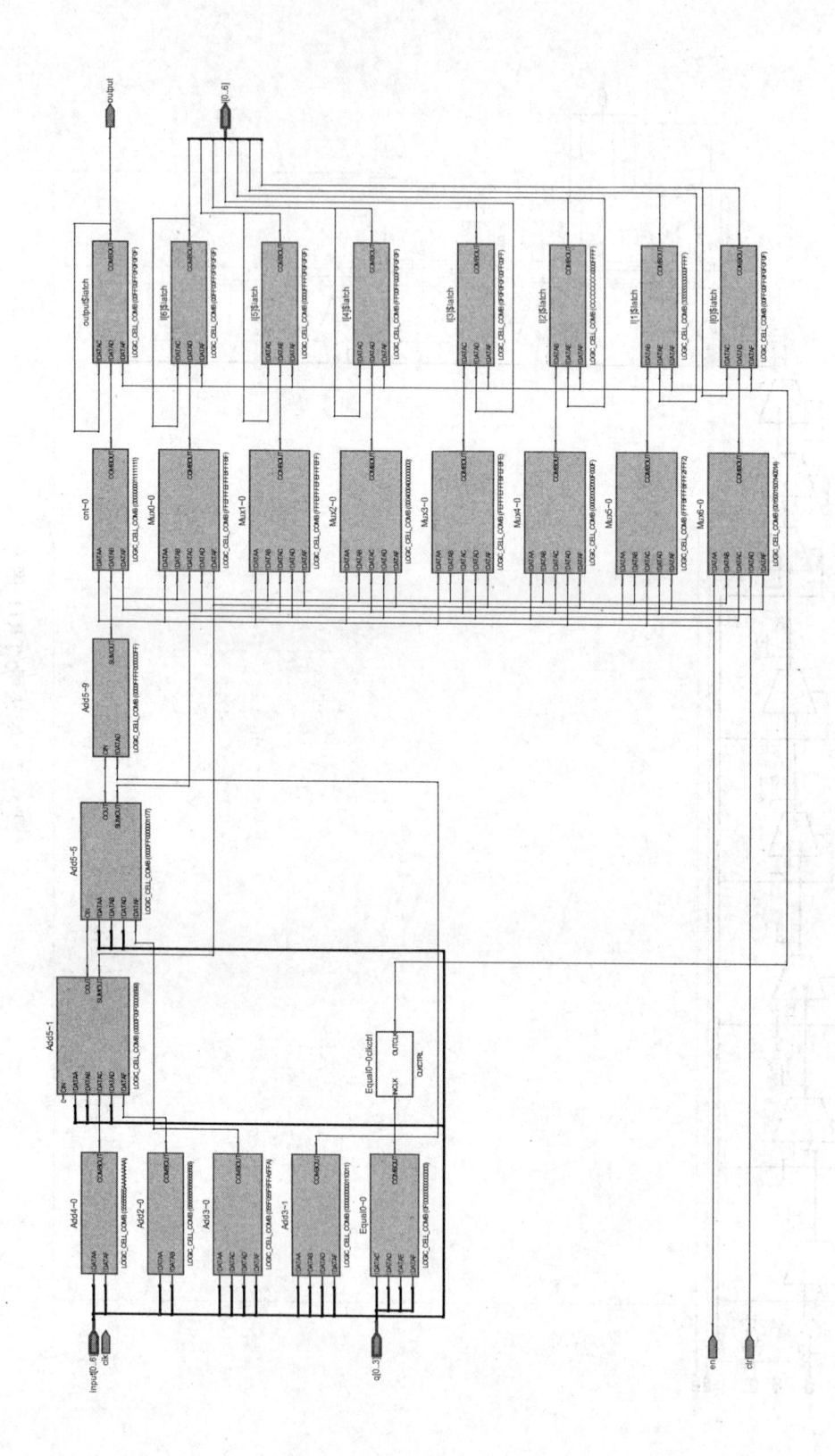

图 5-18 表决器的 Techology Map 图

5. 表决器顶层设计综合电路图

表决器顶层电路设计图如图 5-19 所示。

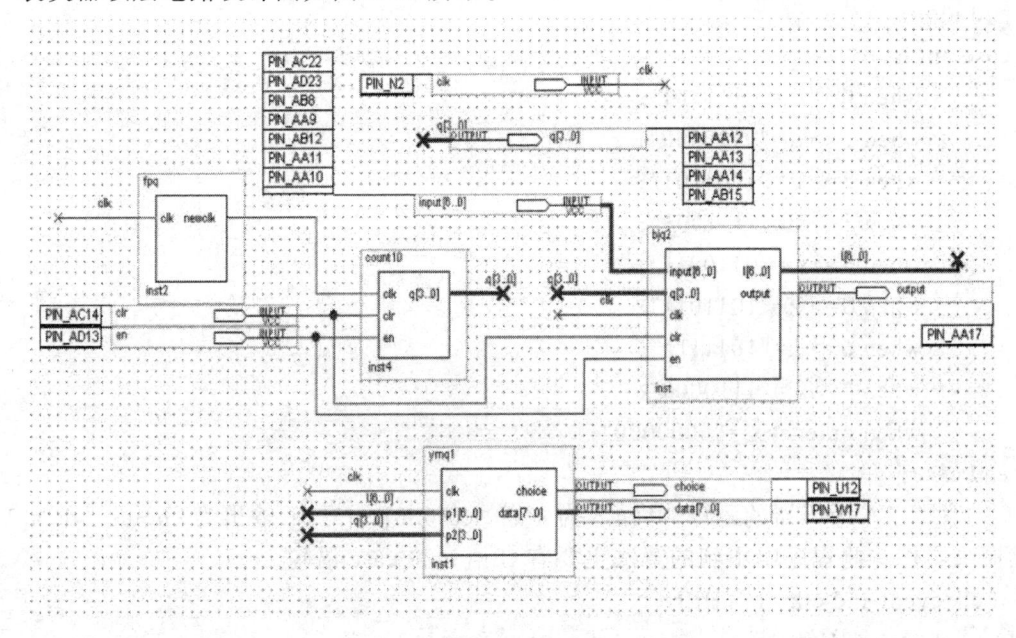

图 5-19　表决器顶层电路设计图

三、算法的关键程序描述及硬件下载

（1）编写十进制的减法计数器，其输入为 clk，clr，en，输出为 q[3..0]，运行之后生成模块器件。这个子程序中主要用到的算法是 if 语句。

```
if(clr='0')then
    count_4<="1001";
    elsif(clk'event and clk='1')then
        if(en='1')then
            if(count_4="0000")then
                count_4<="1001";
            else
                count_4<=count_4-'1';
            end if;
        end if;
end if;
```

（2）编辑七人表决器的主程序，其输入为 cl，clr，en，input [6..0]和 q[3..0]，输出为 led[6..0]，生成模块器件。此程序中主要用到的算法有 case 语句和 loop 语句。

```
for i in 6 downto 0 loop
    if (input(i)='1')then
        cnt:=cnt+1;
```

```
        else  cnt:=cnt;
      end if;
  end loop;
  case cnt is
        when 0=>x:="1111110";
        when 1=>x:="0110000";
        when 2=>x:="1101101";
        when 3=>x:="1111001";
        when 4=>x:="0110011";
        when 5=>x:="1011011";
        when 6=>x:="1011111";
        when 7=>x:="1110000";
        when other=>x:="0000000";
  end case;
```

（3）编译三八译码器的程序，其输入为 clk，led[6..0]，q[3..0]，输出为 choice，data[7..0]，生成模块器件。此程序中用到的算法主要有 if 语句和 case 语句。

```
  if clk'event and clk='1' THEN
      if count='1' then
            count<='0';
      else count<='1'
      end if;
  end if;
  case temp1 is
        when"0000"=>datain<="11111100";
        when"0001"=>datain<="01100000";
        when"0010"=>datain<="11011010";
        when"0011"=>datain<="11110010";
        when"0100"=>datain<="01100110";
        when"0101"=>datain<="10110110";
        when"0111"=>datain<="11100000";
        when"1000"=>datain<="11111110";
        when"1001"=>datain<="11110110";
        when others=>datain<="00000000";
   end case;
```

（4）设计一个分频器程序，将时钟信号经过分频器输入计数器中，输入为 clk，输出为 new clk。此程序主要用到的算法是 if 语句。

```
  if clk'event and clk='1'   then
      if cnter=999 then cnter<=0;
        else cnter<=cnter+1;
```

end if;
end if;

（5）如果使用FPGA芯片，管脚分配可参考表5-1。

表5-1　程序的管脚分配表

端口名	使用模块信号	对应FPGA管脚	说　明
CLK	时钟	C13	
CLR	复位	P25	低电平有效
K1	拨动开关K1	H8	七位投票人的表决器
K2	拨动开关K2	J8	
K3	拨动开关K3	J9	
K4	拨动开关K4	A4	
K5	拨动开关K5	B4	
K6	拨动开关K6	A5	
K7	拨动开关K7	B5	
Result	LED模块LED1	G13	表决结果亮为通过
LED0	LED模块LED2	G15	每个人投票的结果
LED1	LED模块LED3	G14	
LED2	LED模块LED4	H12	
LED3	LED模块LED5	H11	
LED4	LED模块LED6	J10	
LED5	LED模块LED7	L9	
LED6	LED模块LED8	H10	
LEDAG0	数码管模块A段	F13	表决通过的票数
LEDAG1	数码管模块B段	F14	
LEDAG2	数码管模块C段	F15	
LEDAG3	数码管模块D段	E15	
LEDAG4	数码管模块E段	F16	
LEDAG5	数码管模块F段	F17	
LEDAG6	数码管模块G段	E18	

　　对编写的VHDL程序进行编译并仿真，对程序的错误进行修改。编译仿真无误后，依照拨动开关、LED、数码管与FPGA的管脚连接表进行管脚分配。图5-20是本设计的管脚分配图。分配完成后，再进行全编译一次，以使管脚分配生效。用下载电缆通过JTAG口将对应的sof文件加载到FPGA中，观察实验结果。

Node Name	Direction	Location	Reserved
input[6]	Input	PIN_B5	
input[5]	Input	PIN_A5	
input[4]	Input	PIN_B4	
input[3]	Input	PIN_A4	
input[2]	Input	PIN_J9	
input[1]	Input	PIN_J8	
input[0]	Input	PIN_H8	
led[6]	Output	PIN_F13	
led[5]	Output	PIN_F14	
led[4]	Output	PIN_F15	
led[3]	Output	PIN_E15	
led[2]	Output	PIN_F16	
led[1]	Output	PIN_F17	
led[0]	Output	PIN_E18	
v	Output	PIN_G13	
<<new node>>			

图 5-20　管脚分配图

D1 显示表决结果通过与否；G0、G1 分别显示同意的票数和投票时间范围；K1~K7 代表 7 个投票人，起始都置"0"。置"1"表示同意，置"0"表示反对。引脚分配完成后，下载到试验箱后，clk 的频率选择在 1 kHz 开始仿真；G1 显示从 9 减到 0；当依次置 K1、K2、K3、K4 为"1"，G0 从 0 加到 4，D1 显示亮，当 G1 减到 4 以后，再拨动 K1 到 K7，G0 都不再变化，投票结束。当设计文件加载到目标器件后，拨动实验系统中的 K0~K7 七位拨动开关，如果拨动开关的值为"1"（即拨动开关的开关置于上端，表示此人通过表决）的个数大于或等于 4，LED 模块 LED1 被点亮，否则 LED1 不被点亮，同时数码管上显示通过表决的人数。

科学家的故事

院士彭练矛：20 年坚守碳基芯片研发，让中国芯"换道超车"

彭练矛，电子和材料物理学家，目前主要从事碳基电子学领域研究；1982 年毕业于北京大学无线电电子学系并获学士学位，1988 年于美国亚利桑那州立大学获博士学位，后赴英国牛津大学任研究助理，1994 年年底回国；2019 年当选为中国科学院院士，现任北京大学电子学院院长。

进入北京大学东南门，右手边第一栋楼上"逸夫苑"三个大字跳入视野。彭练矛的办公室就在这里。一整面墙都是书，不少是外文的，"国家自然科学二等奖""2011 年度中国科学十大进展"等多个金色奖牌摆放其间。从 2000 年至今，北京大学电子学院教授彭练矛坚守在国产碳基芯片研究一线。在他看来，目前中国芯片产业链面临着被"卡脖子"的状况，关键因素是中国在芯片技术领域没有核心技术和自主研发能力，从材料、设计到生产制备的全套技术中任何一个环节都没能发挥主导作用，而碳基电子将有望打破这种局面，实现由中国主导芯片技术的"换道超车"。作为电子产品的"心脏"，全球每年对芯片的需求已达万亿颗。"大家都希望电子设备的芯片速度更快、续航时间更长。"彭练矛告诉记者，碳基芯片技术的发展对大众生活有着广泛而深远的影响，5G 技术的来临将使城市变成"智慧城市"，健康医疗、可穿戴电子设备、物联网和生物兼容性器件……这些都离不开海量的数据运算，需要有强大处理能力的芯片做支撑。20 多年来，他带领团队研发出了整套碳基芯片技术，首次制备出性能接近理论极限，栅长仅 5 nm 的碳纳米管晶体管，实现了"从 0 到 1"的突破，为中国芯片突破西方封锁、开启自主创新时代开辟了一条崭新的道路。

> **思考题**

（1）对目标器件为 FPGA/CPLD 的 VHDL 设计，其工程设计包括哪几个主要步骤？每步的作用是什么？每步的结果是什么？

（2）信号和变量在描述和使用时有哪些主要区别？

（3）用 if_then 语句和 case 语句实现四选一多路选择器 VHDL 程序，选择控制信号 s1 和 s0 的数据类型为 std_logic_vector；当分别执行 s1='0'，s0='0'；s1='0'，s0='1'；s1='1'，s0='0'和 s1='1'，s0='1'时，y=a、y=b、y=c、y=d。

项目六

基于 VHDL 的计数器设计

学习目标

（1）掌握任意进制计数器的设计流程；
（2）了解 74LS47、74LS160、74LS160 等中小规模集成电路的工作原理；
（3）完成任意进制计数器、七段译码器等器件的 VHDL 语言编写程序。

能力目标

（1）掌握任意进制计数器的工作原理，通过编译，进行仿真结果分析；
（2）使用 EDA 开发工具对任意进制计数器进行设计、引脚分配、编程下载；
（3）能够利用 EDA 开发工具，实现七段译码管编程和逻辑电路系统设计。

思政目标

（1）培养学生的独立思考能力，使其建立系统化硬件编程思维；
（2）培养学生树立科技发展竞争意识，并加强科技人才素养的提升。

一、设计内容

时序电路应用中计数器（见图 6-1 和图 6-2）的使用十分普遍，在分频电路、状态机中都能看到它的踪迹。计数器有加法计数器、可逆计数器、减法计数器、同步计数器等。本项目设计的主要内容包括三个方面：一是利用 QuartusⅡ软件 VHDL 程序设计十进制计数器，设计的电路应具有复位端和使能端，同时仿真验证其正确性，然后将其封装成一个元件；利用 CASE 语句设计七段显示译码器电路，仿真验证其正确性，并将其封装成一个元件；再用两个十进制计数器扩展成一个 100 进制计数器，重点学习用 VHDL 设计两个十进制计数器间管脚的连接方式，采用 Blockdiagram/Schematic File 画出其原理图并生成 VHDL 程序，通过仿真验证设计电路的功能；最后用七段显示译码器将 100 进制计数器的两组 4 位二进制输出转换为十进制显示，画出其原理图并用 QuartusⅡ软件仿真验证。

图 6-1　计数器

图 6-2　记分牌

设计的十进制计数器具有 5 个输入端口（CLK、RST、EN、LOAD、DATA）。CLK 输入时钟信号；RST 起异步复位作用，RST=0，复位；EN 是时钟使能，EN=1，允许加载或计数；LOAD 是数据加载控制，LOAD=0，向寄存器加载数据；DATA 是 4 位并行加载的数据。有两个输出端口（DOUT 和 COUT）。DOUT 的位宽为 4，输出计数值，从 0 到 9；COUT 是输出进位标志，位宽为 1。每当 DOUT 为 9 时，输出一个高电平脉冲，采用时序逻辑实现计数器操作的顺序步骤，输出显示模块用七段译码管来实现。

二、设计步骤和调试过程

（一）基本架构

1. 设计框图

十进制计数器总体设计框架结构如图 6-3 所示。

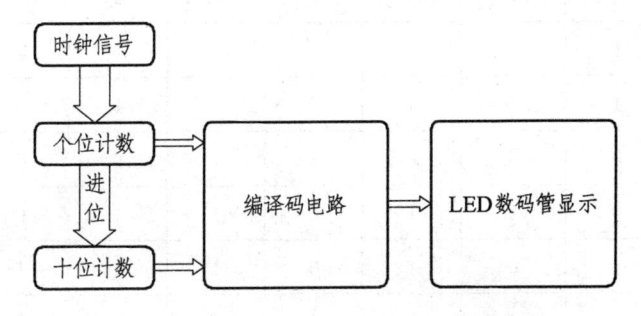

图 6-3　十进制计数器总体设计框架结构

2. 各分模块原理

根据图 6-3 所示的十进制计数器总体设计框架结构，设计以下几个模块。

1）十进制模块

十进制计数器因为有十个状态，所以输入数据和输出状态需要四位二进制数来表示，所以说其位宽应为四位。为方便控制输入端口，应该设计有清零端 rst，输入时钟信号 clk，使能端 en，数据输入端 data[3..0]，装载使能端 load。当 rst 为高电平有效时，输出清零，从 0 开始。计数为时钟信号 clk 的上升沿且使能端 en 为高电平时自动加 1（load 为低电平时）。如果装载使能 load 为高电平有效时，则装载数据 data[3..0]。输出端口有两个，分别为 cout 和 dout（当 dout[3..0]为 9 时，输出为高电平），dout[3..0]变化为 0~9 循环变化。

2）七段译码器模块

七段译码器一般由 8 个发光二极管组成，其中由 7 个细长的发光二极管组成数字显示，另外一个圆形的发光二极管显示小数点。当发光二极管导通时，相应的一个点或一个笔画发光。控制相应的二极管导通，就能显示出各种字符。发光二极管的阳极连在一起的称为共阳极数码管，此时译码器的输出应该是低电平有效；阴极连在一起的称为共阴极数码管，此时译码器的输出应该是高电平有效。

BCD 七段译码器的输入是一位 BCD 码（以 D、C、B、A 表示），输出是数码管各段的驱动信号（以 Fa~Fg 表示），也称四线-七段译码器。若用它驱动共阴 LED 数码管，则输出应为高有效，即输出为高（1）时，相应显示段发光。当输入 8421 码 DCBA=0100 时，同时点亮 b、c、f、g 段，熄灭 a、d、e 段，故译码器的输出应为 Fa~Fg=0110011。同理，可得出 BCD 七段译码器的真值表，如表 6-1 所示。

表 6-1 七段译码器真值表

输入数据				输出编码						
D	C	B	A	a	b	c	d	e	f	g
0	0	0	0	1	1	1	1	1	1	0
0	0	0	1	0	1	1	0	0	0	0
0	0	1	0	1	1	0	1	1	0	1
0	0	1	1	1	1	1	1	0	0	1
0	1	0	0	0	1	1	0	0	1	1
0	1	0	1	1	0	1	1	0	1	1
0	1	1	0	0	0	1	1	1	1	1
0	1	1	1	1	1	1	0	0	0	0
1	0	0	0	1	1	1	1	1	1	1
1	0	0	1	1	1	1	1	0	1	1

  本设计中用两种方式来实现，一是利用 VHDL 设计七段译码器，然后将其封装成一个元件；二是直接调用 Quartus Ⅱ 元件库中的 74LS47 七段译码器模块。

  74LS47 七段译码器模块用于将 BCD 码转化成数码块中的数字，通过它来进行解码，可以直接把数字转换为数码管的数字，从而简化了程序，节约输入输出接口的消耗。但是目前从节约成本的角度考虑，此类芯片已经很少在使用，大部分情况下都是用动态扫描数码管的形式来实现数码管的显示。译码器的逻辑功能是将每个输入的二进制代码译成对应的高、低电平信号。常用的译码器电路有二进制译码器、二-十进制译码器和显示译码器。译码为编码的逆过程，它将编码时赋予代码的含义"翻译"过来。实现译码的逻辑电路称为译码器。译码器输出与输入代码有唯一的对应关系。74LS47 是输出低电平有效的七段字形译码器，与数码管配合使用。74LS47 在 Quartus Ⅱ 的元件库中用 7447 表示，它是 BCD 七段数码管译码器驱动器，如图 6-4 和图 6-5 所示。

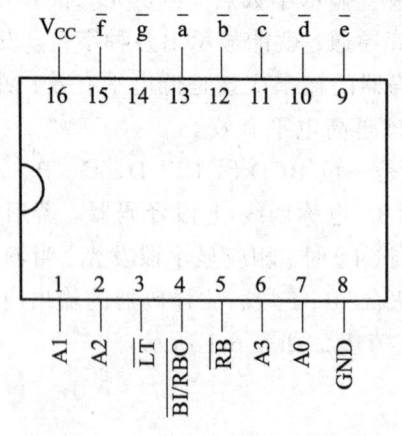

图 6-4 74LS47 管脚图

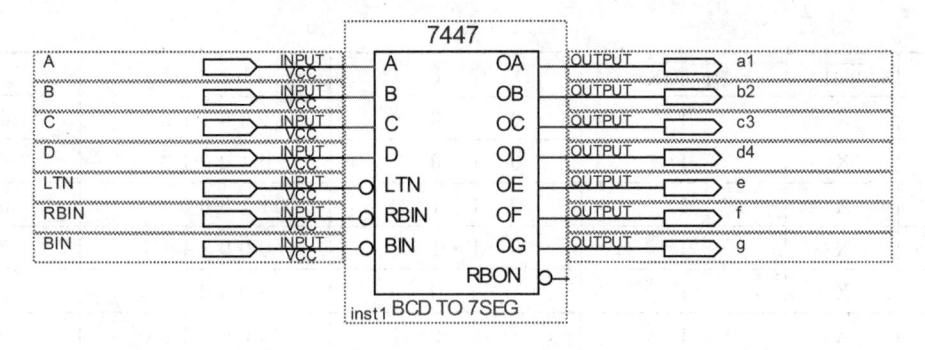

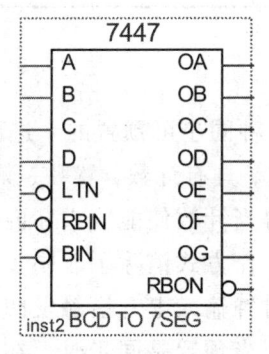

图 6-5 74LS47 原理图

（1）$\overline{LT}$：试灯输入，是为了检查数码管各段是否能正常发光而设置的。当 $\overline{LT}$=0 时，无论输入 A3、A2、A1、A0 为何种状态，译码器输出均为低电平，也就是七段将全亮。若驱动的数码管正常，将显示 8。

（2）$\overline{RBI}$：灭灯输入，是为了控制多位数码显示的灭灯所设置的。当 $\overline{RBI}$=0 时，无论输入 A3、A2、A1、A0 为何种状态，译码器输出均为高电平，使共阳极数码管熄灭。

（3）$\overline{BI}$：灭零输入，是为使不希望显示的 0 熄灭而设定的。当对每一位 A3=A2=A1=A0=0 时，本应显示 0，但是在 $\overline{RBI}$=0 的作用下，使译码器输出全为高电平。其结果和加入灭灯信号的结果一样，将 0 熄灭。

（4）$\overline{RBO}$：灭零输出，它和灭灯输入 $\overline{BI}$ 共用一端，两者配合使用，可以实现多位数码显示的灭零控制。

74LS47 真值表如表 6-2 所示。

表 6-2 74LS47 真值表

$\overline{LT}$	$\overline{RBI}$	$\overline{BI}/\overline{RBO}$	D C B A	a b c d e f g	说明
0	X	1	X X X X	0 0 0 0 0 0 0	试灯
X	X	0	X X X X	1 1 1 1 1 1 1	熄灭
1	0	0	0 0 0 0	1 1 1 1 1 1 1	灭零
1	1	1	0 0 0 0	0 0 0 0 0 0 1	0
1	X	1	0 0 0 1	1 0 0 1 1 1 1	1
1	X	1	0 0 1 0	0 0 1 0 0 1 0	2
1	X	1	0 0 1 1	0 0 0 0 1 1 0	3

续表

$\overline{LT}$	$\overline{RBI}$	$\overline{BI}/\overline{RBO}$	D C B A	a b c d e f g	说明
1	X	1	0 1 0 0	1 0 0 1 1 0 0	4
1	X	1	0 1 0 1	0 1 0 0 1 0 0	5
1	X	1	0 1 1 0	1 1 0 0 0 0 0	6
1	X	1	0 1 1 1	0 0 0 1 1 1 1	7
1	X	1	1 0 0 0	0 0 0 0 0 0 0	8
1	X	1	1 0 0 1	0 0 0 1 1 0 0	9

3）74LS161 和 74LS160 模块

（1）74LS160 原理。

74LS160 是十进制计数器。这种同步可预置的十进制计数器由四个 D 型触发器和若干个门电路构成，内部有超前进位，具有计数、置数、禁止、直接（异步）清零等功能。对所有触发器同时加上时钟，使得当计数使能输入和内部门发出指令时，输出变化彼此协调一致而实现同步工作。这种工作方式消除了非同步（脉冲时钟）计数器中常有的输出计数尖峰。缓冲时钟输入将在时钟输入上升沿触发四个触发器。这种计数器是可全编程的，即输出可预置到任何电平。当预置是同步时，在置数输入上将建立一低电平，禁止计数，并在下一个时钟之后不管使能输入是何电平，输出都与建立数据一致。清除是异步的（直接清零），不管时钟输入、置数输入、使能输入为何电平，清除输入端的低电平，把所有四个触发器的输出直接置为低电平。超前进位电路无须另加门，即可级联出 N 位同步应用的计数器。它是借助两个计数使能输入和一个动态进位输出来实现的。两个计数使能输入（ENP 和 ENT）计数时必须是高电平，且输入 ENT 必须正反馈，以便使能动态进位输出。因而被使能的动态进位输出将产生一个高电平输出脉冲，其宽度近似等于 Q_A 输出高电平。此高电平溢出进位脉冲，可用来使能其后的各个串联级。使能 ENP 和 ENT 输入的跳变不受时钟输入的影响。改变工作模式的控制输入（使能 ENP、ENT 或清零）即使发生变化，直到时钟发生为止，都没有什么影响。计数器的功能（不管使能、不使能、置数或计数）完全由稳态建立时间和保持时间所要求的条件来决定。74LS160 外引线排列图如图 6-6 所示，工作方式选择表如表 6-3 所示，74LS160 逻辑图如图 6-7 所示，典型清除、置数、计数和禁止时序图如图 6-8 所示。

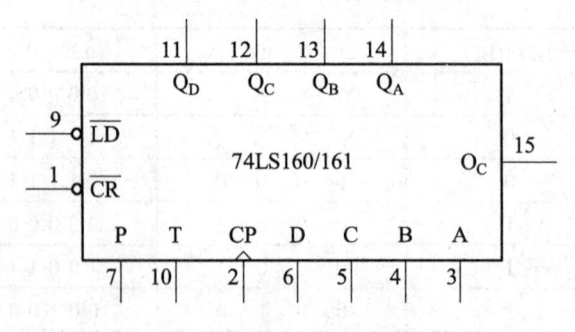

图 6-6 74LS160 外引线排列图

表 6-3 工作方式选择表

输入					工作模式
清零 CLR	置数	ENT	使能 ENP	时钟 CLK	
L	X	X	X	X	清零
H	L	X	X	↑	置数
H	H	H	H	↑	计数
H	H	L	X	X	保持（不变）
H	H	X	L	X	保持（不变）

表中，H 为高电平；L 为低电平；X 为不定（高或低电平）；↑为由"低"→"高"电平的跃变。

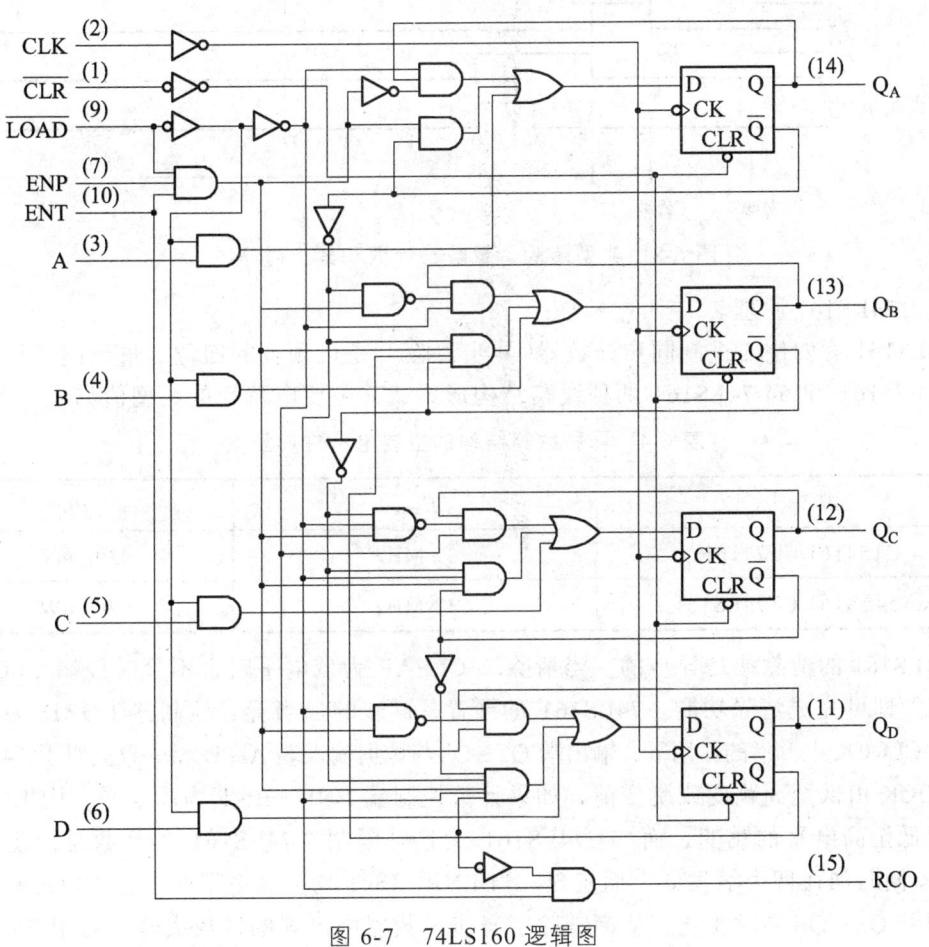

图 6-7 74LS160 逻辑图

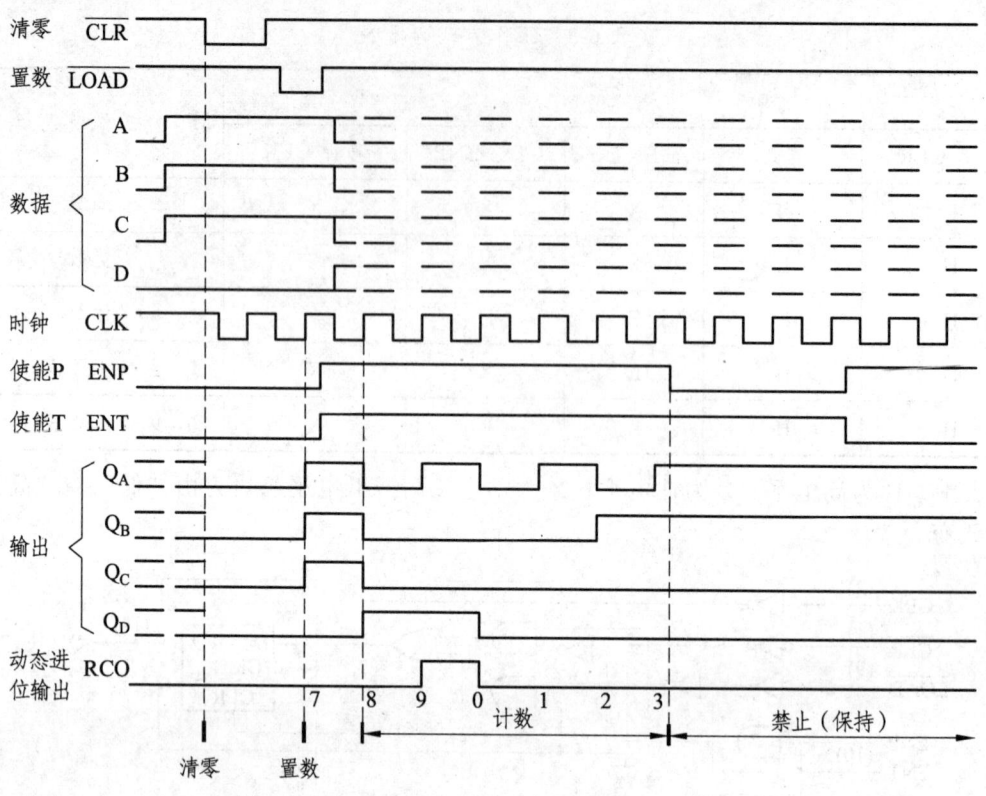

图 6-8 典型清除、置数、计数和禁止时序图

（2）74LS161 原理。

74LS161 为四位二进制同步计数器（异步清除），是可预置的四位二进制同步计数器，共有 54/74161 和 54/74LS161 两种线路结构形式，其主要电特性的典型值如表 6-4 所示。

表 6-4 两种线路结构的主要电特性典型值

型 号	F_{max}	P_D
CT54161/CT74161	32 MHz	305 mW
CT54LS161/CT74LS161	32 MHz	93 mW

74LS161 的清除端是异步的。当清除端 CLEAR 为低电平时，不管时钟端 CLOCK 状态如何，即可完成清除功能。74LS161 的预置是同步的。当置入控制器 LOAD 为低电平时，在 CLOCK 上升沿的作用下，输出端 $Q_A \sim Q_D$ 与数据输入端 A～D 相一致。对于 54/74161，当 CLOCK 由低至高跳变或跳变前，如果计数控制端 ENP、ENT 为高电平，则 LOAD 应避免由低至高电平的跳变，而 54/74LS161 无这种限制。74LS161 的计数是同步的，靠 CLOCK 同时加在四个触发器上而实现。当 ENP、ENT 均为高电平时，在 CLOCK 上升沿的作用下 $Q_A \sim Q_D$ 同时变化，从而消除了异步计数器中出现的计数尖峰。对于 54/74161，只有当 CLOCK 为高电平时，ENP、ENT 才允许由高至低电平的跳变，而 54/74LS161 的 ENP、ENT 跳变与 CLOCK 无关。74LS161 有超前进位功能。当计数溢出时，进位输出端（RCO）输出一个高电平脉冲，其宽度为 Q_A 的高电平部分。在不外加门电路的情况下，可

级联成 N 位同步计数器。对于 54/74LS161，在 CLOCK 出现前，即使 ENP、ENT、CLEAR 发生变化，电路的功能也不受影响。引出端符号如表 6-5 所示，74LS161 逻辑图如图 6-9 所示，74LS161 时序图如图 6-10 所示，74LS161 管脚图如图 6-11 所示。

表 6-5　引出端符号表

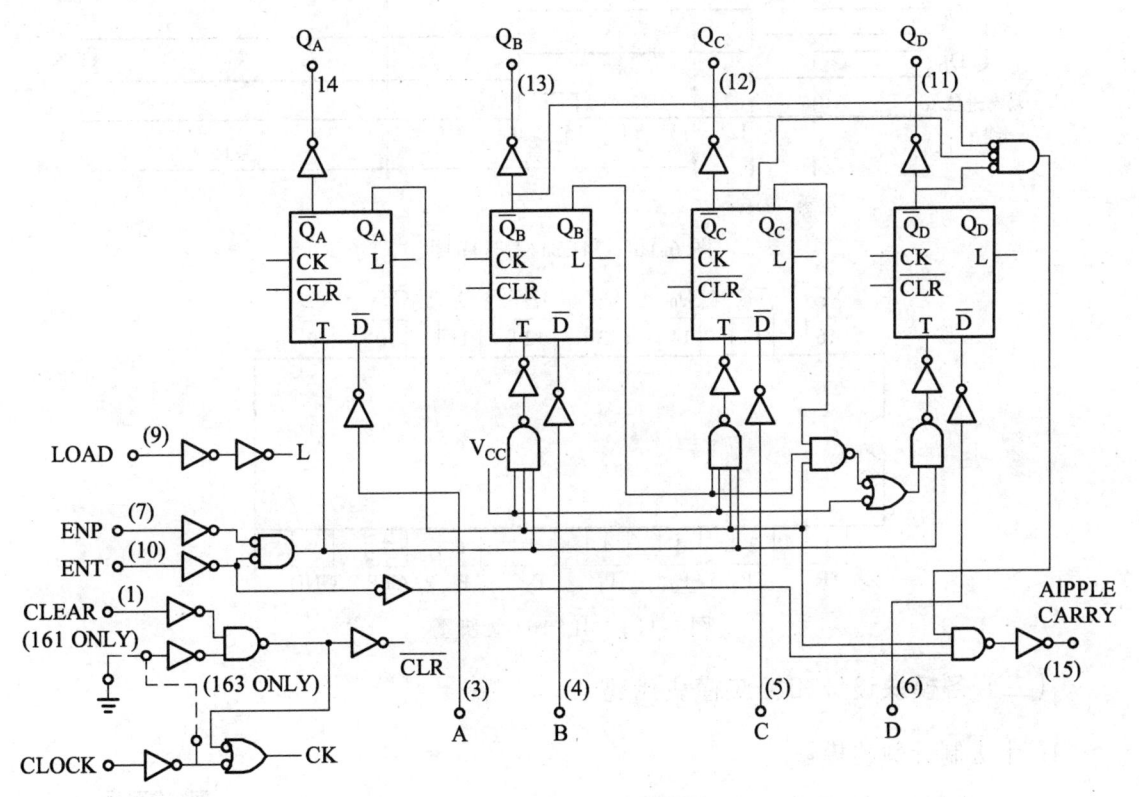

PCO	进位输出端
CLOCK	时钟输入端（上升沿有效）
CLEAR	异步清除输入端（低电平有效）
ENP	计数控制端
ENT	计数控制端
ABCD	并行数据输入端
LOAD	同步并行置入控制端（低电平有效）
$Q_A \sim Q_D$	输出端

图 6-9　74LS161 逻辑图

图 6-10　74LS161 时序图

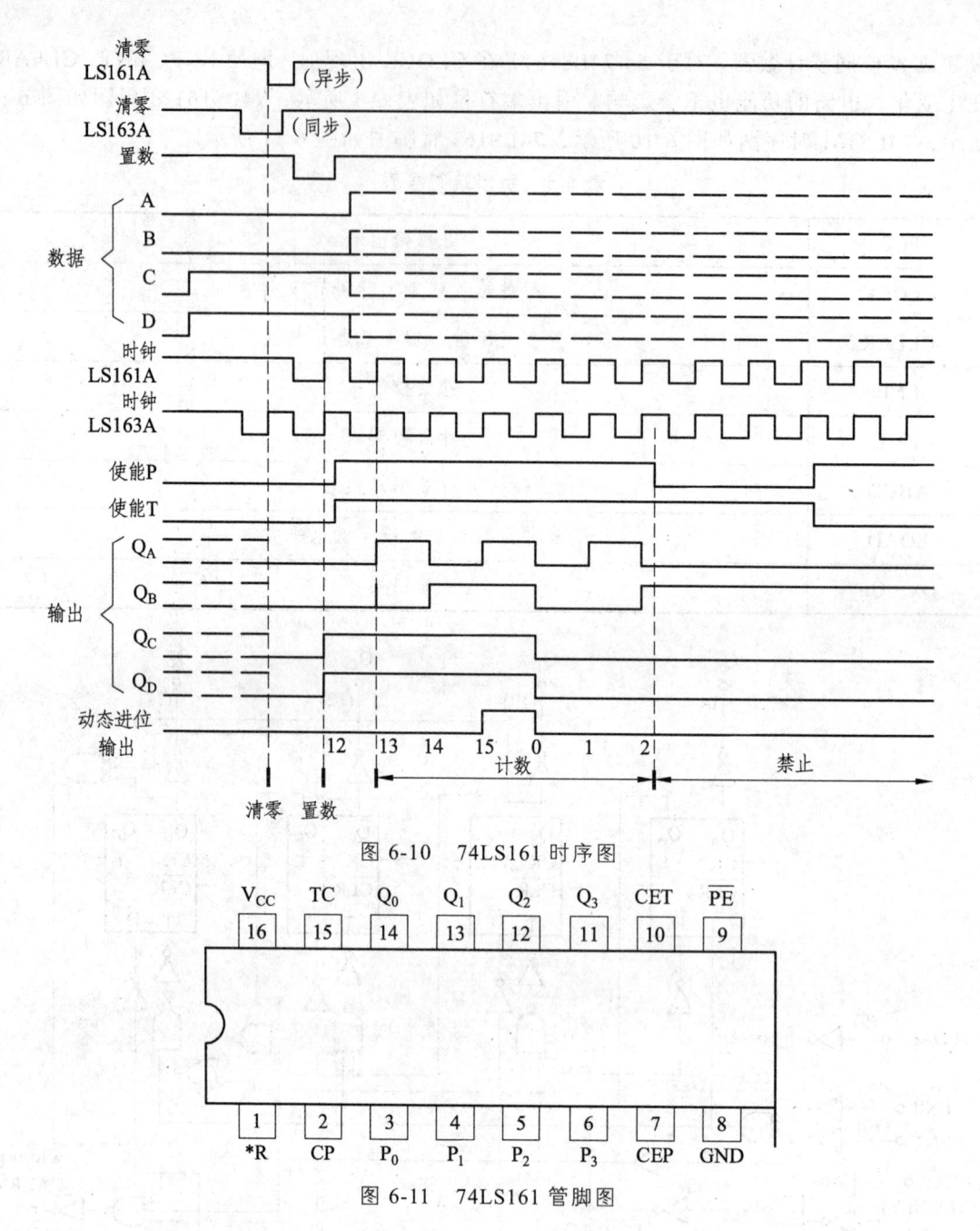

图 6-11　74LS161 管脚图

（二）各模块设计和相应模块代码

1. 十进制计数器模块

（1）十进制计数器模块的 VHDL 程序：
Library IEEE;
USE IEEE.Std_Logic_1164.All;
USE IEEE.Std_Logic_Unsigned.All;

十进制计数器

```vhdl
Entity count10 is
        port(clk, rst, en, load: in Std_Logic;
    data: in Std_Logic_Vector (3 downto 0);
        dout: out Std_Logic_Vector (3 downto 0);
        cout: out Std_Logic);
End Entity count10;
Architecture bhv of count10 is
begin
    process (clk, rst, en, load)
        variable q: Std_Logic_Vector (3 downto 0);
        begin
            if rst='0' then q:=(others=>'0');
            elsif clk 'event and clk='1' then
                if en='1' then
                    if (load='0') then q:=data; else
                        if q<9 then q:=q+1;
                        else q:=(others=>'0');
                        end if;
                    end if;
                end if;
            end if;
            if q="1001" then cout<='1';
            else cout<='0';
            end if;
dout<=q;
    End process;
End Architecture bhv;
```

（2）十进制计数器仿真图（见图6-12）。

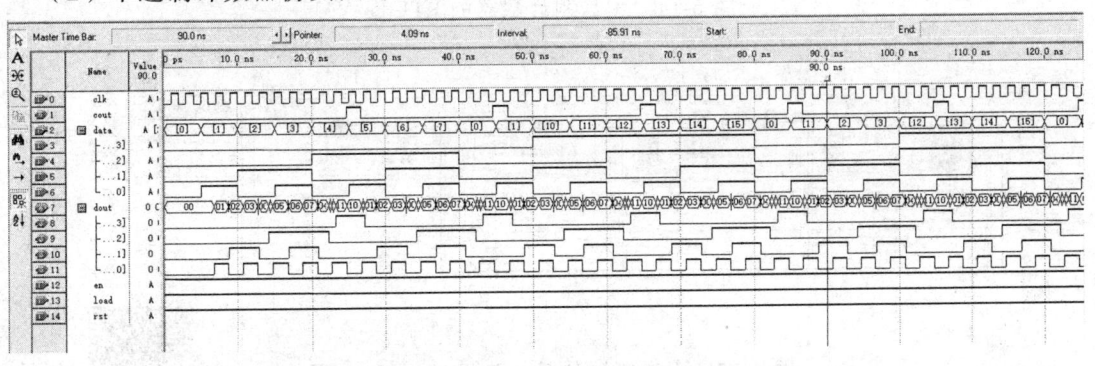

十进制计数器
仿真分析

图6-12 十进制计数器仿真图

（3）十进制计数器元件图（见图6-13）。

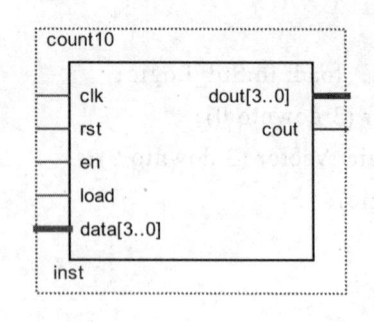

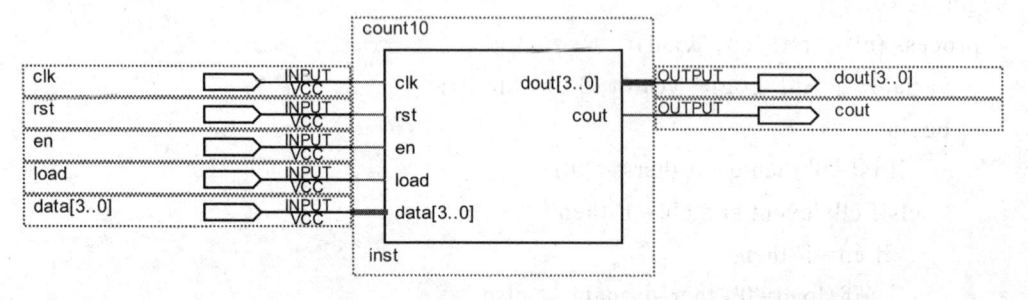

图 6-13　十进制计数模块元件图

（4）十进制计数器 RTL 结构图及技术映射图（见图 6-14 和图 6-15）。

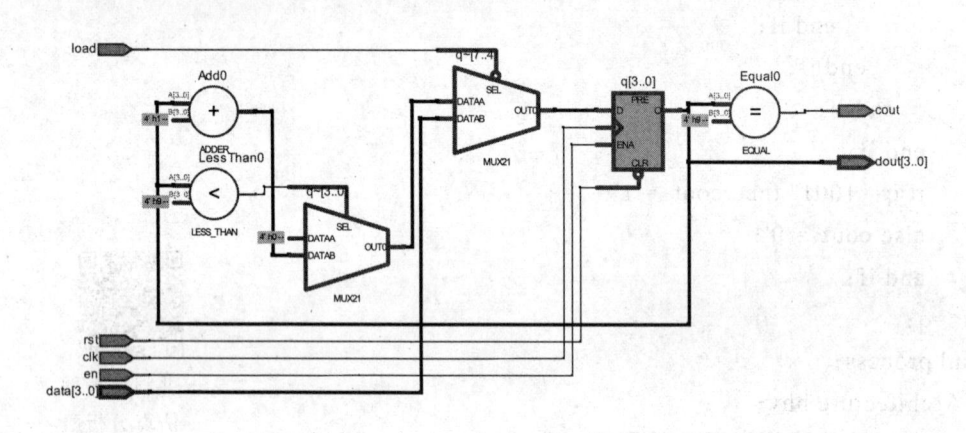

图 6-14　十进制计数器的 RTL 图

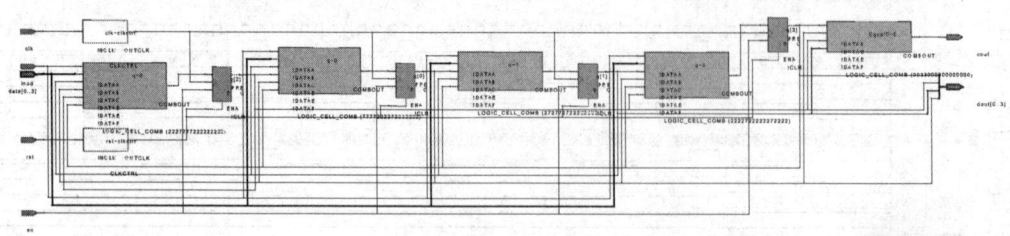

图 6-15　十进制计数器的 Techology Map 图

扫码看图 6-15

2. 由 2 个十进制计数器模块构成的 100 进制计数器

（1）100 进制计数模块的 VHDL 源程序：

Copyright (C) 1991-2009 Altera Corporation
-- Your use of Altera Corporation's design tools，logic functions
-- and other software and tools, and its AMPP partner logic
-- functions, and any output files from any of the foregoing
-- (including device programming or simulation files), and any
-- associated documentation or information are expressly subject
-- to the terms and conditions of the Altera Program License
-- Subscription Agreement, Altera MegaCore Function License
-- Agreement, or other applicable license agreement, including,
-- without limitation, that your use is for the sole purpose of
-- programming logic devices manufactured by Altera and sold by
-- Altera or its authorized distributors. Please refer to the
-- applicable agreement for further details.
-- PROGRAM   "Quartus II 64-Bit"
-- VERSION   "Version 9.1 Build 222 10/21/2009 SJ Full Version"
-- CREATED   "Thu Jul 28 14:11:59 2022"
LIBRARY ieee；
USE ieee.std_logic_1164.all；
LIBRARY work；
ENTITY count100 IS
    PORT
    (
        clk :   IN   STD_LOGIC；
        rst :   IN   STD_LOGIC；
        en :   IN   STD_LOGIC；
        load :   IN   STD_LOGIC；
        load2 :   IN   STD_LOGIC；
        I :   IN   STD_LOGIC；
        data :   IN   STD_LOGIC_VECTOR(3 DOWNTO 0)；
        data2 :   IN   STD_LOGIC_VECTOR(3 DOWNTO 0)；
        cout :   OUT   STD_LOGIC；
        dout :   OUT   STD_LOGIC_VECTOR(3 DOWNTO 0)；
        dout2 :   OUT   STD_LOGIC_VECTOR(3 DOWNTO 0)
)；
END count100；
ARCHITECTURE bdf_type OF count100 IS

```vhdl
COMPONENT count10
    PORT(clk : IN STD_LOGIC;
         rst : IN STD_LOGIC;
         en : IN STD_LOGIC;
         load : IN STD_LOGIC;
         data : IN STD_LOGIC_VECTOR(3 DOWNTO 0);
         cout : OUT STD_LOGIC;
         dout : OUT STD_LOGIC_VECTOR(3 DOWNTO 0)
    );
END COMPONENT;
SIGNAL SYNTHESIZED_WIRE_0 :   STD_LOGIC;
BEGIN
b2v_inst : count10
PORT MAP(clk => clk,
         rst => rst,
         en => en,
         load => load,
         data => data,
         cout => SYNTHESIZED_WIRE_0,
         dout => dout);
b2v_inst1 : count10
PORT MAP(clk => SYNTHESIZED_WIRE_0,
         rst => I,
         en => I,
         load => load2,
         data => data2,
         cout => cout,
         dout => dout2);
END bdf_type;
```

100 进制计数器仿真

（2）100 进制计数器设计原理图（见图 6-16）。

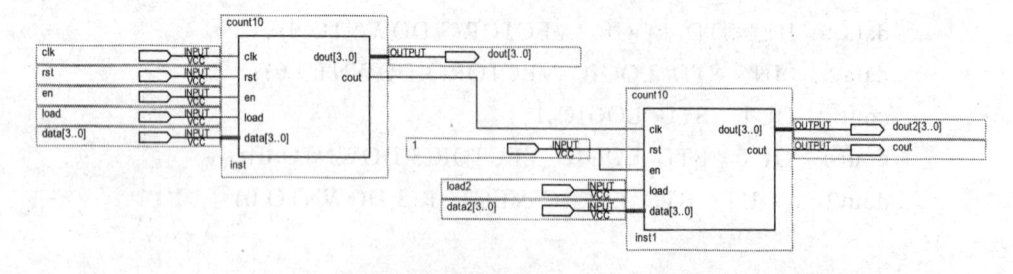

图 6-16 2 个十进制计数器构成的 100 进制计数器设计原理图

（3）100 进制计数器仿真图（见图 6-17）。

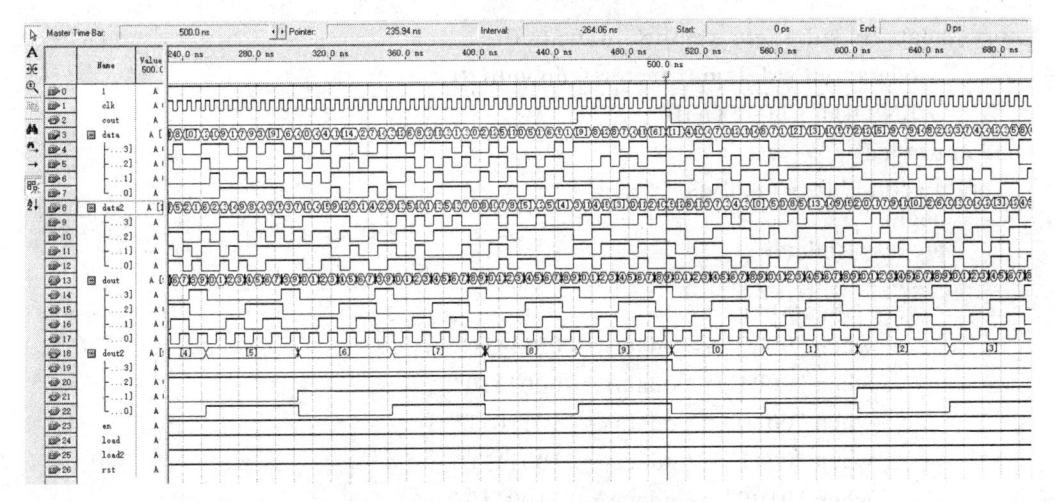

图 6-17　100 进制计数器仿真图

（4）100 进制计数器 RTL 结构图及技术映射图（见图 6-18 和图 6-19）。

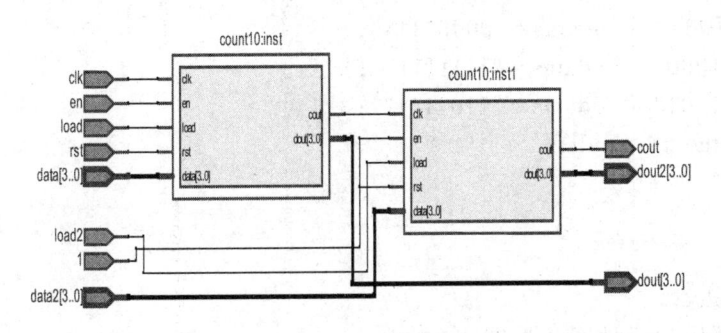

图 6-18　100 进制计数器模块 RTL 图

100 进制计数器 RTL

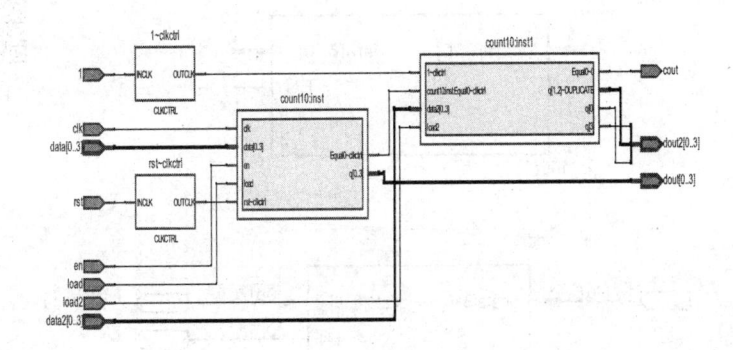

图 6-19　100 进制计数器模块 Technology Map 图

3. 七段译码器模块

（1）七段译码器模块的 VHDL 源程序：
LIBRARY IEEE;
USE IEEE.STD_LOGIC_1164.ALL;
use Ieee.std_logic_unsigned.all;
entity led7 is

七段译码器 VHDL

```vhdl
port (indata: in std_logic_vector(3 downto 0);
      odata: out std_logic_vector(6 downto 0);
      EN:OUT STD_LOGIC);
end entity led7;
  architecture bhv of led7 is
    begin
    process (indata)
    begin
      case (indata) is
        when "0000" => odata<= "0111111" ;
        when "0001" => odata<= "0001110" ;
        when "0010" => odata<= "1011011" ;
        when "0011" => odata<= "1001111" ;
        when "0100" => odata<= "1100110" ;
        when "0101" => odata<= "1101101" ;
        when "0110" => odata<= "1111101" ;
        when "0111" => odata<= "0000111" ;
        when "1000" => odata<= "1111111" ;
        when "1001" => odata<= "1101111" ;
        when others => null;
      end case;
    end process;
  EN<='0';
 end architecture bhv;
```

（2）七段译码器模块的元件图（见图6-20）。

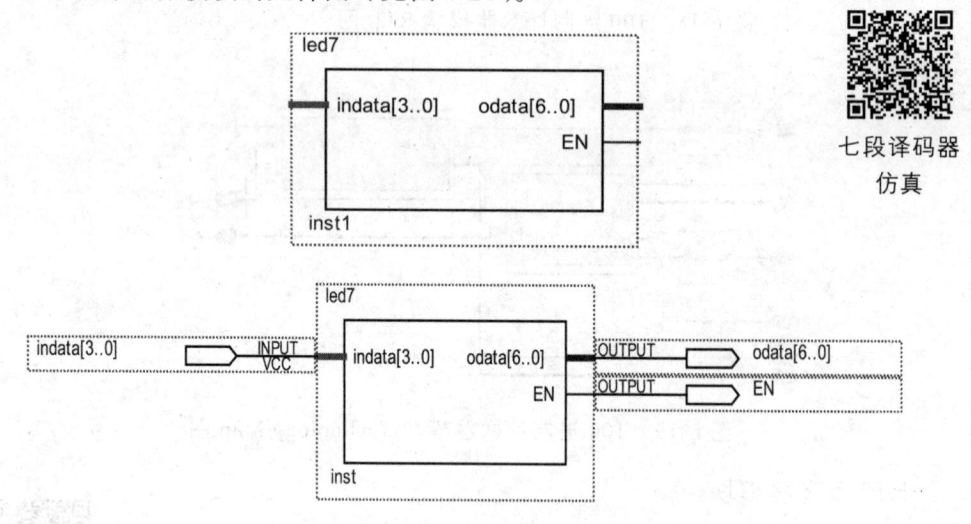

图 6-20 七段译码器模块元件图

（3）七段译码器仿真图（见图6-21）。

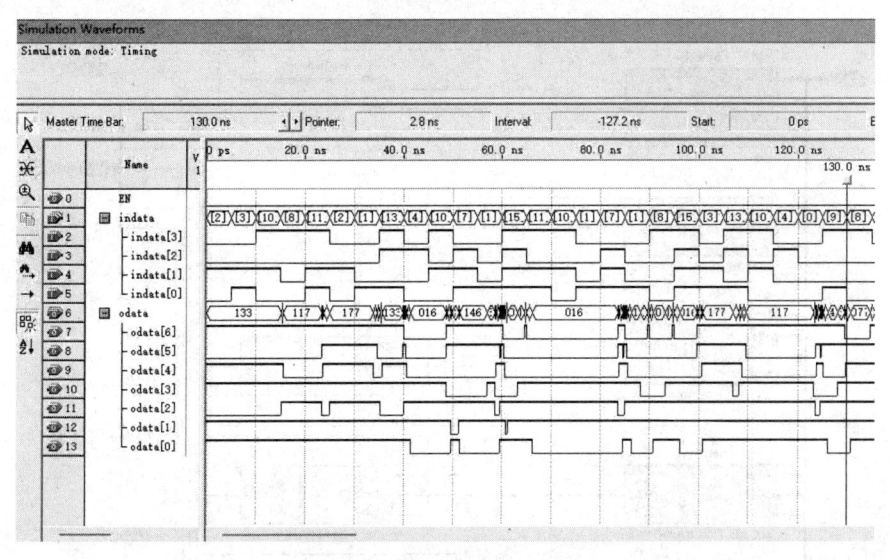

图 6-21 七段译码器仿真图

（4）七段译码器模块的 RTL 结构图及技术映射图（见图 6-22 和图 6-23）。

七段译码器 RTL

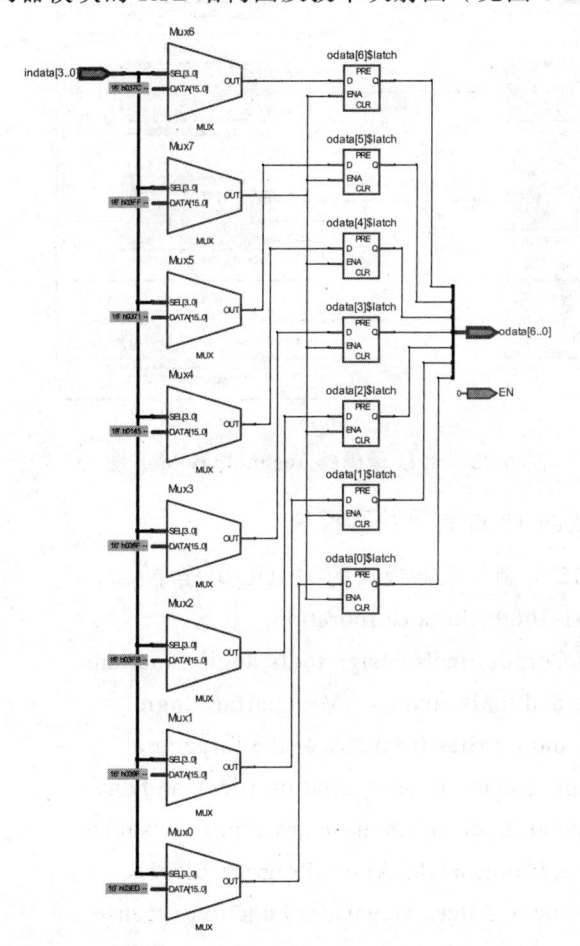

图 6-22 七段译码器模块 RTL 图

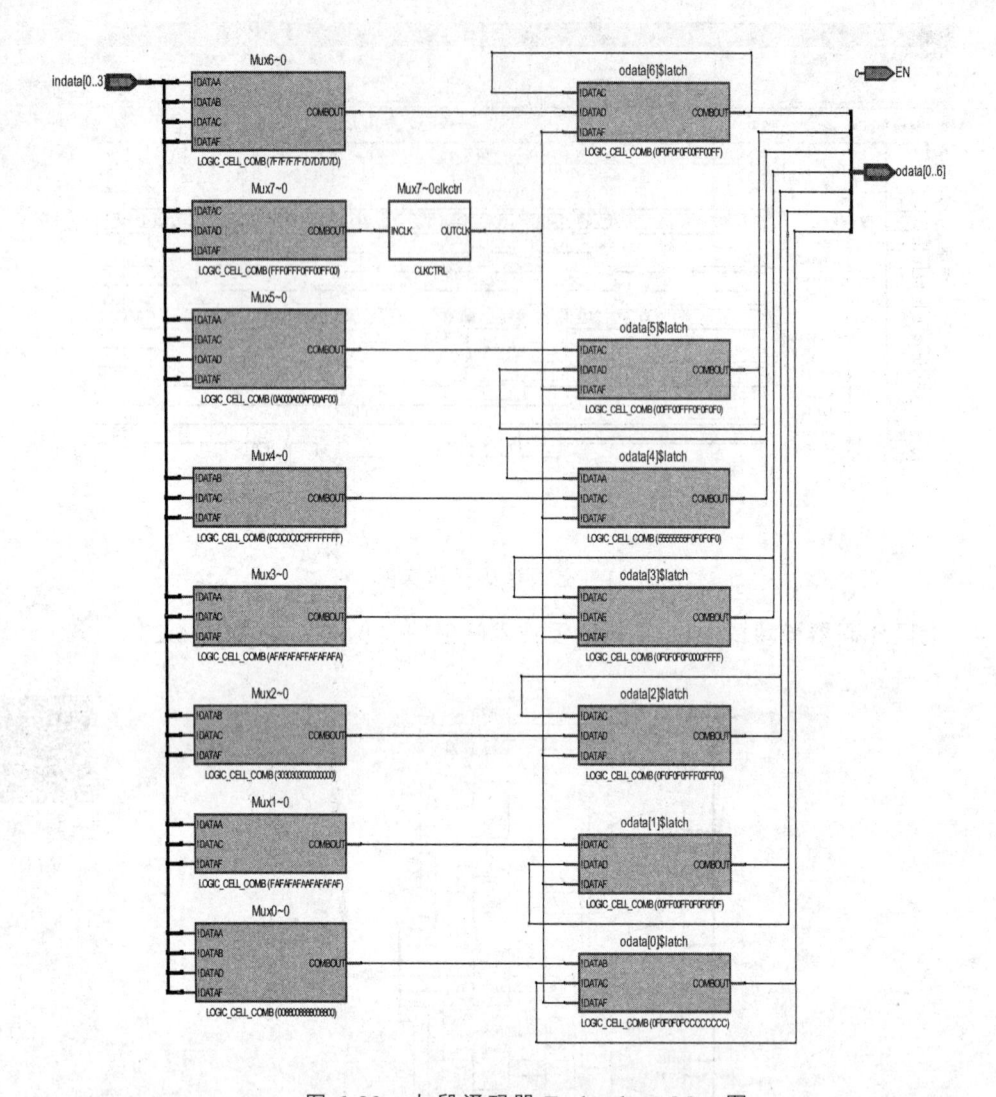

图 6-23　七段译码器 Technology Map 图

4. 由 74LS161 组成的 12 进制计数器模块

（1）74LS161 组成 12 进制计数器模块的 VHDL 源程序：

-- Copyright (C) 1991-2009 Altera Corporation
-- Your use of Altera Corporation's design tools, logic functions
-- and other software and tools, and its AMPP partner logic
-- functions, and any output files from any of the foregoing
-- (including device programming or simulation files), and any
-- associated documentation or information are expressly subject
-- to the terms and conditions of the Altera Program License
-- Subscription Agreement, Altera MegaCore Function License
-- Agreement, or other applicable license agreement, including,
-- without limitation, that your use is for the sole purpose of

161 组成的 12 进制计数器 VHDL

-- programming logic devices manufactured by Altera and sold by
-- Altera or its authorized distributors. Please refer to the
-- applicable agreement for further details.
-- PROGRAM   "Quartus II 64-Bit"
-- VERSION   "Version 9.1 Build 222 10/21/2009 SJ Full Version"
-- CREATED   "Thu Jul 28 23:23:59 2022"
LIBRARY ieee;
USE ieee.std_logic_1164.all;
LIBRARY work;
ENTITY ls16110 IS
    PORT
    (
        CLK : IN   STD_LOGIC;
        CLR : IN   STD_LOGIC;
        EN :   IN   STD_LOGIC;
        QD :   OUT   STD_LOGIC;
        QC :   OUT   STD_LOGIC;
        QB :   OUT   STD_LOGIC;
        QA :   OUT   STD_LOGIC;
        LDN : OUT   STD_LOGIC
    );
END ls16110;
ARCHITECTURE bdf_type OF ls16110 IS
ATTRIBUTE black_box : BOOLEAN;
ATTRIBUTE noopt : BOOLEAN;
COMPONENT \74161_0\
    PORT(CLRN : IN STD_LOGIC;
         CLK : IN STD_LOGIC;
         ENP : IN STD_LOGIC;
         LDN : IN STD_LOGIC;
         A : IN STD_LOGIC;
         D : IN STD_LOGIC;
         ENT : IN STD_LOGIC;
         B : IN STD_LOGIC;
         C : IN STD_LOGIC;
         QD : OUT STD_LOGIC;
         QC : OUT STD_LOGIC;
         QB : OUT STD_LOGIC;

```
           QA : OUT STD_LOGIC);
END COMPONENT;
ATTRIBUTE black_box OF \74161_0\: COMPONENT IS true;
ATTRIBUTE noopt OF \74161_0\: COMPONENT IS true;
SIGNAL SYNTHESIZED_WIRE_9 :    STD_LOGIC;
SIGNAL SYNTHESIZED_WIRE_10 :   STD_LOGIC;
SIGNAL SYNTHESIZED_WIRE_6 :    STD_LOGIC;
SIGNAL SYNTHESIZED_WIRE_7 :    STD_LOGIC;
SIGNAL SYNTHESIZED_WIRE_8 :    STD_LOGIC;
BEGIN
QD <= SYNTHESIZED_WIRE_6;
QB <= SYNTHESIZED_WIRE_7;
QA <= SYNTHESIZED_WIRE_8;
SYNTHESIZED_WIRE_10 <= '0';
b2v_inst : 74161_0
PORT MAP(CLRN => CLR,
         CLK => CLK,
         ENP => EN,
         LDN => SYNTHESIZED_WIRE_9,
         A => SYNTHESIZED_WIRE_10,
         D => SYNTHESIZED_WIRE_10,
         ENT => EN,
         B => SYNTHESIZED_WIRE_10,
         C => SYNTHESIZED_WIRE_10,
         QD => SYNTHESIZED_WIRE_6,
         QC => QC,
         QB => SYNTHESIZED_WIRE_7,
         QA => SYNTHESIZED_WIRE_8);
LDN <= NOT(SYNTHESIZED_WIRE_9);
SYNTHESIZED_WIRE_9 <= NOT(SYNTHESIZED_WIRE_6 AND SYNTHESIZED_WIRE_7 AND SYNTHESIZED_WIRE_8);
END bdf_type;
```

（2）74LS161组成12进制计数器模块原理图。

相对于74161来说，要组成12进制的计数器模块，只需要一位电路结构就可以了，然后是12进制的确定。输入为0000，待输出为1011时，置零即可。12进制计数器模块的电路图设计如图6-24所示。

161组成的12进制计数器仿真

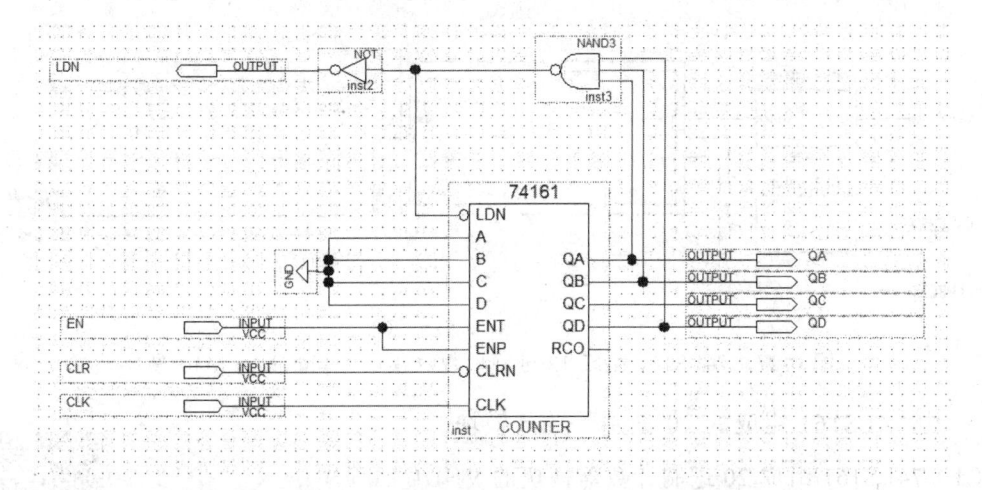

图 6-24　74LS161 组成的 12 进制计数器模块原理图

（3）74LS161 组成 12 进制计数器模块的仿真图（见图 6-25）。

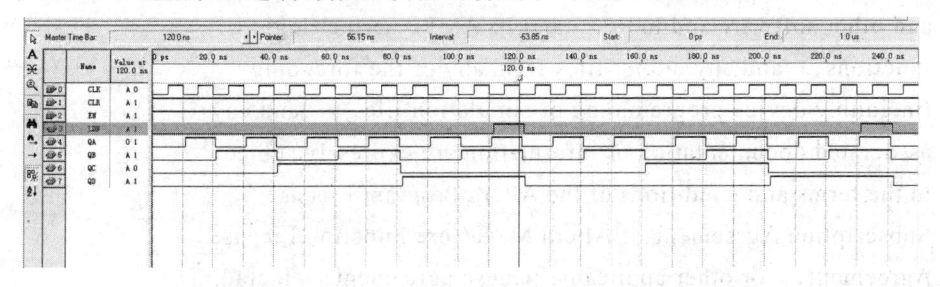

图 6-25　74LS161 组成 12 进制计数器模块的仿真图

（4）74LS161 组成 12 进制计数器模块的 RTL 结构图及技术映射图（见图 6-26 和图 6-27）。

161 组成的 12 进制计数器 RTL

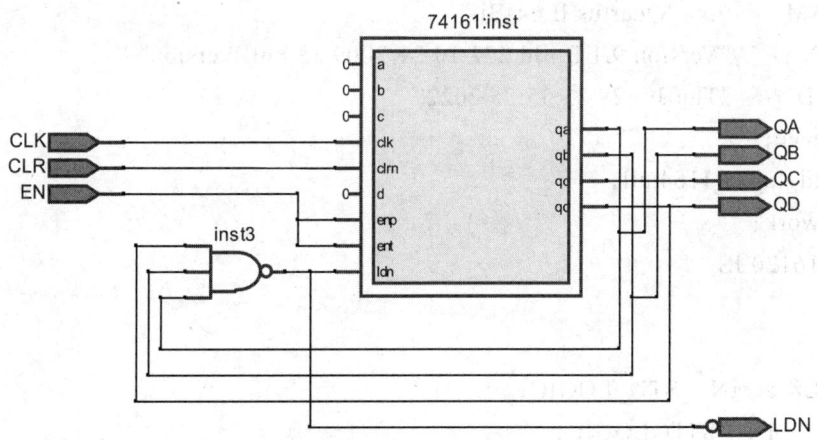

图 6-26　74LS161 组成 12 进制计数器模块的 RTL 图

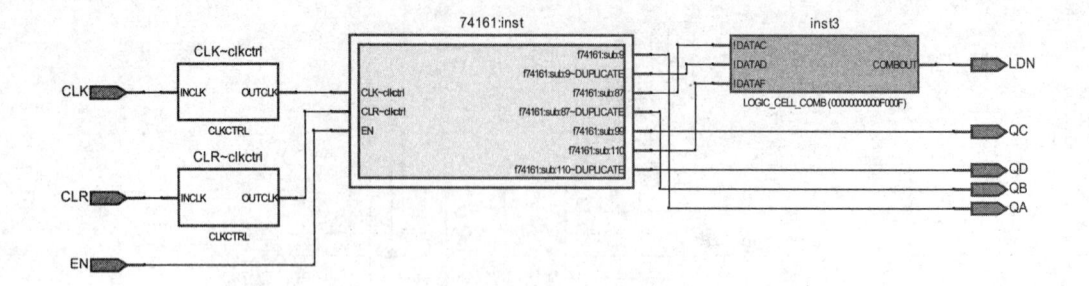

图 6-27 74LS161 组成 12 进制计数器模块 Technology Map 图

5. 由 74LS161 组成的 20 进制计数器模块

（1）74LS161 组成 20 进制计数器模块的 VHDL 源程序：

```
-- Copyright (C) 1991-2009 Altera Corporation
-- Your use of Altera Corporation's design tools,  logic functions
-- and other software and tools,  and its AMPP partner logic
-- functions,  and any output files from any of the foregoing
-- (including device programming or simulation files),  and any
-- associated documentation or information are expressly subject
-- to the terms and conditions of the Altera Program License
-- Subscription Agreement,  Altera MegaCore Function License
-- Agreement,  or other applicable license agreement,  including,
-- without limitation,  that your use is for the sole purpose of
-- programming logic devices manufactured by Altera and sold by
-- Altera or its authorized distributors.  Please refer to the
-- applicable agreement for further details.
-- PROGRAM         "Quartus II 64-Bit"
-- VERSION         "Version 9.1 Build 222 10/21/2009 SJ Full Version"
-- CREATED         "Thu Jul 28 23:55:35 2022"
LIBRARY ieee;
USE ieee.std_logic_1164.all;
LIBRARY work;
ENTITY ls16120 IS
    PORT
    (
        CLK :  IN   STD_LOGIC;
        A :  IN   STD_LOGIC;
        B :  IN   STD_LOGIC;
        C :  IN   STD_LOGIC;
        D :  IN   STD_LOGIC;
```

161 组成的 20 进制计数器 VHDL

```
        ENTP :  IN    STD_LOGIC;
        CLRN :  IN    STD_LOGIC;
        QD :    OUT   STD_LOGIC;
        QC :    OUT   STD_LOGIC;
        QB :    OUT   STD_LOGIC;
        QA :    OUT   STD_LOGIC;
        RCO :   OUT   STD_LOGIC;
        QE :    OUT   STD_LOGIC
    );
END ls16120;
ARCHITECTURE bdf_type OF ls16120 IS
ATTRIBUTE black_box : BOOLEAN;
ATTRIBUTE noopt : BOOLEAN;
COMPONENT \74161_0\
    PORT(CLRN : IN STD_LOGIC;
         CLK : IN STD_LOGIC;
         ENP : IN STD_LOGIC;
         LDN : IN STD_LOGIC;
         A : IN STD_LOGIC;
         D : IN STD_LOGIC;
         ENT : IN STD_LOGIC;
         B : IN STD_LOGIC;
         C : IN STD_LOGIC;
         QD : OUT STD_LOGIC;
         QC : OUT STD_LOGIC;
         QB : OUT STD_LOGIC;
         QA : OUT STD_LOGIC;
         RCO : OUT STD_LOGIC);
END COMPONENT;
ATTRIBUTE black_box OF \74161_0\: COMPONENT IS true;
ATTRIBUTE noopt OF \74161_0\: COMPONENT IS true;
COMPONENT \74161_1\
    PORT(CLRN : IN STD_LOGIC;
         CLK : IN STD_LOGIC;
         ENP : IN STD_LOGIC;
         LDN : IN STD_LOGIC;
         A : IN STD_LOGIC;
         D : IN STD_LOGIC;
         ENT : IN STD_LOGIC;
```

```vhdl
            B : IN STD_LOGIC;
            C : IN STD_LOGIC;
            QA : OUT STD_LOGIC);
END COMPONENT;
ATTRIBUTE black_box OF \74161_1\: COMPONENT IS true;
ATTRIBUTE noopt OF \74161_1\: COMPONENT IS true;
SIGNAL SYNTHESIZED_WIRE_12 :   STD_LOGIC;
SIGNAL SYNTHESIZED_WIRE_13 :   STD_LOGIC;
SIGNAL SYNTHESIZED_WIRE_14 :   STD_LOGIC;
SIGNAL SYNTHESIZED_WIRE_9 :    STD_LOGIC;
SIGNAL SYNTHESIZED_WIRE_10 :   STD_LOGIC;
SIGNAL SYNTHESIZED_WIRE_11 :   STD_LOGIC;
BEGIN
QB <= SYNTHESIZED_WIRE_10;
QA <= SYNTHESIZED_WIRE_11;
QE <= SYNTHESIZED_WIRE_9;
SYNTHESIZED_WIRE_14 <= '0';
b2v_inst : 74161_0
PORT MAP(CLRN => CLRN,
         CLK => CLK,
         ENP => ENTP,
         LDN => SYNTHESIZED_WIRE_12,
         A => A,
         D => D,
         ENT => ENTP,
         B => B,
         C => C,
         QD => QD,
         QC => QC,
         QB => SYNTHESIZED_WIRE_10,
         QA => SYNTHESIZED_WIRE_11,
         RCO => SYNTHESIZED_WIRE_13);
b2v_inst1 : 74161_1
PORT MAP(CLRN => CLRN,
         CLK => CLK,
         ENP => SYNTHESIZED_WIRE_13,
         LDN => SYNTHESIZED_WIRE_12,
         A => SYNTHESIZED_WIRE_14,
         D => SYNTHESIZED_WIRE_14,
```

```
            ENT => SYNTHESIZED_WIRE_13,
            B => SYNTHESIZED_WIRE_14,
            C => SYNTHESIZED_WIRE_14,
            QA => SYNTHESIZED_WIRE_9);
    RCO <= NOT(SYNTHESIZED_WIRE_12);
    SYNTHESIZED_WIRE_12 <= NOT(SYNTHESIZED_WIRE_9 AND SYNTHESIZED _WIRE
_10 AND SYNTHESIZED_WIRE_11);
    END bdf_type;
```

(2)74LS161组成20进制计数器模块原理图。

因一位74LS161芯片只能满足设计16进制以内的任意进制计数器,所以要设计20进制计数器,就至少需要两块74LS161来进行设计。通过前面基础知识可知,19的二进制表述为10011,从00000~10011表示十进制数字0~19,超过10011后计数器重新从0开始计数。20进制计数器的设计电路图如图6-28所示。

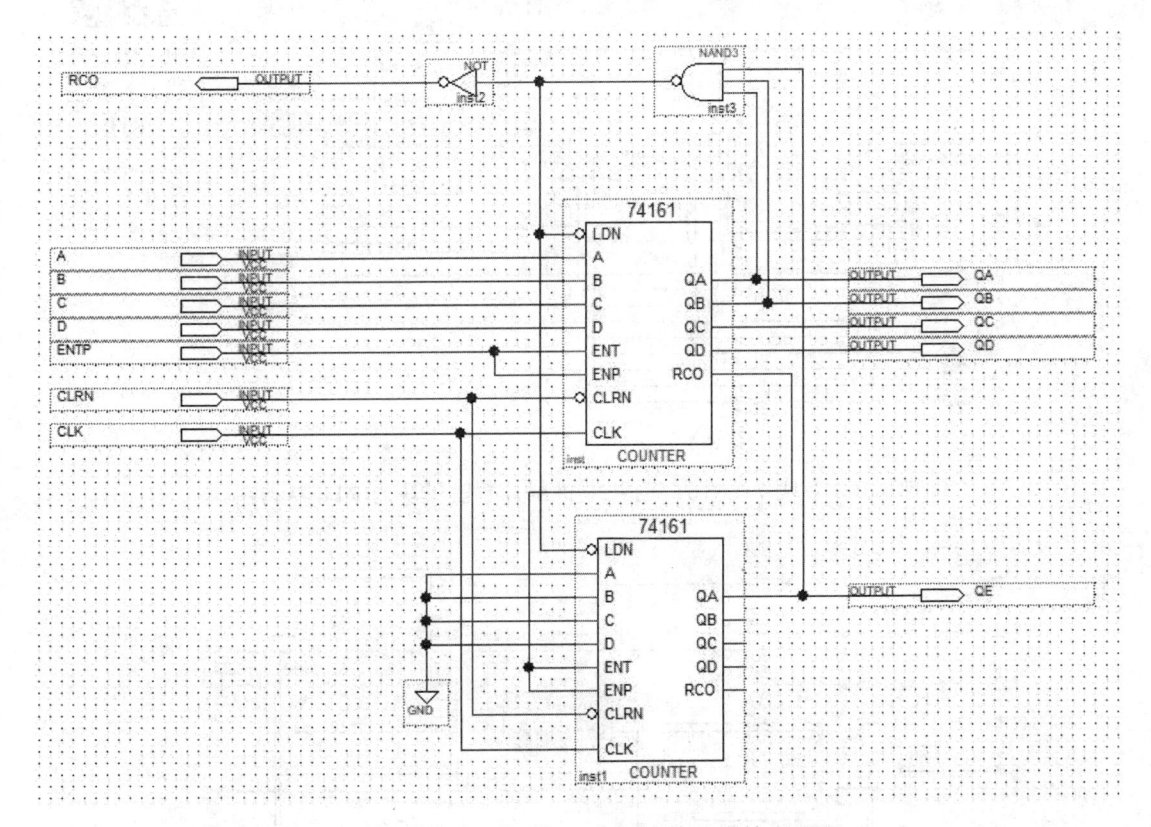

图6-28　2块74LS161组成20进制计数器模块原理图

从图中可以看到,当输出为10011时,与或结构会使计数器置零,所以输入是从00000开始的,这样就可以完成20进制的设计。

(3)74LS161组成20进制计数器模块的仿真图(见图6-29)。

161组成的20进制计数器仿真

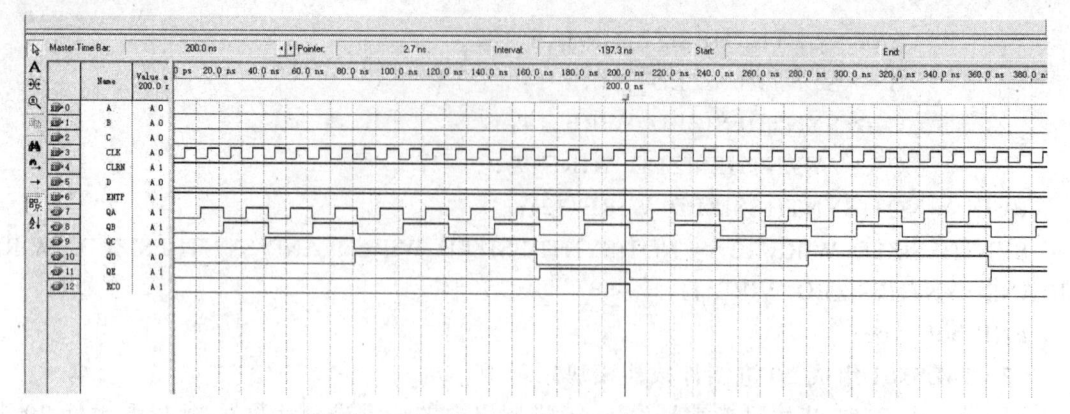

图 6-29　2 块 74LS161 组成 20 进制计数器模块的仿真图

（4）74LS161 组成 20 进制计数器模块的 RTL 结构图及技术映射图（见图 6-30 和图 6-31）。

161 组成的 20 进制计数器 RTL

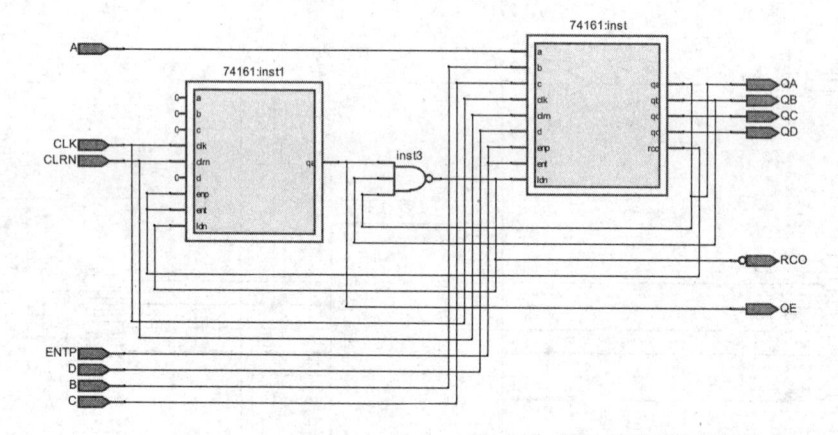

图 6-30　2 块 74LS161 组成 20 进制计数器模块的 RTL 结构图

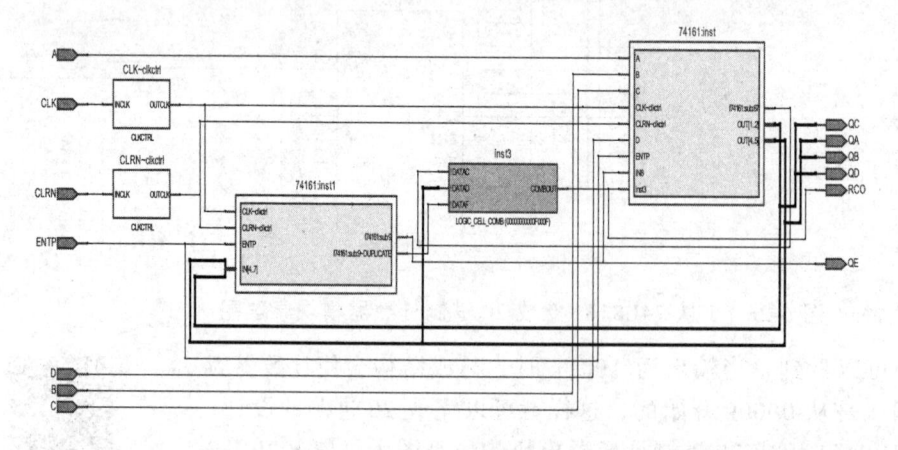

图 6-31　2 块 74LS161 组成 20 进制计数器模块的 Technology Map 图

科学家的故事

华罗庚的故事

著名数学家华罗庚在1946年应聘到美国讲学,很受学术界器重。当时,美国的伊利诺大学以1万美元的年薪,与他订立了终身教授的聘约。华罗庚的生活一下子舒适起来了,不仅有了小洋楼,大学方面还特地给他配备了四名助手和一名打字员。新中国成立后,一些人总以为华罗庚在美国已功成名就,生活优裕,是不会回来了。然而,物质、金钱、地位并没有能羁绊住他的爱国之心。1950年2月,华罗庚毅然放弃了在美国"阔教授"的待遇,冲破重重封锁回到祖国。途经香港时,他写了一封《告留美同学的公开信》,抒发了他献身祖国的热情。他满腔热忱地呼吁:"为了国家民族,我们应当回去!""锦城虽乐,不如回故乡;梁园虽好,非久留之地。"

思考题

（1）利用 if 语句设计一个全加器。

（2）设计一个求补码的程序，输入数据是一个有符号的 8 位二进制数。

（3）设计一个比较电路，当输入的 8421BCD 码大于 5 时输出 1，否则输出 0。

（4）用 VHDL 设计一个 3~8 译码器，要求分别用（条件）赋值语句、case 语句、if else 语句或移位操作符来完成。比较这 4 种方式中，哪一种最节省逻辑资源。

项目七

基于 VHDL 的数字抢答器设计

知识目标

（1）熟悉抢答器电路的设计流程；
（2）了解六路抢答器电路的工作原理；
（3）完成抢答器各模块电路的 VHDL 语言编写程序。

能力目标

（1）掌握抢答器资源占用情况和时序仿真；
（2）掌握整机可编程逻辑电路开发板的基本结构；
（3）掌握层次化设计理念和顶层原理图设计方法。

思政目标

（1）培养学生团结协作、尊重科学、实事求是的精神。
（2）培养学生珍惜时间、努力学习的品质。

一、设计内容

1. 功能表述

抢答比赛能引起选手和观众们的极大兴趣，它在极短的时间内可迅速普及一些科学知识和生活常识，如图7-1所示。但是在抢答过程中，对于谁先谁后抢答，在何时抢答，如何计算答题时间等问题，若是仅凭主持人的主观判断，就很容易出现误判。所以，我们就需要一种具备自动锁存、置位、清零等功能的数字抢答器来解决这些问题。数字抢答器作为一种电子产品，早已广泛应用于各种智力和知识竞赛场合，是竞赛问答中一种常用的必备装置。从原理上讲，它是一种典型的数字电路，其中包括了组合逻辑电路和时序逻辑电路，如图7-2所示。通俗地讲，它是为参赛者答题时进行抢答而设计的一种优先判决器电路，参赛者可以分为若干组，抢答时各组对主持人提出的问题要在最短的时间内做出判断，并按下抢答按键来回答问题。当第一组的人最先按下按键后，则在显示器上显示出该组的号码，对应的该组的显示灯亮起，同时锁存电路将其他组的抢答按键封锁，其他组别的选手按键的时候，抢答不起作用。如果在规定的抢答时间内无人去抢答，则报警指示灯亮。在回答完所有问题后，由主持人将所有按键恢复，重新开始下一轮抢答。因此如果要完成抢答器的逻辑功能设计，电路应该包括抢答器鉴别模块、抢答器计数模块、报警模块、译码显示模块等。

图7-1　诗词大赛抢答场景 　　　　　图7-2　抢答器电路板

本项目设计的目的是设计一个六路数字抢答器，具体的抢答过程是当主持人按下系统复位键（RST）时，整体清零，系统进入抢答状态，计时模块和记分模块输出初始信号给数码显示模块并显示出初始值。当某参赛组抢先将抢答键按下时，系统将其余五路抢答信号封锁，同时发出声音提示，组别显示模块发送显示信号给数码显示模块，用来显示抢答成功的组台号，并一直保持到下一轮，直到主持人将抢答系统清零为止。接着主持人对抢答结果进行确认，计时模块发送倒计时计数允许信号，选手开始回答问题，计时显示器从初始值开始倒计时，主持人根据选手在规定的时间内答题的正误来确定加分或减分，并通过数码显示模块将最终的成绩显示出来。在抢答开始后，选手在规定的时间内开始正常答题。当主持人给出倒计时停止信号时，扬声器停止发声。若参赛者在规定的时间内回答完

问题，主持人可给出倒计时计数停止信号。当主持人按下复位键，即 RST 为高电平有效状态，清除前一次的抢答结果，开始新一轮抢答。

2. 设计框图

抢答器的逻辑结构主要由抢答鉴别模块、定时模块、译码显示模块和报警器模块等组成。在整个抢答器中最关键的是如何实现抢答封锁和在控制键按下的同时计数器倒计时显示有效剩余时间。除此之外，整个抢答器还需有一个"复位开始"信号，以便抢答器能实现清零和开始。此次设计的抢答器共有 3 个输出显示，即选手代号、计数器的个位和十位，都为 BCD 码输出，这样便于和显示译码器连接。当主持人按下控制键、选手按下抢答键时，蜂鸣器短暂响起。整体原理框图如图 7-3 所示。

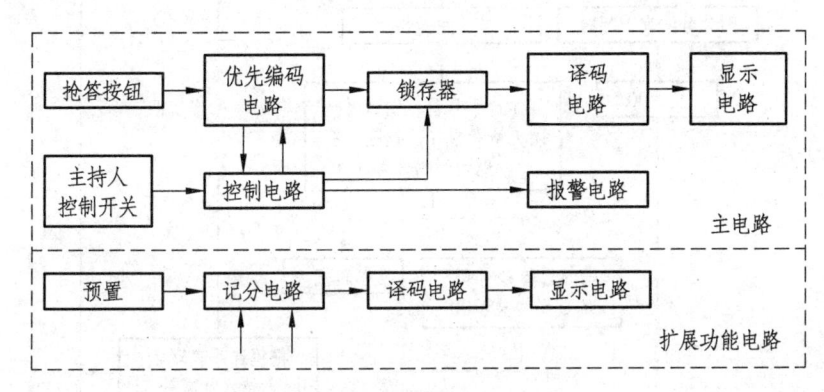

图 7-3 抢答器总体框图

基本要求分解如下：
（1）设计一个可容纳六组参赛的数字式抢答器，每组设一个按钮，供抢答使用。
（2）抢答器鉴别模块具有第一信号鉴别和锁存功能，使除第一抢答者外的按钮不起作用。
（3）整体设置一个主持人"复位"按钮。
（4）主持人复位后，开始抢答，第一信号鉴别锁存电路得到信号后，有指示灯显示抢答组别，显示器显示 100 s 倒计时，扬声器发出 2~3 s 的音响。
（5）设置一个记分电路，每组开始预置 100 分，由主持人记分，答对一次加 10 分，答错一次减 10 分。

3. 工作流程

抢答器的基本工作原理：在抢答竞赛或呼叫时，有多个信号同时或不同时送入主电路中，抢答器内部的寄存器工作，并识别、记录第一个抢答结果，同时内部的定时器开始工作，记录有关时间并产生倒计时信号输入。在整个抢答器工作过程中，显示电路、报警电路等还要根据现场的实际情况向外电路输出相应信号。抢答器的工作流程分为系统复位、正常流程、犯规流程等几部分，如图 7-4 所示。

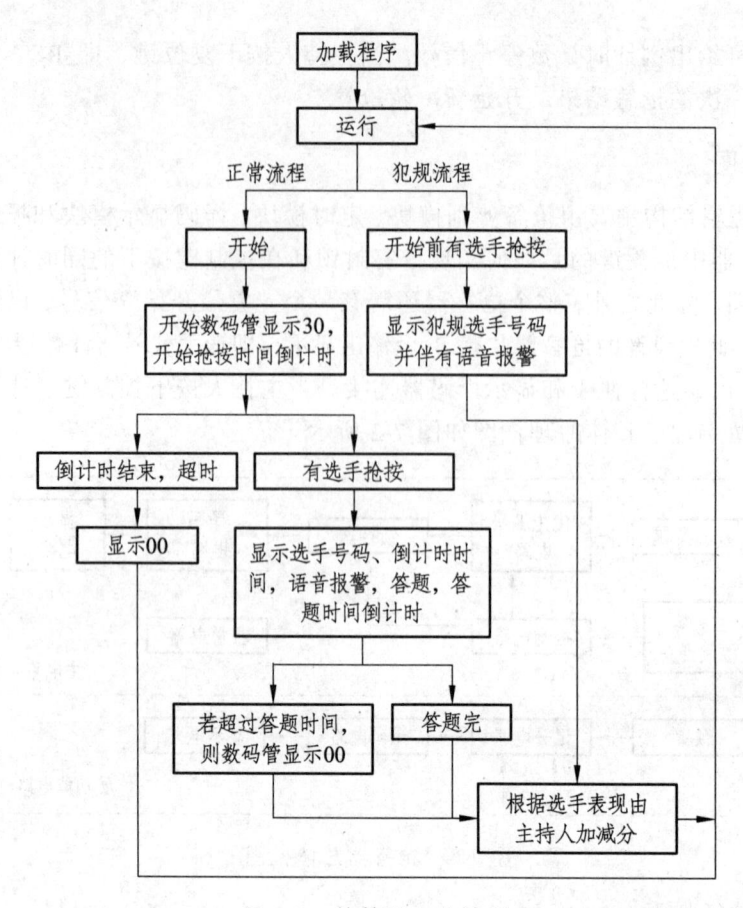

图 7-4 抢答器工作流程

二、设计步骤和调试过程

（一）基本架构

根据图 7-3 所示的抢答器总体框图，本设计可分为以下几个模块：

（1）抢答鉴别模块：它的功能是鉴别六组中是哪组抢答成功并且把抢答成功的组别信号输出给锁存和显示模块。

（2）记分模块：由主持人控制，针对选手的答题情况，进行加分或减分。

（3）定时模块：主要完成对抢答倒计时和答题时间的控制。

（4）译码模块：主要将四位二进制 BCD 编码转换成七段二进制数字。

（5）显示模块：由于实验条件的限制，设计中增加了动态显示的扩展模块。

（6）报警模块：包含两个部分，一是抢答指示报警，二是犯规报警。就是把各个模块输入的不同信号译码成 BCD 码，然后直接在数码管上显示，还可以加上蜂鸣器的声音，同时对组别及得分进行数码显示，给观众一个准确、简明的数字结果。

（7）整体综合：对前面所有模块的整体综合，绘制出顶层原理图文件。

（二）各模块设计和相应模块功能实现

1. 抢答鉴别模块

抢答鉴别模块主要实现抢答过程中的抢答功能，能对超前抢答进行警告，还能记录无论是正常抢答还是超前抢答者的台号，并且能实现当有一路抢答按键按下时，该路抢答信号将其余信号过滤实现抢答封锁的功能。该模块输入端有 WARN 输入（以时间控制系统的 WARN 输出信号为信号源）、一个与"时间控制系统"公用的 CLEAR 端、6 人抢答输入信号端 S0/S1/S2/S3/S4/S5 以及一个时钟信号端 CLK。这个时钟信号为高频信号，用以扫描 S0、S1、S2、S3 是否有信号输入。输出端有对应于 S0、S1、S2、S3、S4、S5 编号的 6 个 LED 指示灯和四线二进制输出端 STATES（用于锁存当前的状态），还有一个 STOP 端，用于指示 S0、S1、S2、S3、S4、S5 按钮状态（控制计时器停止）。在此模块中高频时钟信号一直作用，此时，若主持人按下 CLEAR 键即为开始抢答信号，所有输出端都自动清零。在有效时间范围（100 s）内只要有人抢答，STOP 就有高电平输出至"时间控制系统"的 STOP 端以控制倒计时的停止，并且对应的 LED 指示灯点亮，STATES 锁存输出到译码显示模块，用以显示优先抢答人的组号，并锁定输入端以阻止系统响应其他抢答者的信号。当有效时间到了之后还没有人抢答，则计时模块发出报警信号，同时反馈给抢答鉴别模块，禁止选手再抢答。

（1）抢答鉴别模块的 VHDL 源程序：

```
LIBRARY IEEE;
USE IEEE.STD_LOGIC_1164.ALL;
ENTITY LOCK IS
    PORT( CLK，CLEAR:IN STD_LOGIC;
            WARN:IN STD_LOGIC;
        S0，S1，S2，S3，S4，S5:IN STD_LOGIC;
            STATES:OUT STD_LOGIC_VECTOR(3 DOWNTO 0);
            STOP:OUT STD_LOGIC;
            LED:OUT STD_LOGIC_VECTOR(5 DOWNTO 0));
END LOCK;
ARCHITECTURE ONE OF LOCK IS
SIGNAL G:STD_LOGIC_VECTOR(5 DOWNTO 0);
BEGIN
    PROCESS(CLEAR，CLK，S0，S1，S2，S3，S4，S5)
      BEGIN
        IF CLEAR='1' THEN G<="000000"; LED<="000000"; STOP<='0';
        ELSIF CLK'EVENT AND CLK='1' THEN
        IF WARN='0' THEN
         IF( S5='1')AND NOT(G(0)='1' OR G(1)='1' OR G(2)='1'OR G(3)='1' OR G(4)='1') THEN
            G(5)<='1'; LED(5)<='1';
            ELSIF( S4='1')AND NOT(G(0)='1' OR G(1)='1' OR G(2)='1'OR G(3)='1' OR
```

抢答器鉴别
模块 VHDL

```
              G(5)='1') THEN
                    G(4)<='1'; LED(4)<='1';
          ELSIF( S3='1')AND NOT(G(0)='1' OR G(1)='1' OR G(2)='1'OR G(4)='1' OR G(5)='1')
THEN
                    G(3)<='1'; LED(3)<='1';
                ELSIF( S2='1')AND NOT(G(0)='1' OR G(1)='1' OR G(3)='1'OR G(4)='1' OR
G(5)='1') THEN
                    G(2)<='1'; LED(2)<='1';
                ELSIF( S1='1')AND NOT(G(0)='1' OR G(2)='1' OR G(3)='1'OR G(4)='1' OR
G(5)='1') THEN
                    G(1)<='1'; LED(1)<='1';
                ELSIF( S0='1')AND NOT(G(1)='1' OR G(2)='1' OR G(3)='1'OR G(4)='1' OR
G(5)='1') THEN
                    G(0)<='1'; LED(0)<='1';
                END IF;
                STOP<=G(0) OR G(1) OR G(2) OR G(3) OR G(4) OR G(5);
            END IF;
            END IF;
       CASE G IS
         WHEN "000001"=>STATES<="0001";
         WHEN "000010"=>STATES<="0010";
         WHEN "000100"=>STATES<="0011";
         WHEN "001000"=>STATES<="0100";
         WHEN "010000"=>STATES<="0101";
         WHEN "100000"=>STATES<="0110";
         WHEN OTHERS=>STATES<="0000";
       END CASE;
       END PROCESS;
       END ARCHITECTURE ONE;
```

（2）抢答鉴别模块的仿真图（见图7-5）。

抢答器鉴别
模块仿真

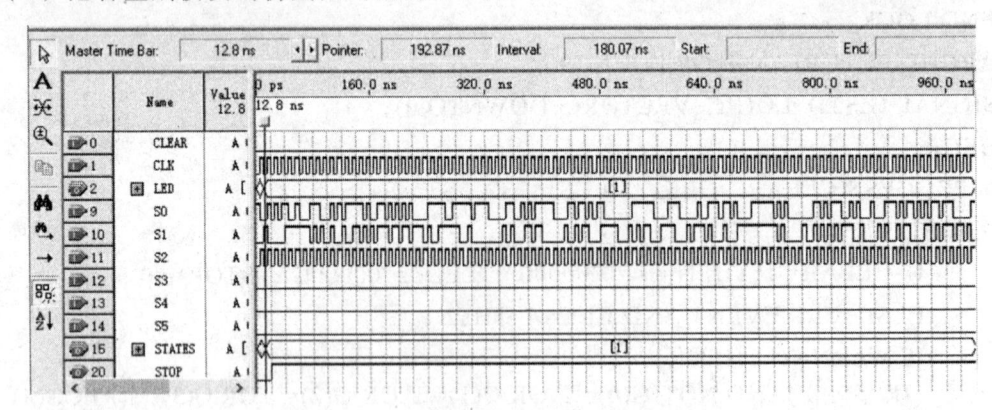

图7-5 抢答器鉴别模块仿真图

（3）抢答鉴别模块元件图（见图7-6）。

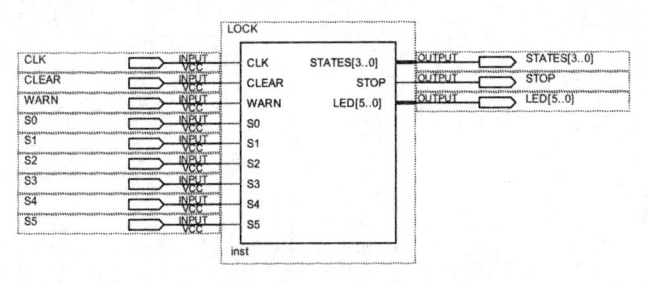

图 7-6 抢答器鉴别模块元件图

抢答器鉴别模块 RTL

（4）抢答鉴别模块 RTL 结构图及技术映射图（见图 7-7 和图 7-8）。

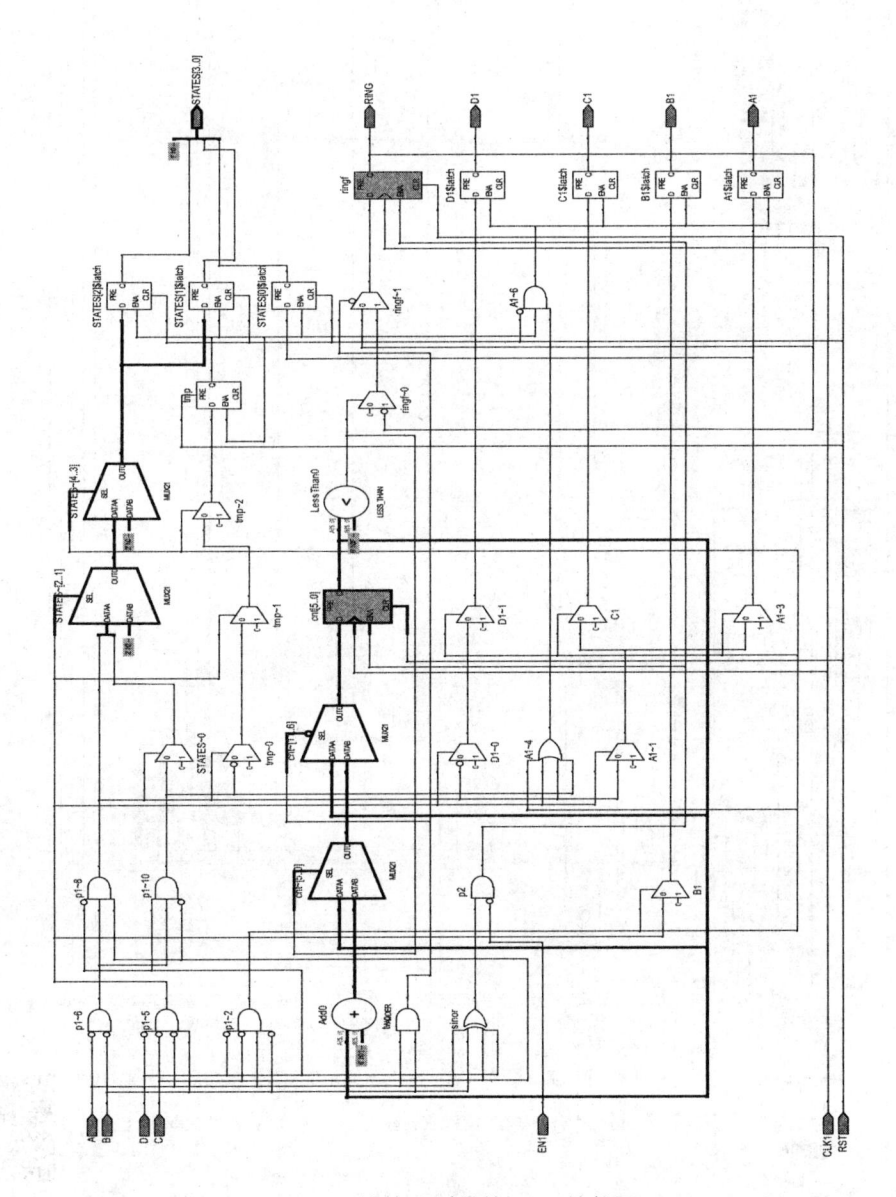

图 7-7 抢答鉴别模块 RTL 结构图

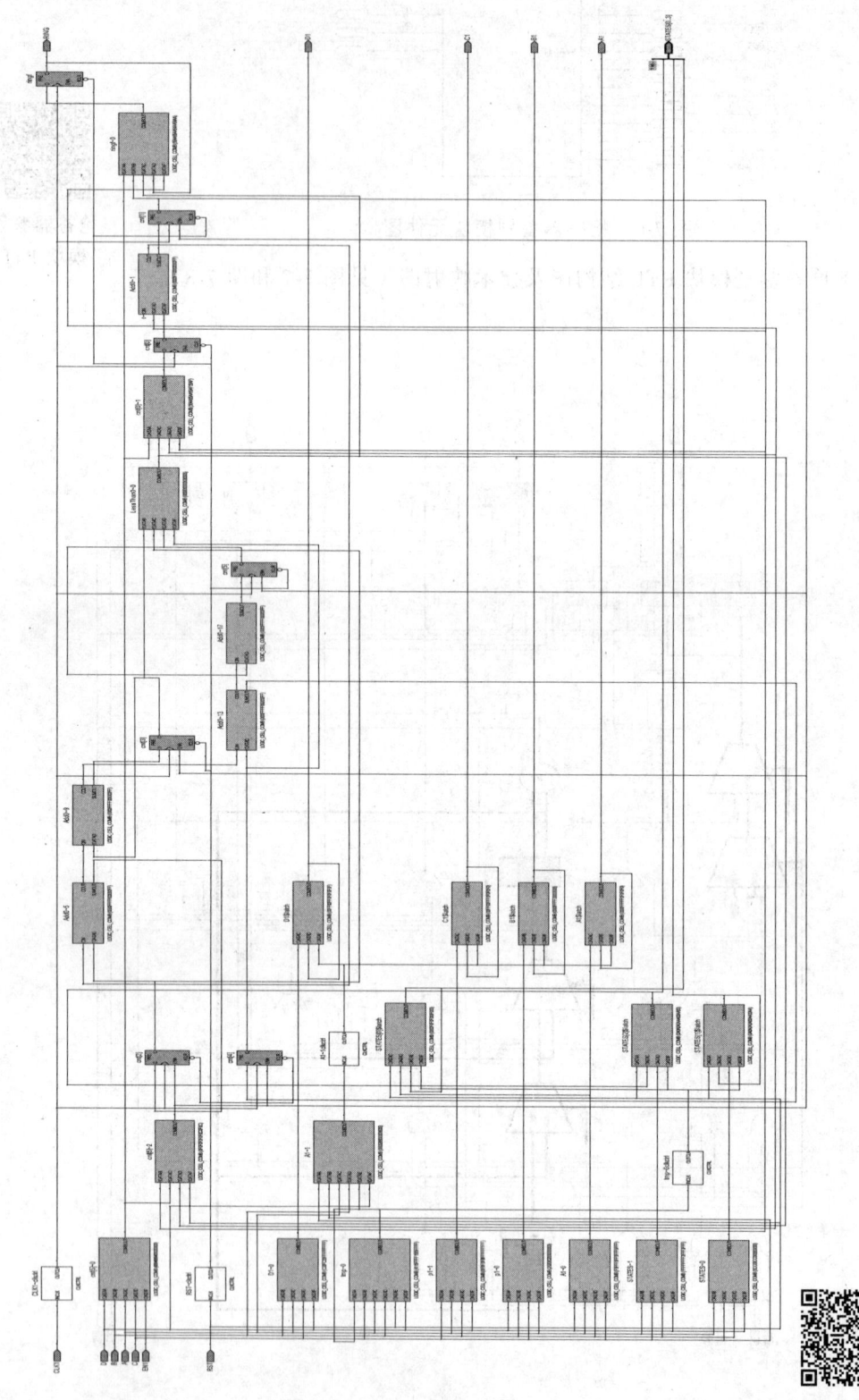

图 7-8　抢答鉴别模块技术映射图

2. 记分模块

在这个模块中主要是给 6 个抢答信号进行记分。首先给每个抢答信号预置初始分值为 100 分,当有抢答成功并在规定时间内答题正确时加 10 分,答错减 10 分,没有获得抢答机会则分值保持不变。主要端口有抢答使能信号 clr 和 clk;抢答状态显示信号 CHOOSE[5..0];记分加减信号 ADD、SUB 和 6 个信号的得分输出信号 aa2、aa1、aa0、bb2、bb1、bb0、cc2、cc1、cc0、dd2、dd1、dd0、ee2、ee1、ee0、ff2、ff1、ff0。记分模块用 VHDL 语言进行编程的流程图如图 7-9 所示。

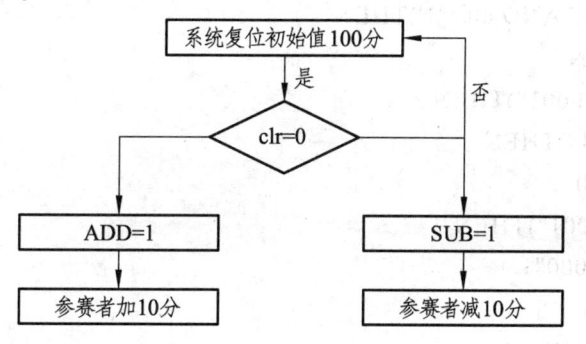

图 7-9 记分模块的设计流程图

(1) 记分模块的 VHDL 程序:

```
LIBRARY IEEE;
USE IEEE.STD_LOGIC_1164.ALL;
USE IEEE.STD_LOGIC_UNSIGNED.ALL;
ENTITY score IS
    PORT( clr, sub, add, clk:IN STD_LOGIC;
          choose:IN STD_LOGIC_VECTOR(5 DOWNTO 0);
          aa0, aa1, aa2, bb0, bb1, bb2, cc0, cc1, cc2:OUT STD_LOGIC_VECTOR(3 DOWNTO 0);
          dd0, dd1, dd2, ee0, ee1, ee2, ff0, ff1, ff2:OUT STD_LOGIC_VECTOR(3 DOWNTO 0));
    END score;
ARCHITECTURE rt1 OF score IS
BEGIN
PROCESS(choose, clk, add, sub)
VARIABLE a1, a2:STD_LOGIC_VECTOR(3 DOWNTO 0);
VARIABLE b1, b2:STD_LOGIC_VECTOR(3 DOWNTO 0);
VARIABLE c1, c2:STD_LOGIC_VECTOR(3 DOWNTO 0);
VARIABLE d1, d2:STD_LOGIC_VECTOR(3 DOWNTO 0);
VARIABLE e1, e2:STD_LOGIC_VECTOR(3 DOWNTO 0);
VARIABLE f1, f2:STD_LOGIC_VECTOR(3 DOWNTO 0);
BEGIN
```

```vhdl
IF(clr='1')THEN
    a2:="0001"; a1:="0000";    --置 100
    b2:="0001"; b1:="0000";
    c2:="0001"; c1:="0000";
    d2:="0001"; d1:="0000";
    e2:="0001"; e1:="0000";
    f2:="0001"; f1:="0000";
ELSIF(clk'EVENT AND clk='1')THEN
 IF(add='1')THEN
   IF(choose="000001")THEN
     IF(a1="1001")THEN
       a1:="0000";
       IF(a2="1001")THEN
         a2:="0000";
       ELSE
         a2:=a2+'1';
       END IF;
     ELSE
       a1:=a1+'1';
     END IF;
   ELSIF(choose="000010")THEN
     IF(b1="1001")THEN
       b1:="0000";
       IF(b2="1001")THEN
         b2:="0000";
       ELSE
         b2:=b2+'1';
       END IF;
     ELSE
       b1:=b1+'1';
     END IF;
   ELSIF(choose="000100")THEN
     IF(c1="1001")THEN
       c1:="0000";
       IF(c2="1001")THEN
         c2:="0000";
       ELSE
         c2:=c2+'1';
       END IF;
```

```
        ELSE
           c1:=c1+'1';
        END IF;
    ELSIF(choose="001000")THEN
       IF(d1="1001")THEN
          d1:="0000";
          IF(d2="1001")THEN
             d2:="0000";
          ELSE
             d2:=d2+'1';
          END IF;
       ELSE
          d1:=d1+'1';
       END IF;
    ELSIF(choose="010000")THEN
       IF(e1="1001")THEN
          e1:="0000";
          IF(e2="1001")THEN
             e2:="0000";
          ELSE
             e2:=e2+'1';
          END IF;
       ELSE
          e1:=e1+'1';
       END IF;
    ELSIF(choose="100000")THEN
       IF(f1="1001")THEN
          f1:="0000";
          IF(f2="1001")THEN
             f2:="0000";
          ELSE
             f2:=f2+'1';
          END IF;
       ELSE
          f1:=f1+'1';
       END IF;
    END IF;
ELSIF(sub='1')THEN
  IF(choose="000001")THEN
```

```
            IF(a1="0000")THEN
               IF(a2="0000")THEN
                  a1:="0000";
                  a2:="0000";
               ELSE
                  a1:="1001";
                  a2:=a2-'1';
               END IF;
            ELSE
               a1:=a1-'1';
            END IF;
         ELSIF(choose="000010")THEN
            IF(b1="0000")THEN
               IF(b2="0000")THEN
                  b1:="0000";
                  b2:="0000";
               ELSE
                  b1:="1001";
                  b2:=b2-'1';
               END IF;
            ELSE
               b1:=b1-'1';
            END IF;
         ELSIF(choose="000100")THEN
            IF(c1="0000")THEN
               IF(c2="0000")THEN
                  c1:="0000";
                  c2:="0000";
               ELSE
                  c1:="1001";
                  c2:=c2-'1';
               END IF;
            ELSE
               c1:=c1-'1';
            END IF;
         ELSIF(choose="001000")THEN
            IF(d1="0000")THEN
               IF(d2="0000")THEN
                  d1:="0000";
                  d2:="0000";
               ELSE
```

```vhdl
           d1:="1001";
           d2:=d2-'1';
        END IF;
      ELSE
        d1:=d1-'1';
      END IF;
   ELSIF(choose="010000")THEN
      IF(e1="0000")THEN
         IF(e2="0000")THEN
            e1:="0000";
            e2:="0000";
         ELSE
            e1:="1001";
            e2:=e2-'1';
         END IF;
      ELSE
         e1:=e1-'1';
      END IF;
   ELSIF(choose="1000000")THEN
      IF(f1="0000")THEN
         IF(f2="0000")THEN
            f1:="0000";
            f2:="0000";
         ELSE
            f1:="1001";
            f2:=f2-'1';
         END IF;
      ELSE
         f1:=f1-'1';
      END IF;
   END IF;
  END IF;
END IF;
aa2<=a2; aa1<=a1; aa0<="0000";
bb2<=b2; bb1<=b1; bb0<="0000";
cc2<=c2; cc1<=c1; cc0<="0000";
dd2<=d2; dd1<=d1; dd0<="0000";
ee2<=e2; ee1<=e1; ee0<="0000";
ff2<=f2; ff1<=f1; ff0<="0000";
END PROCESS;
END rt1;
```

（2）记分模块仿真图（见图 7-10）。

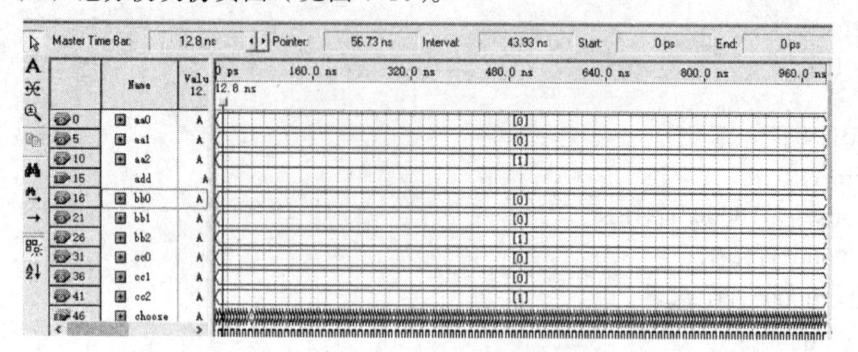

图 7-10　记分模块仿真图

（3）记分模块元件图（见图 7-11）。

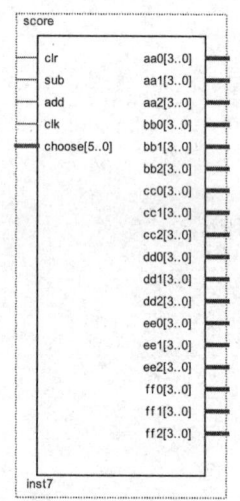

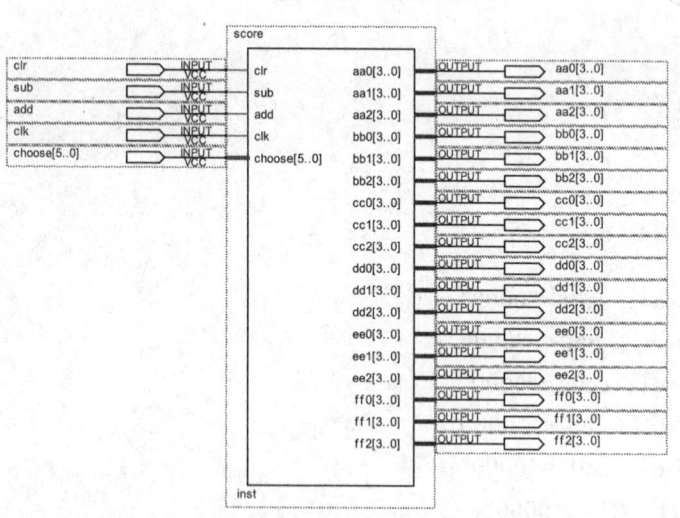

图 7-11　记分模块元件图

（4）记分模块图 RTL 结构图及技术映射图（见图 7-12 和图 7-13）。

记分模块仿真

记分模块 RTL

148

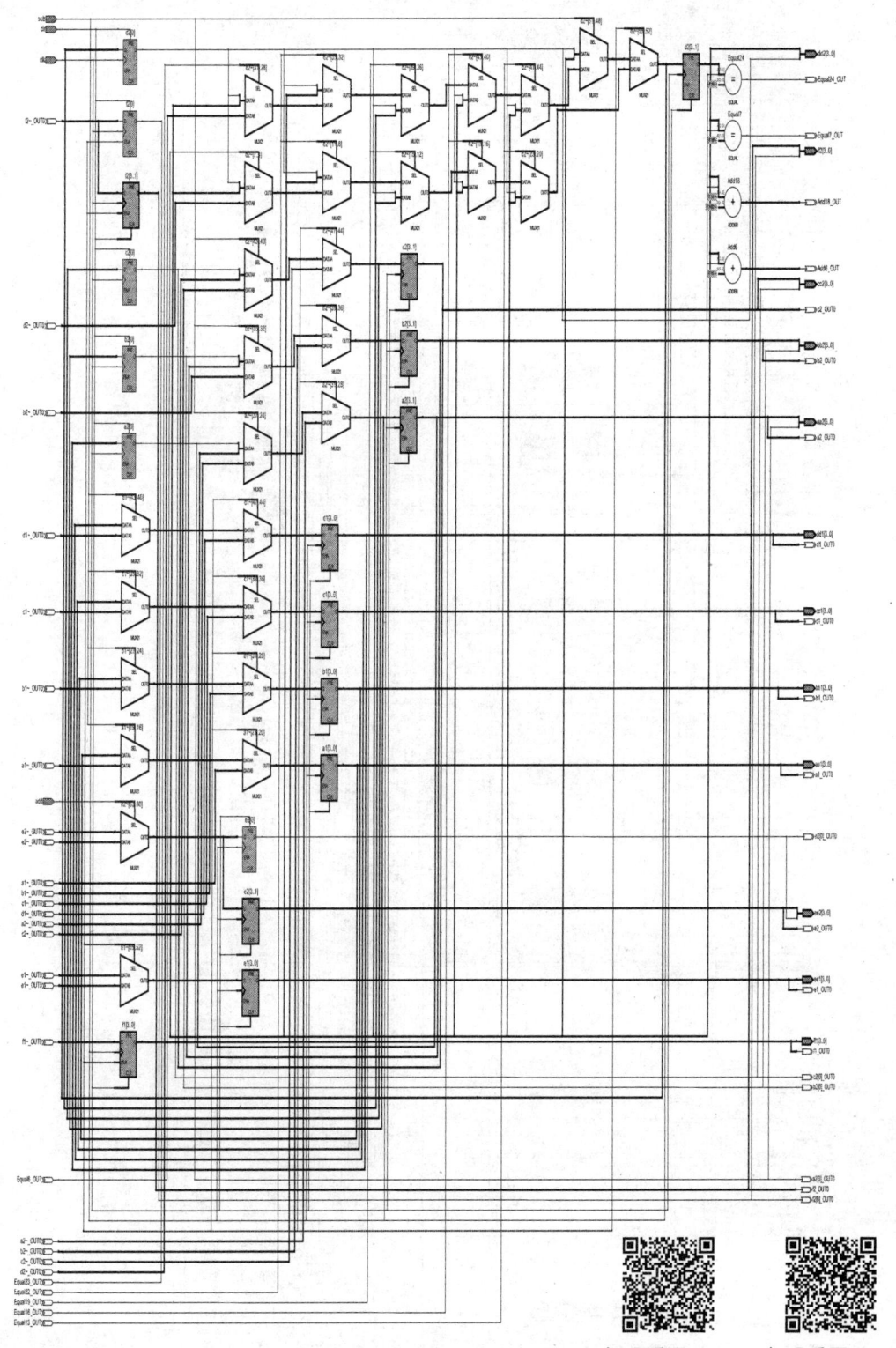

图 7-12 记分模块 RTL 结构图

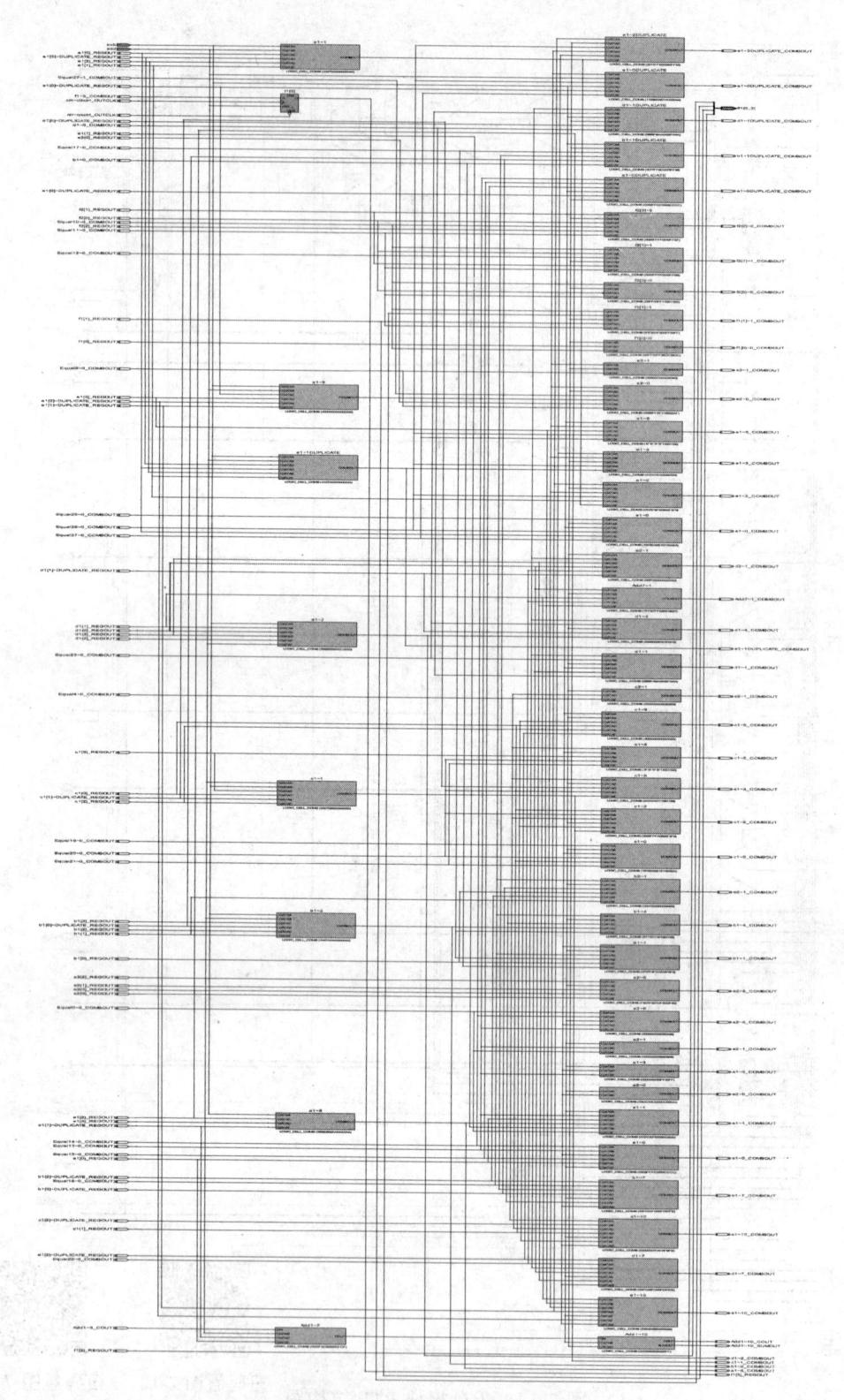

图 7-13 记分模块技术映射图

3. 定时模块

定时模块的输入端有时钟信号 CLK、系统复位信号 CLEAR 和一个 STOP 输入信号；输出端有时间状态显示信号高位 HIGH 和低位 LOW，无人抢答时计时中止警报信号 WARN。该模块主要实现抢答过程中的计时功能，在抢答开始后进行 100 s 的倒计时，并且在 100 s 倒计时后无人抢答的情况下显示超时并输出信号至 WARN 报警，或者只要 100 s 内有人抢答，由抢答鉴别模块输出的 STOP 信号控制停止计时，并显示优先抢答者的抢答时刻，输出一个信号经 WARN 传至"抢答鉴别系统"，锁存不再让选手抢答。

（1）定时模块 VHDL 程序：

```
LIBRARY IEEE;
USE IEEE.STD_LOGIC_1164.ALL;
USE IEEE.STD_LOGIC_UNSIGNED.ALL;
ENTITY COUNT IS
    PORT(CLK，CLEAR，STOP:IN STD_LOGIC;
         WARN:OUT STD_LOGIC;
    HIGH，LOW:OUT STD_LOGIC_VECTOR(3 DOWNTO 0));
END COUNT;
ARCHITECTURE THREE OF COUNT IS
SIGNAL HS:STD_LOGIC_VECTOR(3 DOWNTO 0);
SIGNAL LS:STD_LOGIC_VECTOR(3 DOWNTO 0);
BEGIN
PROCESS(CLK)
    BEGIN
      IF CLEAR='1' THEN
         HS<="1001"; LS<="1001"; WARN<='0';
      ELSIF CLK'EVENT AND CLK='1' THEN
             LS<=LS-1;
         IF LS="0000" THEN
             LS<="1001"; HS<=HS-1;
        IF HS="0000" AND LS="0000" THEN
           WARN<='1'; HS<="0000"; LS<="0000";
          IF STOP='1' THEN
               HS<=HS;
               LS<=LS;
               WARN<='1';
            END IF;
          END IF;
        END IF;
```

定时模块 VHDL

```
    END IF;
    HIGH<=HS;  LOW<=LS;
END PROCESS;
END ARCHITECTURE THREE;
```

（2）定时模块仿真图（见图 7-14）。

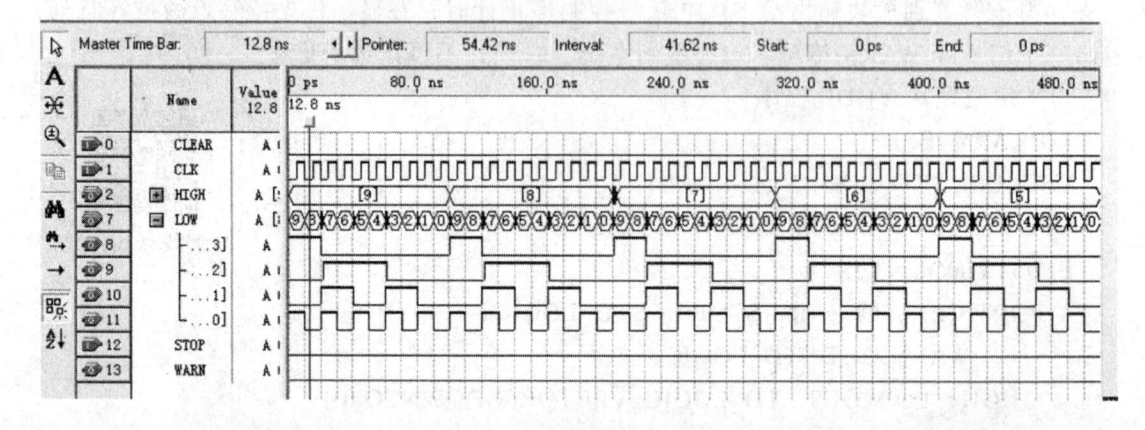

图 7-14　定时模块仿真图

（3）定时模块元件图（见图 7-15）。

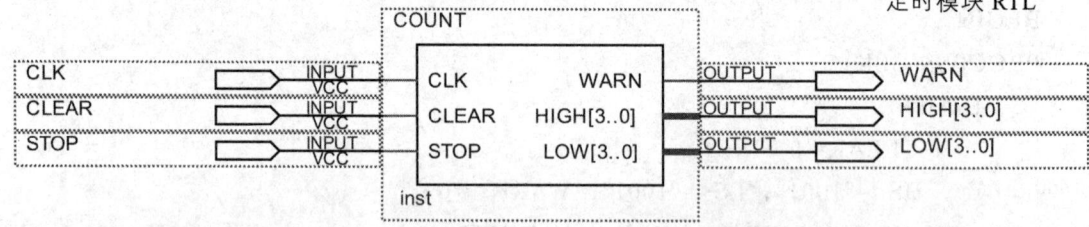

图 7-15　定时模块元件图

（4）定时模块图 RTL 结构图及技术映射图（见图 7-16 和图 7-17）。

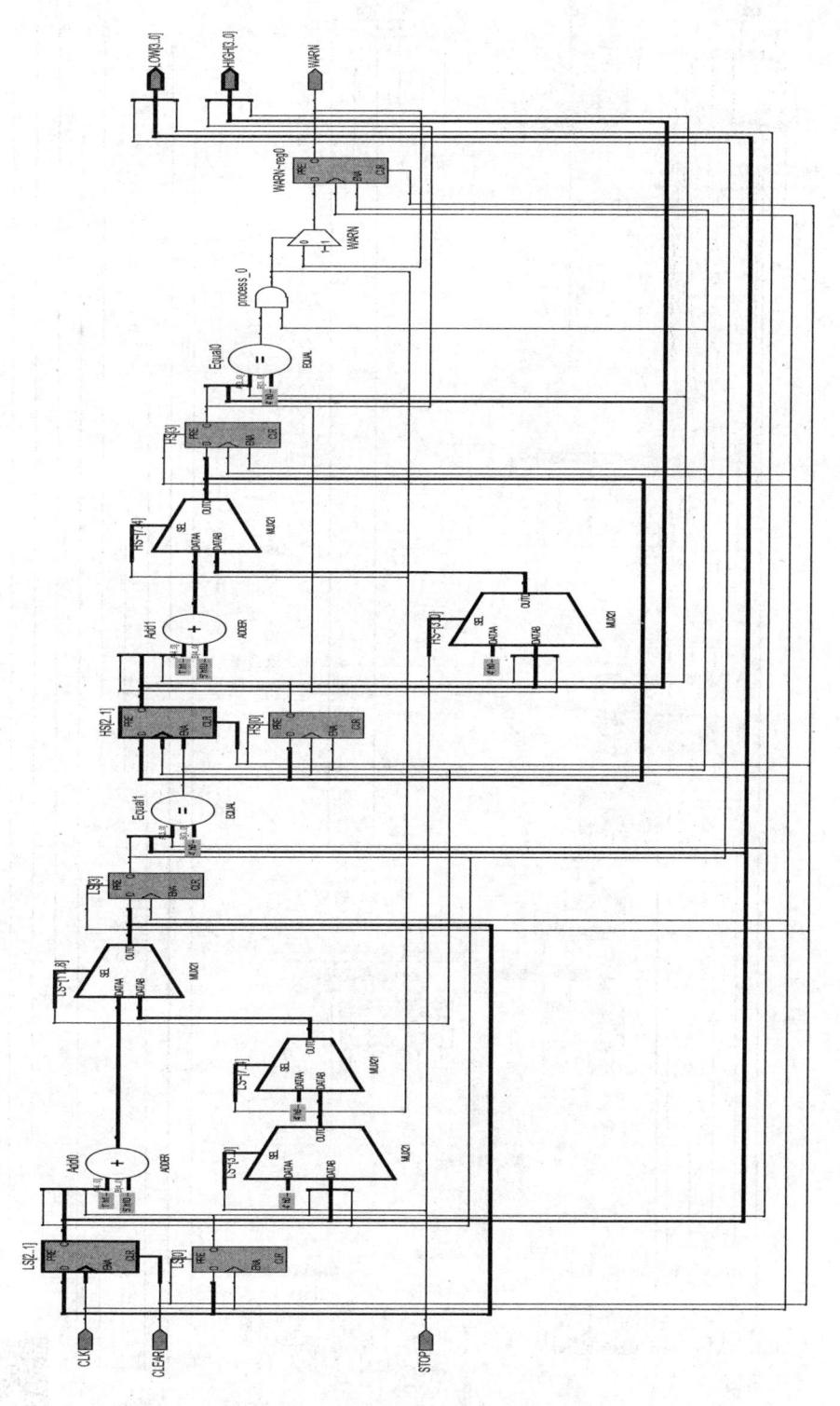

图 7-16 定时模块图 RTL 结构图

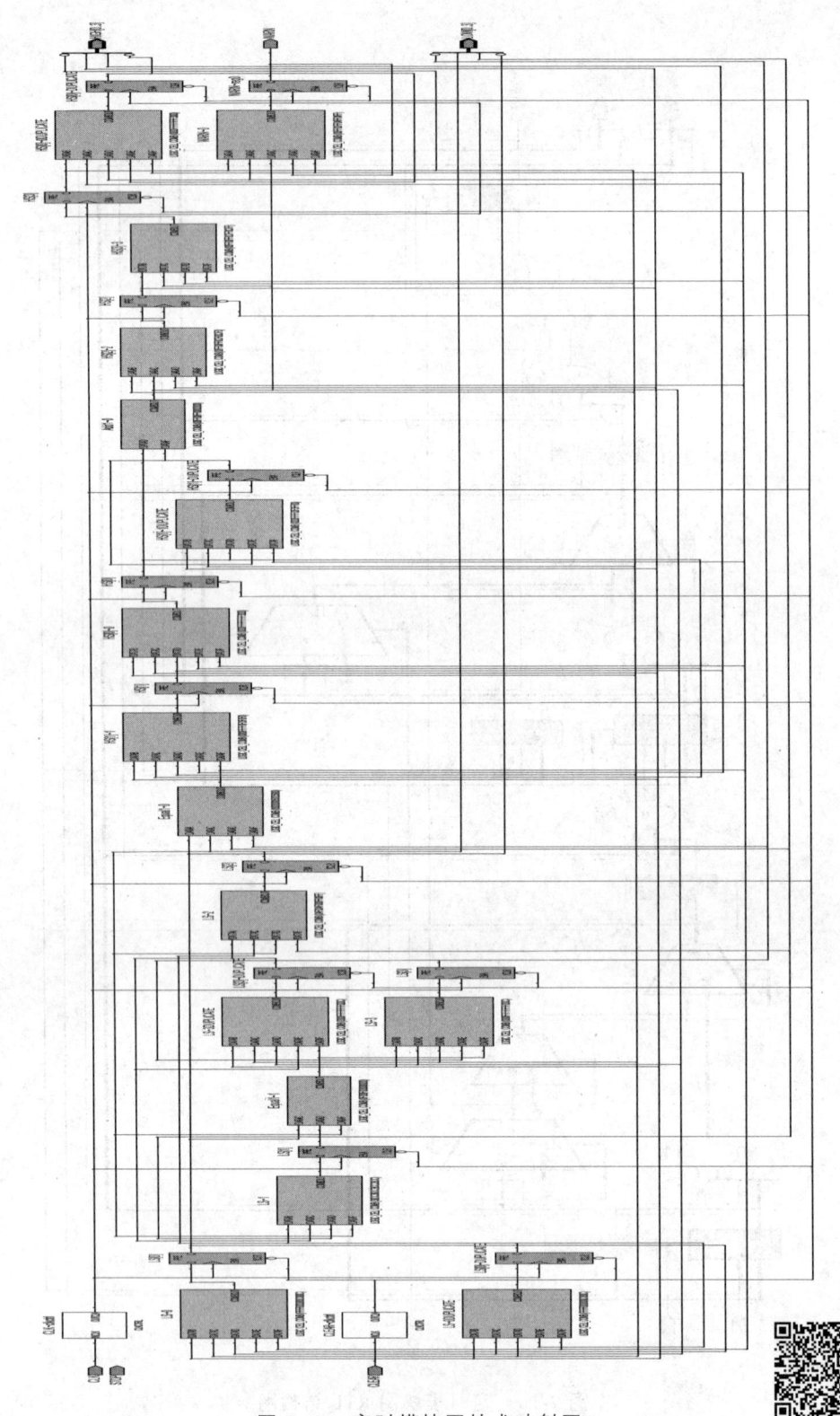

图 7-17 定时模块图技术映射图

4. 译码模块

译码模块实际上是一个译码器，将抢答过程中锁存的 BCD 码转换成七段码用于 LED 的显示。译码器的作用是用来显示组别、时间和成绩，其主要原理是四位二进制 BCD 编码转换成七段二进制数字，以阿拉伯数字的形式输出在数码管上，使观众能够直观地看到结果。译码器的译码对照表如表 7-1 所示。

表 7-1 译码器的译码对照表

显示的数字/字母	BCD 编码	七段数码管二进制
0	0000	0111111
1	0001	0000110
2	0010	1011011
3	0011	1001111
4	0100	1100110
5	0101	1101101
6	0110	1111101
7	0111	0000111
8	1000	1111111
9	1001	1101111
X	XXXX	0000000

备注：在程序中只考虑 0000～1001（即 0～9）的情况，将其转化为相应的七段显示器的数码，其他情况不予考虑。

（1）译码模块的 VHDL 程序：

译码模块 VDHL

```
LIBRARY IEEE;
USE IEEE.STD_LOGIC_1164.ALL;
USE IEEE.STD_LOGIC_UNSIGNED.ALL;
ENTITY CODE IS
   PORT(INSTATES: IN STD_LOGIC_VECTOR(3 DOWNTO 0);
        QOUT: OUT STD_LOGIC_VECTOR(6 DOWNTO 0));
END CODE;
ARCHITECTURE TWO OF CODE IS
BEGIN
   PROCESS(INSTATES)
    BEGIN
     CASE INSTATES IS
       WHEN "0000"=>QOUT<="0111111";
```

```
    WHEN "0001"=>QOUT<="0000110";
    WHEN "0010"=>QOUT<="1011011";
    WHEN "0011"=>QOUT<="1001111";
    WHEN "0100"=>QOUT<="1100110";
    WHEN "0101"=>QOUT<="1101101";
    WHEN "0110"=>QOUT<="1111101";
    WHEN "0111"=>QOUT<="0000111";
    WHEN "1000"=>QOUT<="1111111";
    WHEN "1001"=>QOUT<="1101111";
    WHEN OTHERS=>QOUT<="0000000";
  END CASE;
 END PROCESS;
END ARCHITECTURE TWO;
```

（2）译码模块仿真图（见图 7-18）。

译码模块仿真

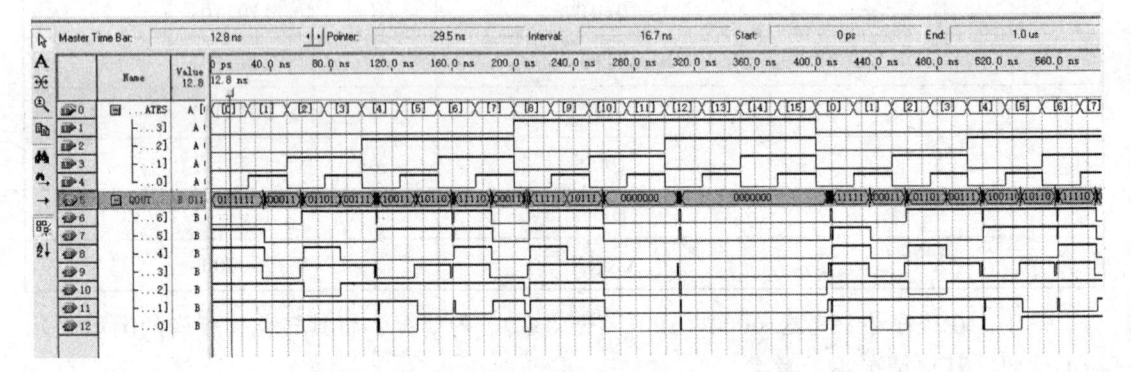

图 7-18　译码模块仿真图

（3）译码模块元件图（见图 7-19）。

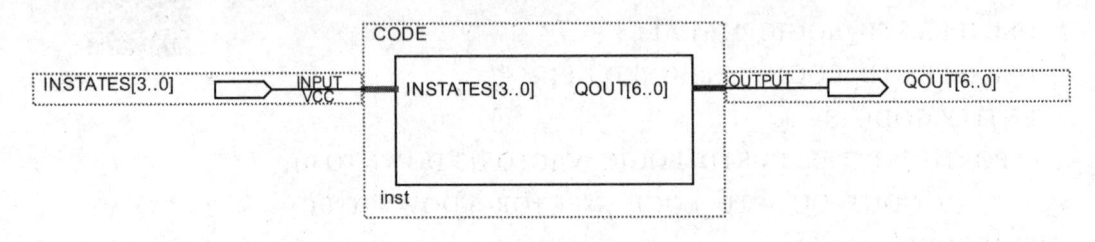

图 7-19　译码模块元件图

（4）译码模块 RTL 结构图及技术映射图（见图 7-20 和图 7-21）。

译码模块 RTL

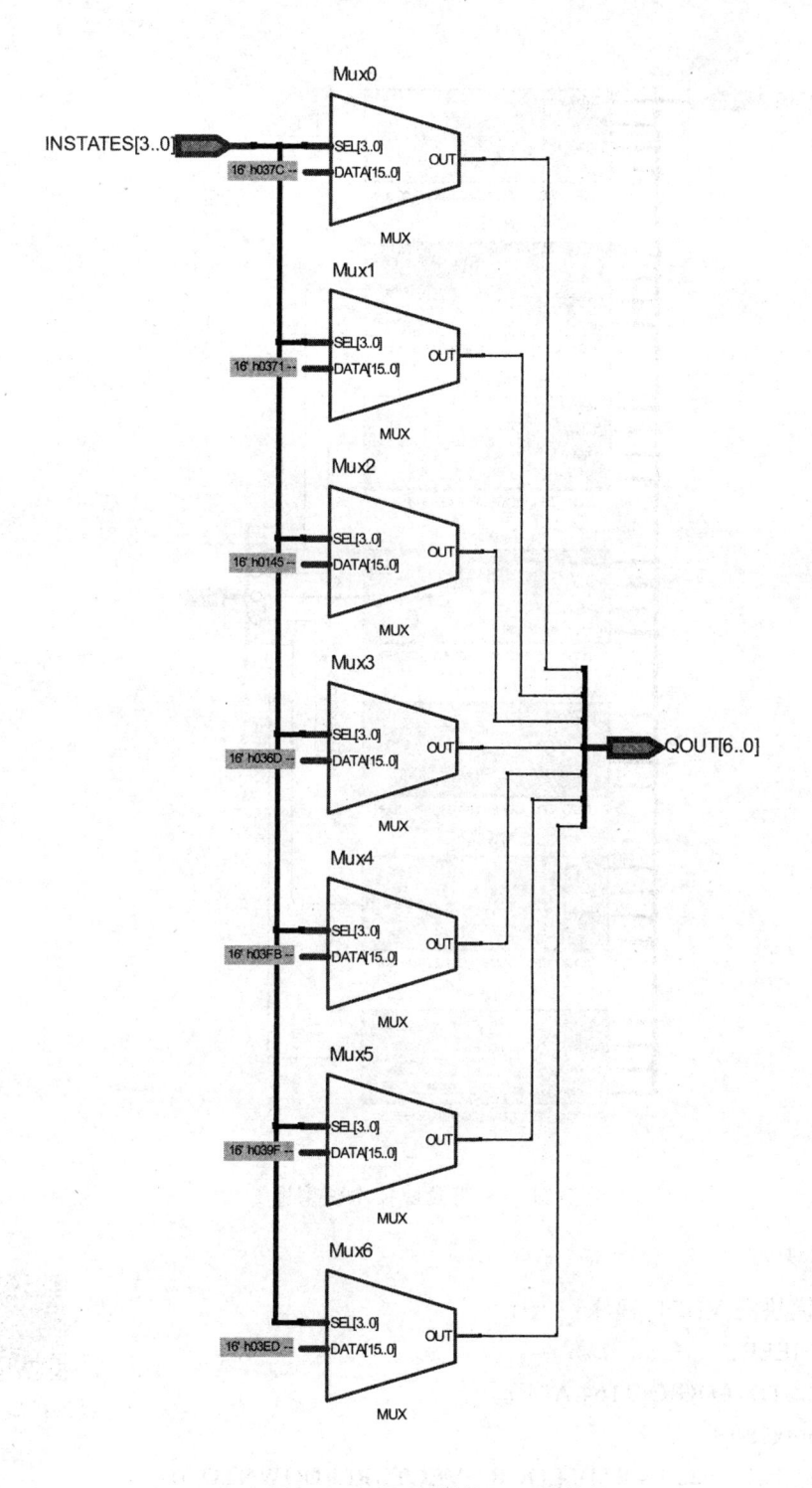

图 7-20 译码模块 RTL 结构图

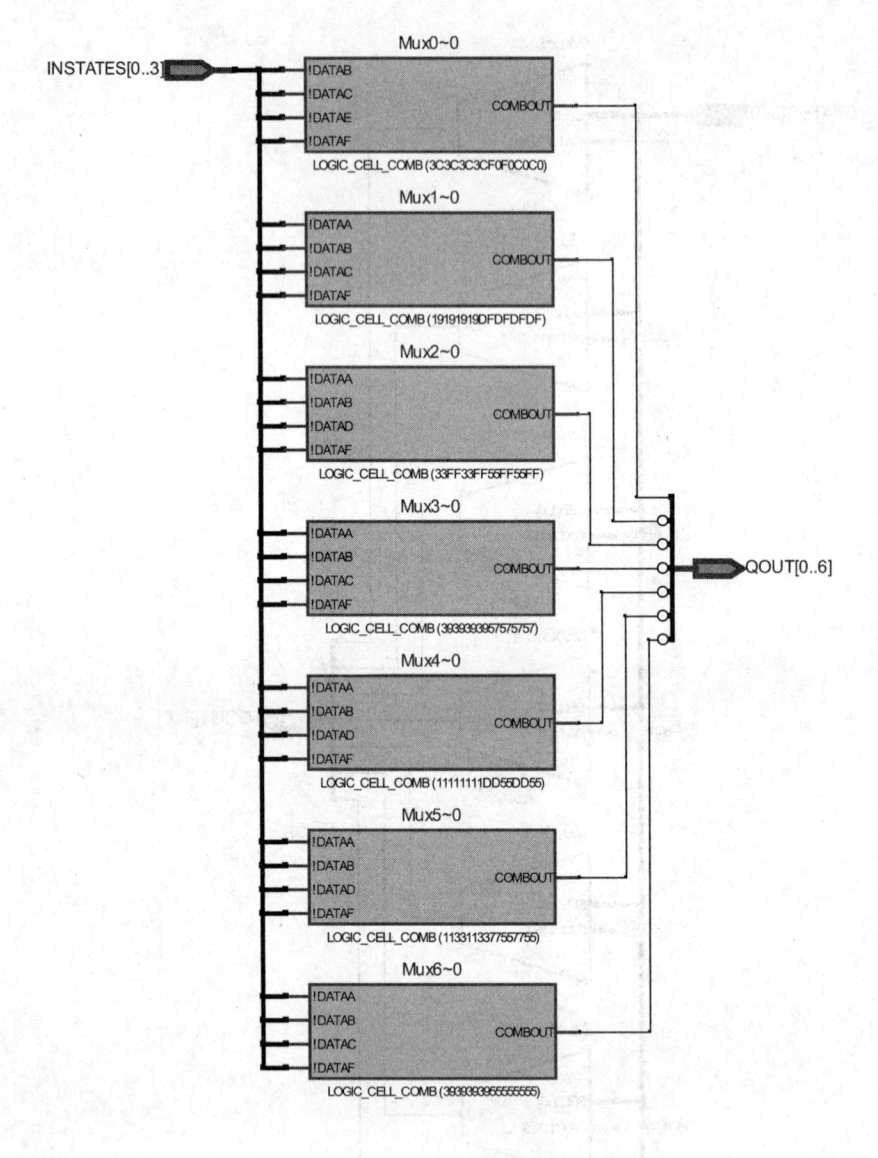

图 7-21 译码模块技术映射图

5. 显示模块

（1）显示模块的 VHDL 程序：
LIBRARY IEEE；
USE IEEE.STD_LOGIC_1164.ALL；
ENTITY mux18 IS
PORT(aa0，aa1，aa2:IN STD_LOGIC_VECTOR(3 DOWNTO 0)；
　　 bb0，bb1，bb2:IN STD_LOGIC_VECTOR(3 DOWNTO 0)；
　　 cc0，cc1，cc2:IN STD_LOGIC_VECTOR(3 DOWNTO 0)；
　　 dd0，dd1，dd2:IN STD_LOGIC_VECTOR(3 DOWNTO 0)；

显示扩展 VHDL

```vhdl
        ee0, ee1, ee2:IN STD_LOGIC_VECTOR(3 DOWNTO 0);
        ff0, ff1, ff2:IN STD_LOGIC_VECTOR(3 DOWNTO 0);
        xx0, xx1, xx2:IN STD_LOGIC_VECTOR(3 DOWNTO 0);
        choice:STD_LOGIC_VECTOR(5 DOWNTO 0);
        g, h, i:IN STD_LOGIC;
        yyy:OUT STD_LOGIC_VECTOR(3 DOWNTO 0));
END mux18;
ARCHITECTURE rt1 OF mux18 IS
SIGNAL sel:STD_LOGIC_VECTOR(2 DOWNTO 0);
BEGIN
sel<=i&h&g;
PR1OCESS(sel, choice)
BEGIN
IF(choice="000001")THEN
   IF(sel="000")THEN
      yyy<=aa0;
   ELSIF(sel="001")THEN
      yyy<=aa1;
   ELSIF(sel="010")THEN
      yyy<=aa2;
   END IF;
ELSIF(choice="000010")THEN
   IF(sel="000")THEN
      yyy<=bb0;
   ELSIF(sel="001")THEN
      yyy<=bb1;
   ELSIF(sel="010")THEN
      yyy<=bb2;
   END IF;
ELSIF(choice="000100")THEN
   IF(sel="000")THEN
      yyy<=cc0;
   ELSIF(sel="001")THEN
      yyy<=cc1;
   ELSIF(sel="010")THEN
      yyy<=cc2;
   END IF;
ELSIF(choice="001000")THEN
```

```
      IF(sel="000")THEN
        yyy<=dd0;
      ELSIF(sel="001")THEN
        yyy<=dd1;
      ELSIF(sel="010")THEN
        yyy<=dd2;
      END IF;
    ELSIF(choice="010000")THEN
      IF(sel="000")THEN
        yyy<=ee0;
      ELSIF(sel="001")THEN
        yyy<=ee1;
      ELSIF(sel="010")THEN
        yyy<=ee2;
      END IF;
    ELSIF(choice="100000")THEN
      IF(sel="000")THEN
        yyy<=ff0;
      ELSIF(sel="001")THEN
        yyy<=ff1;
      ELSIF(sel="010")THEN
        yyy<=ff2;
      END IF;
    END IF;
    IF(sel="011")THEN
      yyy<=xx0;
    ELSIF(sel="100")THEN
      yyy<=xx1;
    ELSIF(sel="101")THEN
      yyy<=xx2;
    END IF;
    END PROCESS;
    END rt1;
```

（2）显示模块仿真图（见图7-22）。

显示扩展仿真

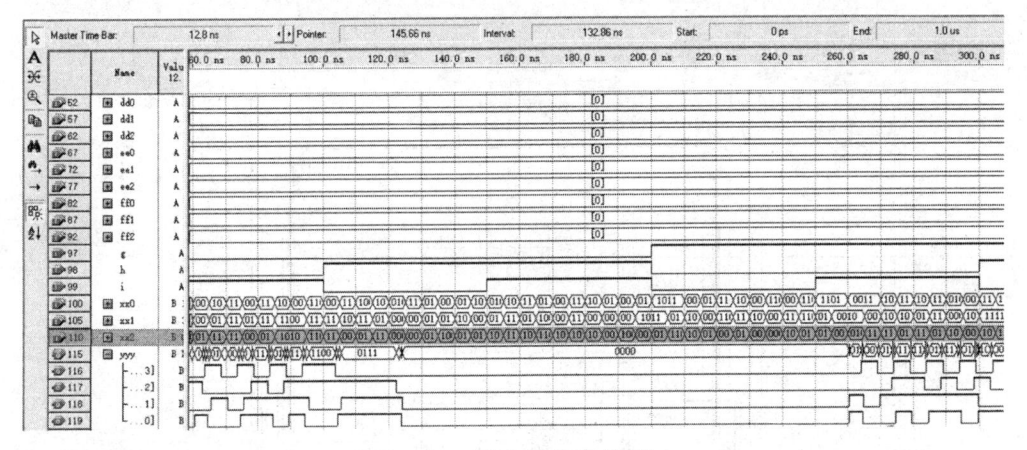

图 7-22 显示模块仿真图

（3）显示模块元件图（见图 7-23）。

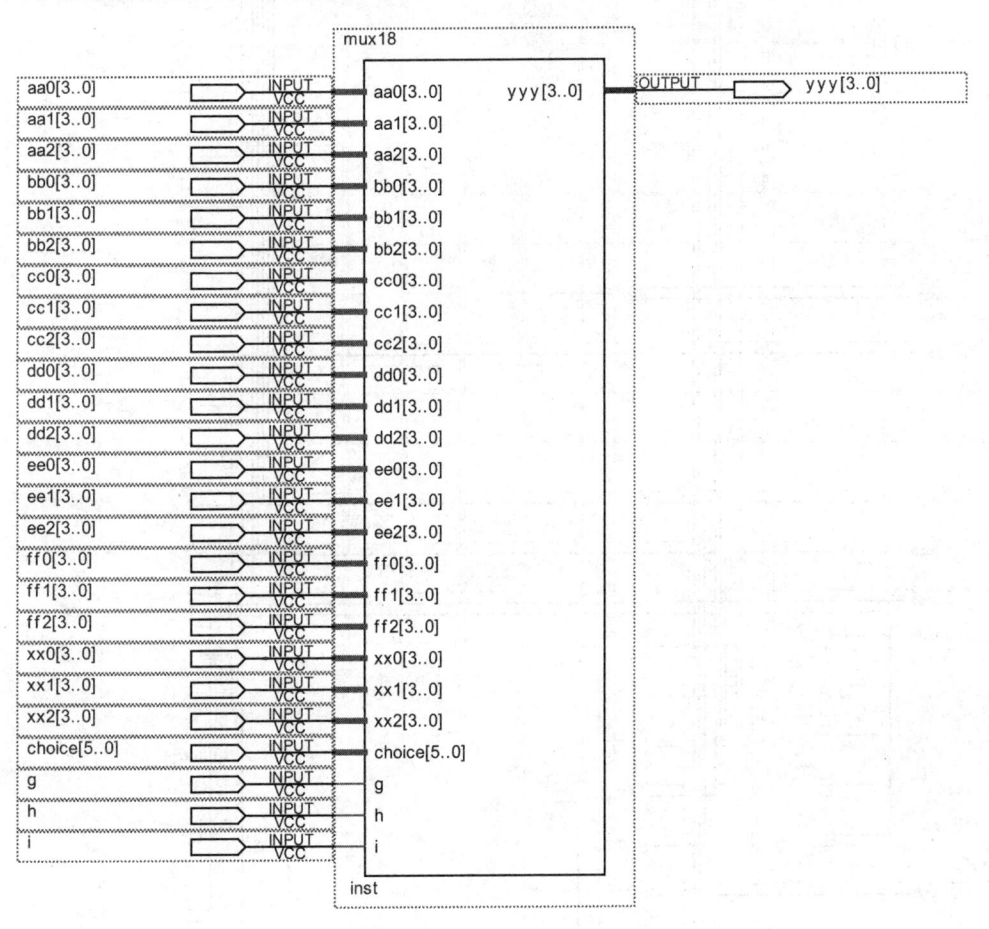

图 7-23 显示模块元件图

（4）显示模块 RTL 结构图及技术映射图（见图 7-24 和图 7-25）。

显示扩展 RTL

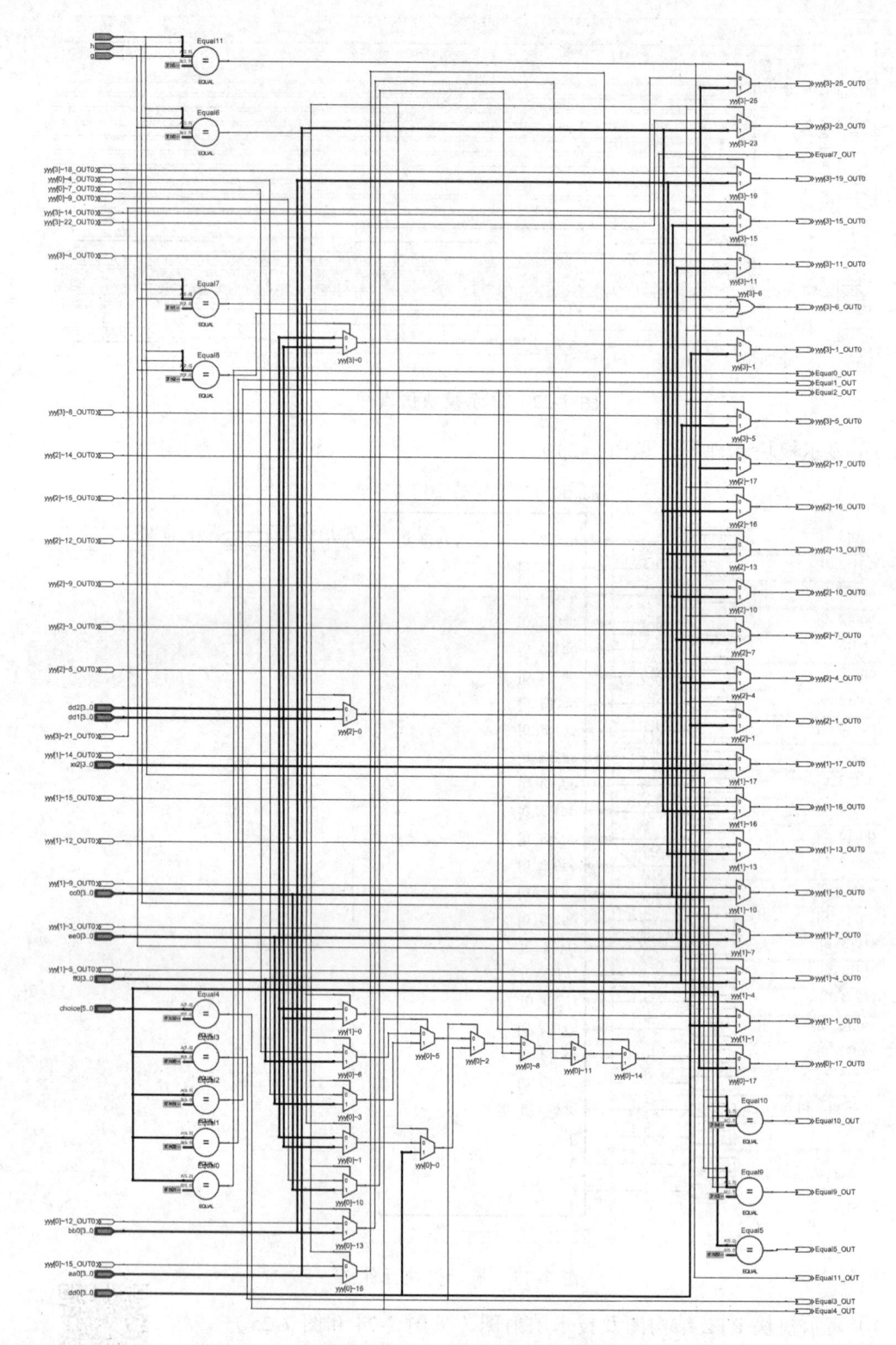

图 7-24 显示模块 RTL 结构图

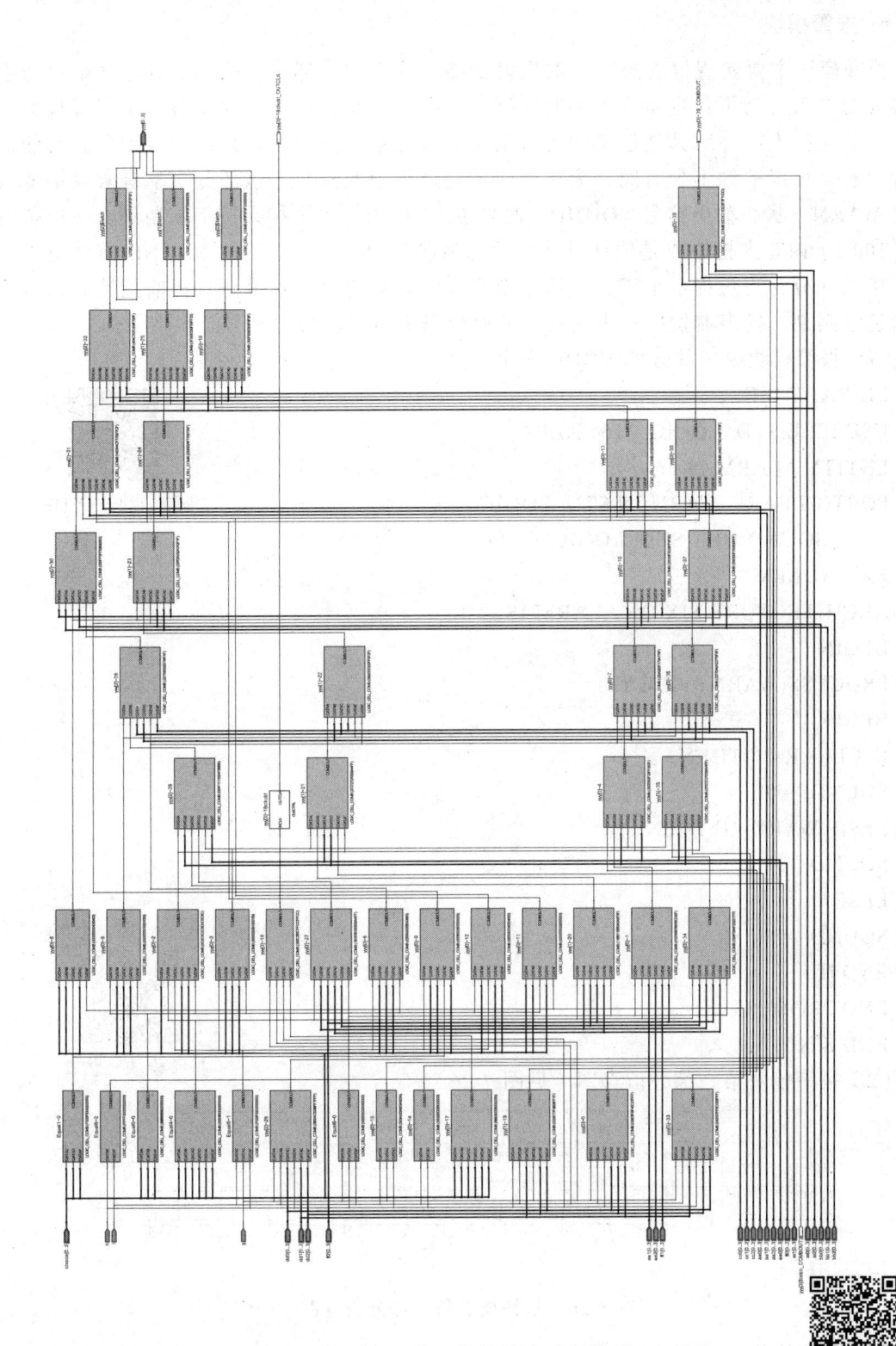

图 7-25 显示模块技术映射图

扫码看图 7-25

6. 报警模块

报警模块主要实现抢答过程中的报警功能，分为两个部分，第一部分是当某组选手抢答成功之后，为了让主持人第一时间反应到抢答成功，系统需要设置一个声音报警装置来提示主持人，并对其他选手的抢答信号进行屏蔽。该模块在系统中是十分必要的，声音响起，可以节约不少时间，为比赛的顺利进行争取时间。该部分包括有效电平输入信号 WARN、状态输出信号 SOUND、复位端 CLEAR。当主持人按下控制键，在有限时间（100 s）内有人抢答或是倒计时结束后蜂鸣器开始报警，输出的 SOUND 有效电平为高。第二部分为犯规提示报警，当选手有犯规时，可通过设置电路对提前抢答和超时抢答者进行判别，扬声器发出报警信号，同时数码管显示犯规组别号。

（1）报警模块第一部分的 VHDL 程序：

```
LIBRARY IEEE;
USE IEEE.STD_LOGIC_1164.ALL;
ENTITY ALARM IS
PORT(CLEAR，WARN:IN STD_LOGIC;
     SOUND:OUT STD_LOGIC);
END ALARM;
ARCHITECTURE SIX OF ALARM IS
BEGIN
PROCESS(WARN，CLEAR)
BEGIN
IF CLEAR='1' THEN
SOUND<='0';
ELSIF WARN='1' THEN
SOUND<='1';
ELSE
SOUND<='0';
END IF;
END PROCESS;
END SIX  ;
```

报警模块— VDHL

报警模块—仿真

（2）报警模块第一部分仿真图（见图 7-26）。

图 7-26 报警模块第一部分仿真图

（3）报警模块第一部分元件图（见图 7-27）。

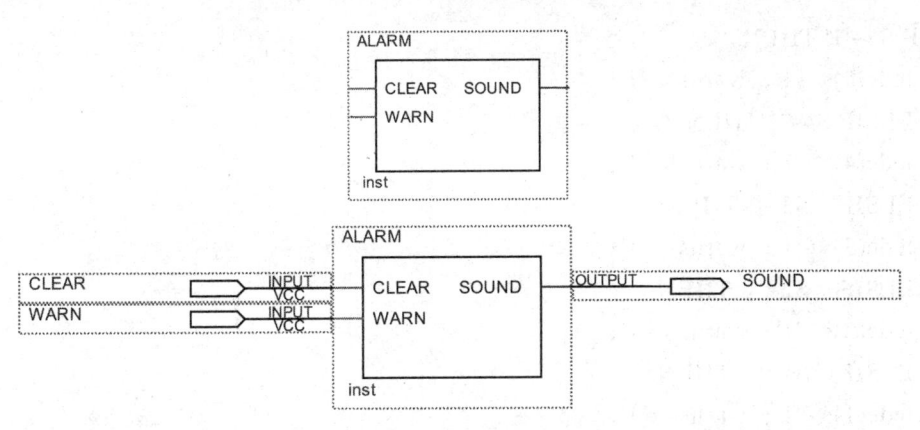

图 7-27　报警模块第一部分元件图

（4）报警模块第一部分 RTL 结构图及技术映射图（见图 7-28 和图 7-29）。

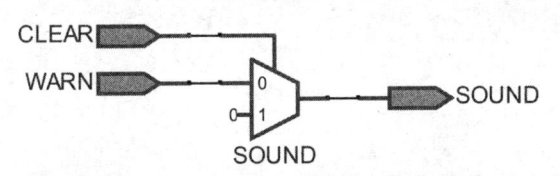

报警模块一 RTL

图 7-28　报警模块第一部分 RTL 结构图

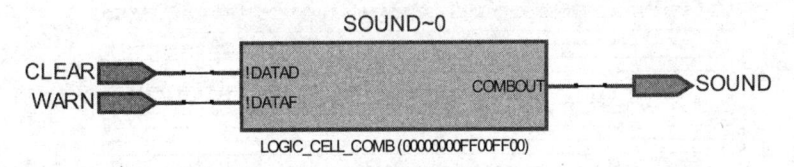

图 7-29　报警模块第一部分技术映射图

（5）报警模块第二部分的 VHDL 程序：
LIBRARY IEEE；
USE IEEE.STD_LOGIC_1164.ALL；
ENTITY FOUL IS
　PORT(CLEAR:IN STD_LOGIC；
　　　S0，S1，S2，S3，S4，S5:IN STD_LOGIC；
　　　lede:OUT STD_LOGIC_VECTOR(5 DOWNTO 0)；
　　　warns:OUT STD_LOGIC)；
END foul；
ARCHITECTURE ONE OF foul IS
begin
　PROCESS(CLEAR，S0，S1，S2，S3，S4，S5)
BEGIN
IF CLEAR='1'THEN

报警模块二 VHDL

```
        IF S5='1' THEN
          lede(5)<='1';  warns<='1';
          ELSIF S4='1'THEN
          lede(4)<='1';  warns<='1';
          ELSIF   S3='1'THEN
          lede(3)<='1';  warns<='1';
          ELSIF   S2='1' THEN
          lede(2)<='1';  warns<='1';
          ELSIF   S1='1' THEN
          lede(1)<='1';  warns<='1';
          ELSIF   S0='1' THEN
          lede(0)<='1';  warns<='1';
          ELSE   LEDe<="000000"; warns<='0';
        END IF;
       END IF;
       end process;
       END ONE;
```

（6）报警模块第二部分仿真图（见图 7-30）。

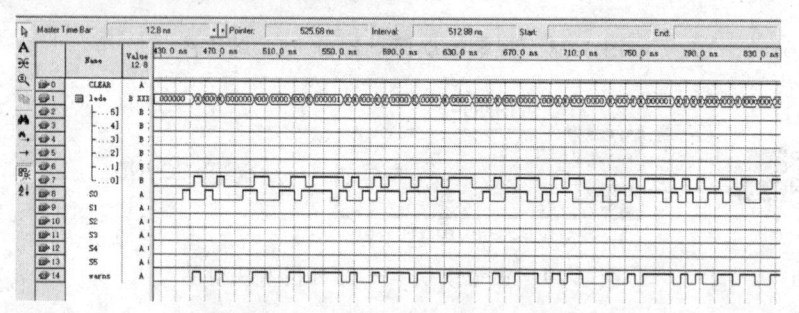

图 7-30　报警模块第二部分仿真图

（7）报警模块第二部分元件图（见图 7-31）。

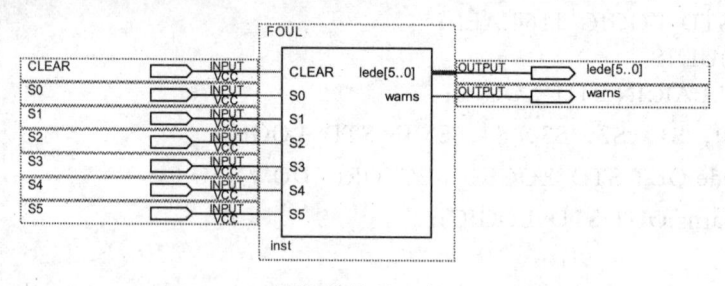

图 7-31　报警模块第二部分元件图

（8）报警模块第二部分 RTL 结构图及技术映射图（见图 7-32 和图 7-33）。

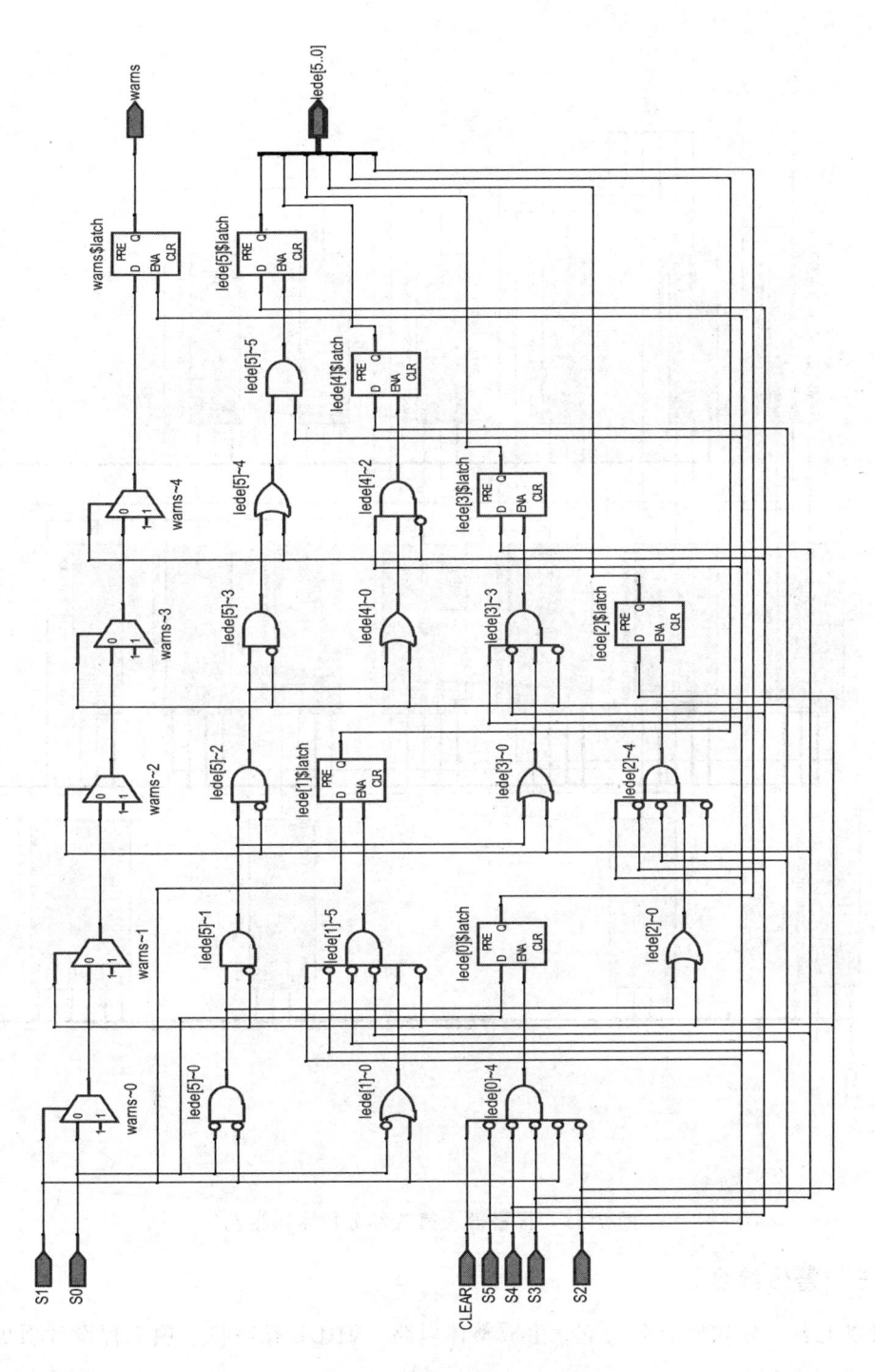

图 7-32 报警模块第二部分 RTL 结构图

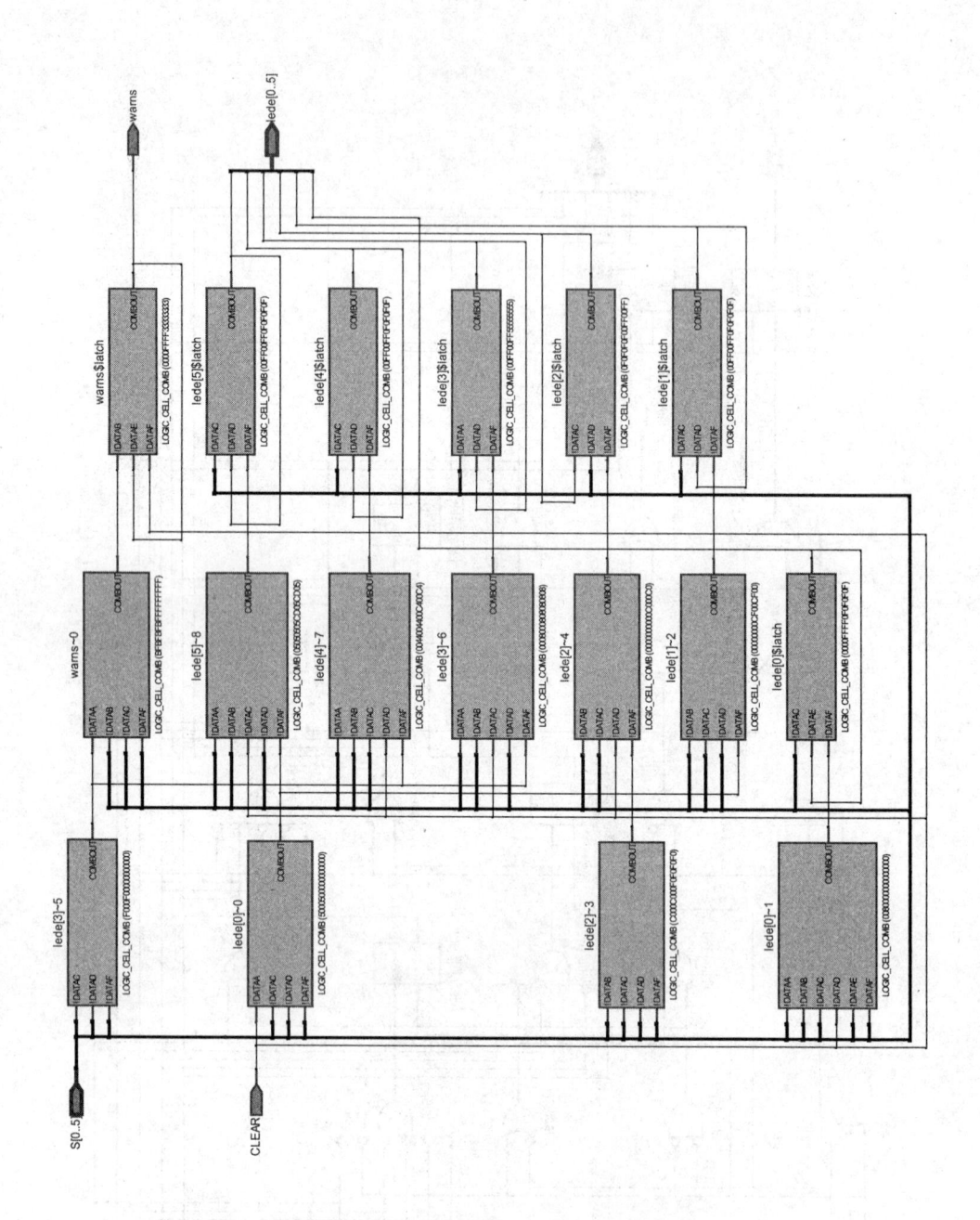

图 7-33 报警模块第二部分技术映射图

(三) 整体综合

将以上各个模块整合到一起,生成整体电路。VHDL 程序将一项工程设计项目(或称设计实体）分成描述外部端口信号的可视部分和描述端口信号之间逻辑关系的内部不可视部分，这种将设计项目分成内、外两个部分的概念是硬件描述语言（HDL）的基本特征。当一个设计项目定义了外部界面（端口），在其内部设计完成后，其他设计就可以利用外部端口直接调用这个项目。

顶层设计原理图

（1）顶层文件原理图（见图 7-34）。

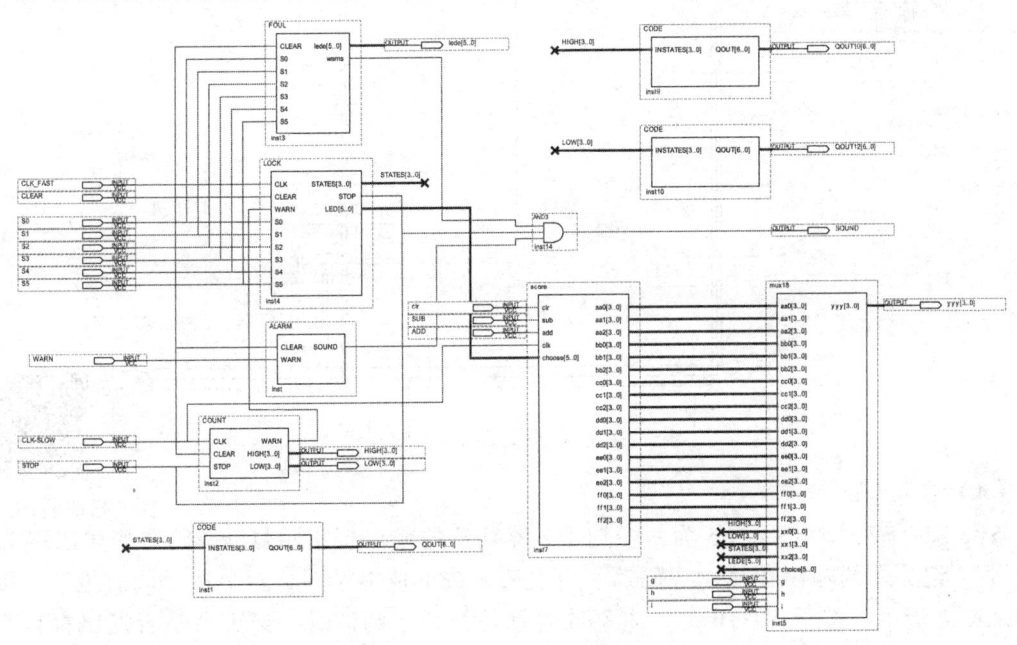

图 7-34　顶层文件原理图

（2）顶层文件仿真图（见图 7-35）。

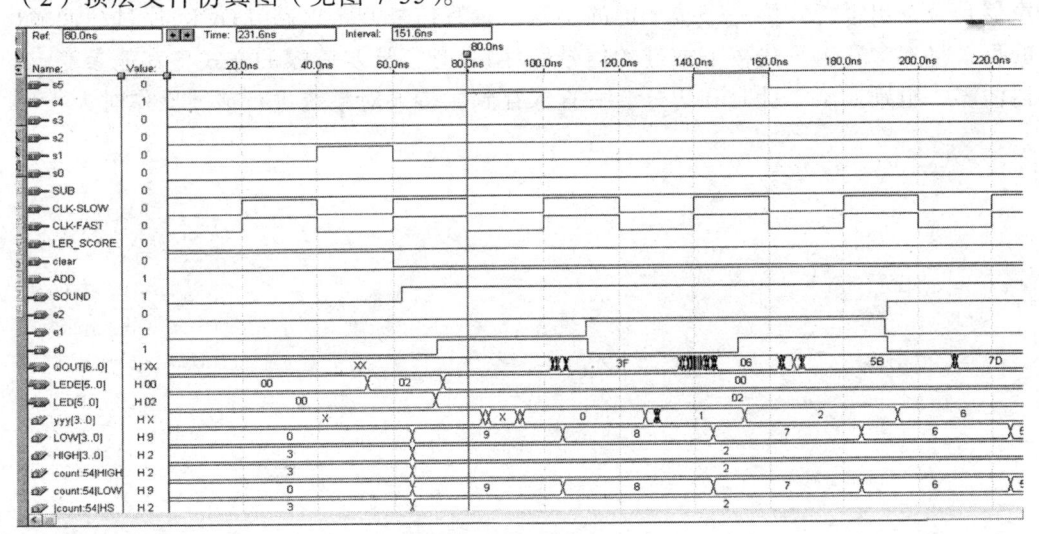

图 7-35　顶层文件仿真图

（3）顶层文件 RTL 电路图（见图 7-36）。

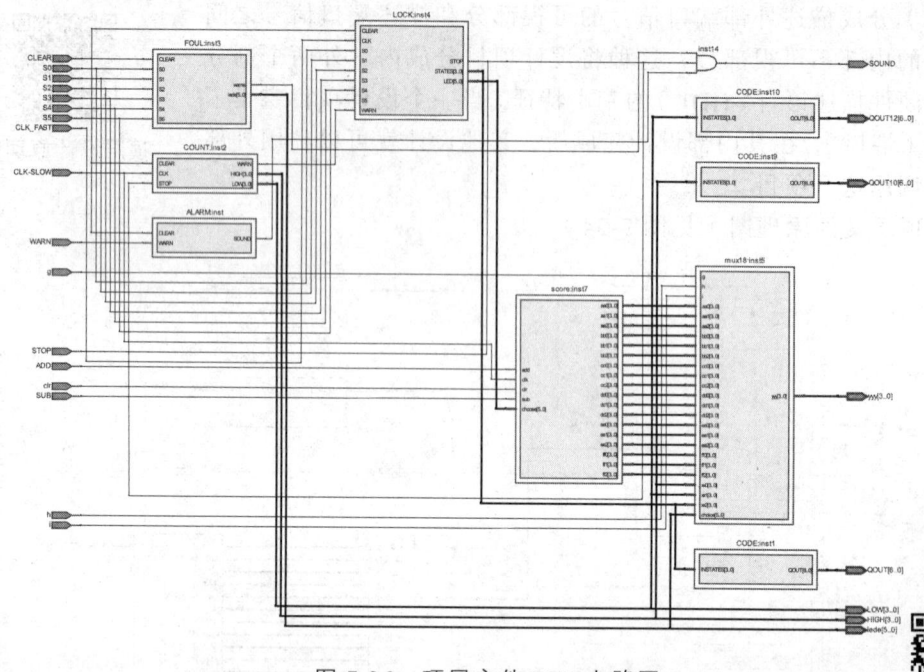

图 7-36　顶层文件 RTL 电路图

（4）结果调试。

S0、S1、S2、S3、S4、S5 为六个选手，鉴别器的输出接指示灯，译码器的输出接 LED 数码管，记分器的输出接显示译码器。当主持人按下使能端时，六个选手同时抢答。按下 CLEAR 键清零，按下 STOP 键，观察数码管是否开始倒计时，扬声器是否发出报警声；按下 S0，观察数码管是否显示 1 和抢答的时间，再按 S1、S2、S3、S4、S5 均不改变显示；按下 CLEAR 键，观察是否清零，再按 STOP 键，直到计时时间到，观察是否显示 00，扬声器是否发出报警。第一个按下键的小组，抢答信号判定电路 LOCK 通过缓冲输出信号的反馈将本参赛组抢先按下按键的信号锁存，并且以异步清零的方式将其他参赛组的锁存器清零，组别显示、计时和记分会一直保存到主持人对系统进行清零操作时为止。

科学家的故事

夏培肃——甘做中国计算机基石

夏培肃（1923年7月—2014年8月），计算机专家和教育家，中国科学院院士；试制成功中国第一台自行设计的通用电子数字计算机，在高速计算机的研究和设计方面，做出了系统的创造性成果，解决了数字信号在大型高速计算机中传输的关键问题。设计研制的高速阵列处理机使石油勘探中的常规地震资料处理速度提高10倍以上，他还提出了最大时间差流水线设计原则，设计研制成功多台不同类型的并行计算机。

夏培肃的数理基础非常扎实，惯于条理清晰、逻辑严密地论证。这些都与她的求学经历有关。夏培肃上大学时，有一门基础课程叫"电工原理"，听课的人很多，由于女生宿舍离教室很远，她赶到时常常没有座位，只能站在教室后面听课。期末考试的时候，她虽然及格了，但是自己对这种似懂非懂的状态很不满意，于是下定决心重学一遍。在重修课程的那段时间里，她放弃吃早饭，早早去教室抢座位，坚持了一个学期，最终完全听懂了老师的讲授，期末也考了90多分。打好了基础，后续的专业课程夏培肃再也不觉得难了。研究生期间，她在"电信网络"课程考试中第一个交卷，并取得了满分。那时她对张量代数特别感兴趣，于是写了一篇《电路的张量分析》报告交给张钟俊教授。不料张教授看完后给她一一指出不足，认为她的某些论断不够严谨，数学基础不扎实，理论上也还需要再提高一点。这件事对夏培肃的影响很深，她开始懂得做科研工作不能想当然，需要非常严谨，每一句话都要有根据，每一个细节都不能放过。

1952年的秋天，夏培肃在华罗庚先生的家中表达了愿意研究电子计算机的想法，她的人生从此与中国计算机事业交汇。当时苏联的计算机技术遥遥领先，而我国在这个领域还是一片空白。20世纪50年代，国内外计算机所用的电子器件几乎都是电子管。然而随着时间的推移，电子管暴露出了很多问题：功耗大、速度慢、电源种类多、体积大、寿命短。这些缺点使得新型器件的研究迫在眉睫。计算技术研究所的阎沛霖所长认为夏培肃适合做开创性的工作，于是让她负责预研组，去开展计算机新型器件的研究。最终，微波计算机的课题在1965年上半年正式结束。

夏培肃的一生，对待任何工作都认真严谨、一丝不苟。早年在计算机训练班和中国科学技术大学讲课时，所讲内容虽已讲过多次，但在讲课前，她仍会像第一次讲课那样认真准备，而且每次都要增加新内容。

夏培肃面对诸多宣传时一再强调："不要宣传我个人，都是大家的功劳。"中国计算机事业的发展，确有无数人殚精竭虑、勇往直前，但夏培肃，无疑是这座丰碑最坚实的奠基人。

思考题

（1）设计一个格雷码至二进制数的转换器。

（2）设计一个四位四输入最大数值检测电路。

（3）设计一个二位 BCD 码减法器。注意可以利用 BCD 码加法器来实现。因为减去一个二进制数，等于加上这个数的补码。只是需要注意，作为十进制的 BCD 码的补码获取方式与普通二进制数稍有不同。因二进制数的补码是这个数的取反加 1。假设有一个四位二进制数是 0011，其取补实际上是用 1111 减去 0011，再加上 1。相类似，以四位二进制表达的 BCD 码的取补则是用 9（1001）减去这个数再加上 1。

项目八 基于 VHDL 的交通灯控制器设计

知识目标

（1）熟悉交通灯控制器电路的设计流程；
（2）了解交通灯控制器电路的工作原理；
（3）完成交通灯控制器各模块电路的 VHDL 语言编写程序。

能力目标

（1）掌握交通灯控制电路各模块的编程下载和时序仿真；
（2）掌握交通灯电路的设计思想和基本结构；
（3）掌握层次化设计思想和较复杂顶层原理图的设计方法。

思政目标

（1）增强学生的社会责任感和历史使命感；
（2）培养学生遵守交通规则的意识和社会公德意识；
（3）理解交通强国战略内涵，增强民族自豪感与文化自信，强化交通强国的发展理念。

一、设计内容

1. 基本原理

交通灯控制器是"能够改变道路交通信号顺序、调节配时并能控制道路交通信号灯运行的装置"。交通灯控制器是城市交通信号控制系统的核心组成部分,是交通信号控制系统中位于交叉口现场的底层执行单元,其核心功能是实现交叉口交通信号控制,兼有交通信息采集、通信、交叉口监控等功能。模拟十字路口交通信号灯的工作过程,利用实验板上的两组红、黄、绿 LED 灯作为交通信号灯,设计一个交通信号灯控制器,示意图如图 8-1 所示。

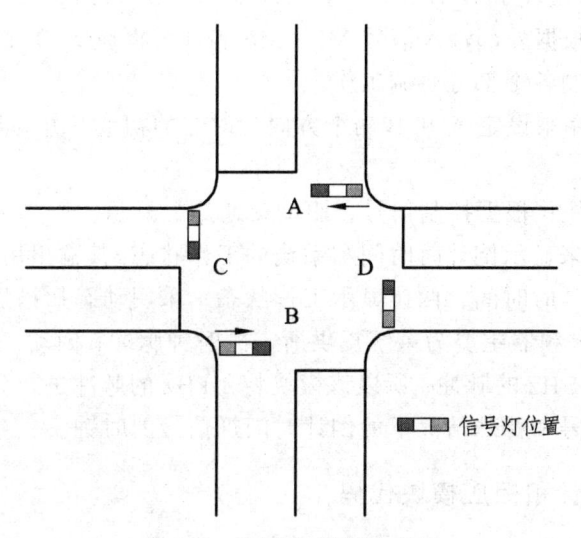

图 8-1 交通信号灯控制器

要求:
(1)交通灯从绿变红时,有 4 s 黄灯亮的间隔时间;
(2)交通灯红变绿是直接进行的,没有间隔时间;
(3)主干道上的绿灯时间为 40 s,支干道的绿灯时间为 20 s;
(4)在任意时间,显示每个状态到该状态结束所需的时间。
交通信号灯的 4 种状态如表 8-1 所示。

表 8-1 交通信号灯的 4 种状态

交通信号灯	A	B	C	D
主干道交通灯	绿(40 s)	黄(4 s)	红(20 s)	红(4 s)
支干道交通灯	红	红	绿	黄

2. 设计结构框图

交通信号灯控制器基本模块结构框图如图 8-2 所示。

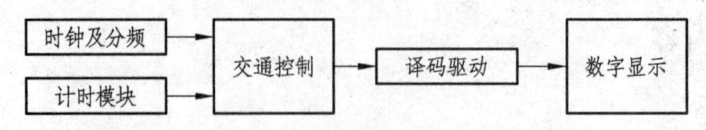

图 8-2 交通信号灯控制器基本模块结构框图

二、设计步骤和调试过程

(一) 基本架构

根据需求，项目设计可分为控制模块 JTD_CTRL、计时模块 JTD_TIME、译码驱动模块 JTD_LIGHT、显示模块 JTD_DIS 和分频模块 JTD_FQU 五部分。

(1) 控制模块：根据外部输入信号 M2～M0 和计时模块 JTD_TIME 的输入信号，产生系统的状态机，控制各个部分协调工作。

(2) 计时模块：用来设定 A 和 B 两个方向计时器的初值，并为显示模块 JTD_DIS 提供倒计时时间。

(3) 译码驱动模块：根据控制信号，驱动交通灯的显示。

(4) 显示模块：用来显示倒计时时间和系统的工作状态。其输出用来驱动六位数码管，其中四位用于显示倒计时时间，两位显示工作状态，采用动态扫描显示。

(5) 分频模块：分频器主要为系统提供所需的时钟脉冲，因动态扫描需要 1 kHz 的脉冲，而系统时钟需要 1 Hz 的脉冲，所以该模块将 1 kHz 的脉冲进行分频，用来产生 1 s 的方波作为系统时钟信号和特殊情况下的倒计时闪烁信号的时钟。

(二) 各模块设计和相应模块代码

1. 控制模块的设计

控制模块 (JTD_CTRL) 将 CLK 信号分频后产生 1 s 的信号，然后构成两个带有预置计数功能的十进制计数器，并产生允许十位计数器计数的控制信号。状态寄存器实现状态转换和产生状态转换的控制信号，下一个模块产生次态信号和信号灯输出信号，以及每一个状态的时间值。经过五个模块的处理，使时间计数、红绿灯显示能够正常运行。控制模块的程序设计原理图如图 8-3 所示。

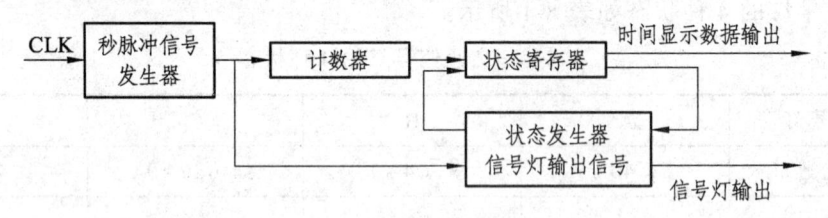

图 8-3 交通信号灯控制器程序原理框图

(1) 控制模块的 VHDL 程序：
LIBRARY IEEE;
USE IEEE.STD_LOGIC_1164.ALL;

控制器 VHDL

```vhdl
USE IEEE.STD_LOGIC_UNSIGNED.ALL;
ENTITY JTD_CTRL IS
PORT(
     CLK，CLR:IN STD_LOGIC;
     M:IN STD_LOGIC_VECTOR(2 DOWNTO 0);    --用 M 来表示系统的 8 种工作状态
     AT，BT:IN STD_LOGIC_VECTOR(7 DOWNTO 0);
     S:OUT STD_LOGIC_VECTOR(2 DOWNTO 0)
     );
END JTD_CTRL;
ARCHITECTURE JTD_1 OF JTD_CTRL IS
SIGNAL Q:STD_LOGIC_VECTOR(2 DOWNTO 0);
BEGIN
    PROCESS(CLR，CLK，M，AT，BT)
    BEGIN
        IF CLR='1'THEN Q<="000";           --清'0'处理
        ELSIF(CLK'EVENT AND CLK='1')THEN   --时钟上升沿信号一来，M 控制系统的 8 种状态
            IF M="000"THEN Q<="001";
            END IF;
              IF M="001"THEN Q<="011";

            END IF;
              IF M="010"THEN Q<="101";
            END IF;
              IF M="011"THEN Q<="111";
            END IF;
            IF M>="100"THEN
                IF(AT=X"01")OR(BT=X"01")THEN Q<=Q+1;
                ELSE Q<=Q;
                END IF;
              END IF;
         END IF;
    END PROCESS;
    S<=Q;         --M 的控制端转向控制口 S
    END JTD_1;
```
（2）控制模块的元件图（见图 8-4）。

控制器仿真

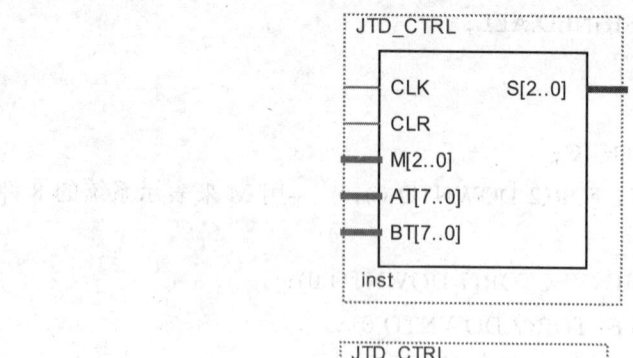

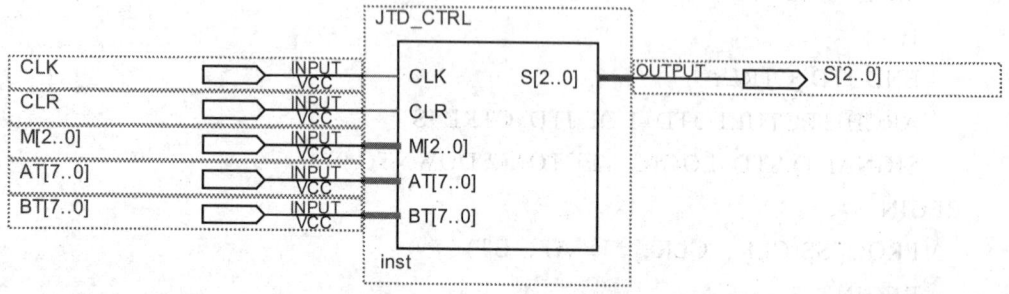

图 8-4　控制模块的元件图

（3）控制模块仿真波形图（见图 8-5）。

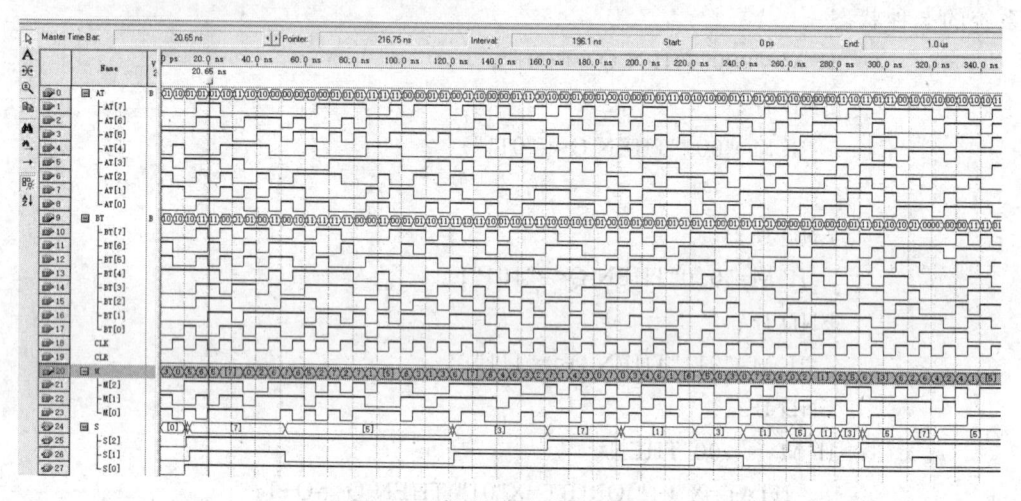

图 8-5　控制模块仿真波形图

（4）控制模块的 RTL 图及 Technology Map 图（见图 8-6 和图 8-7）。

控制器 RTL

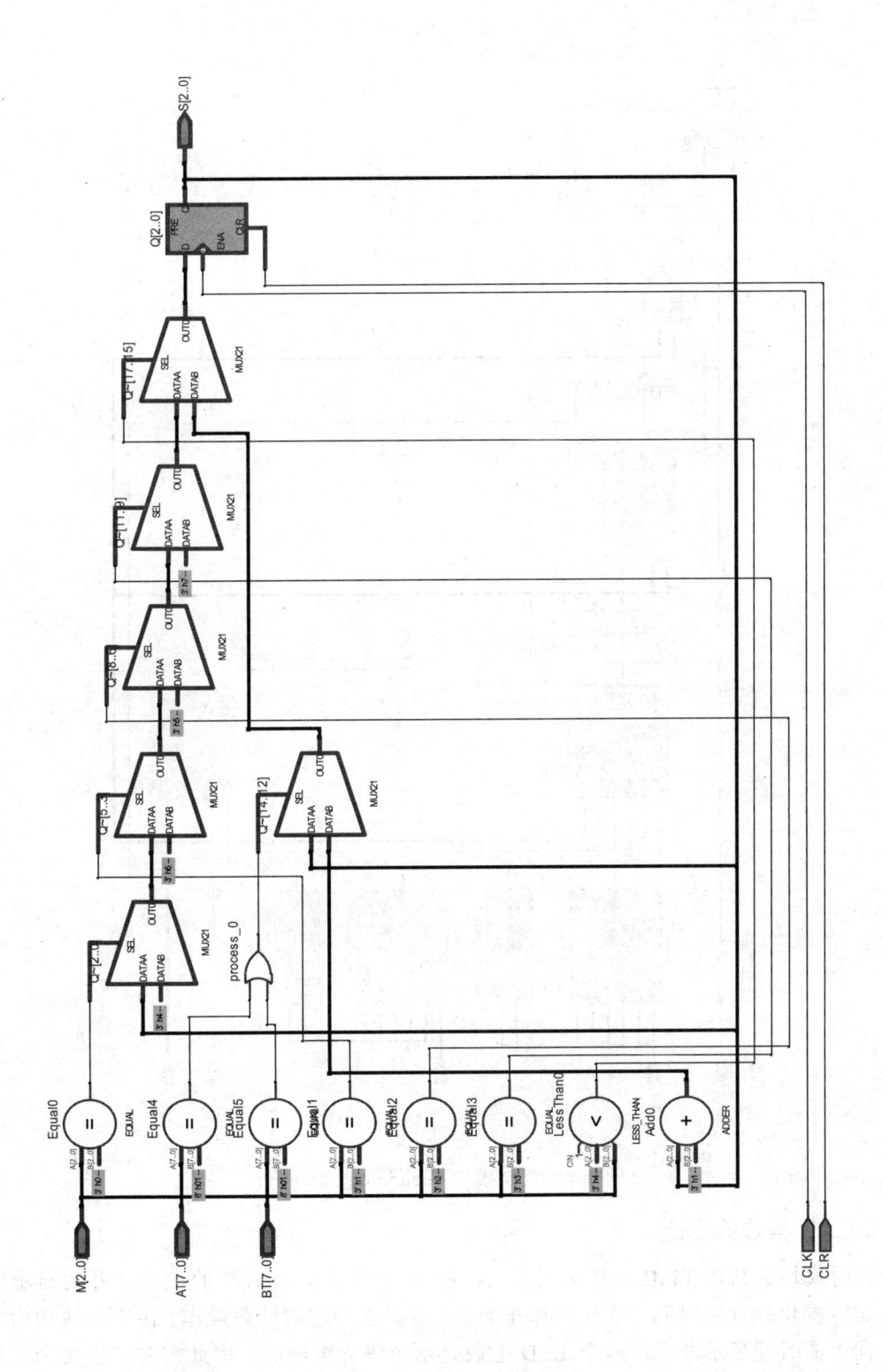

图 8-6 控制模块的 RTL 图

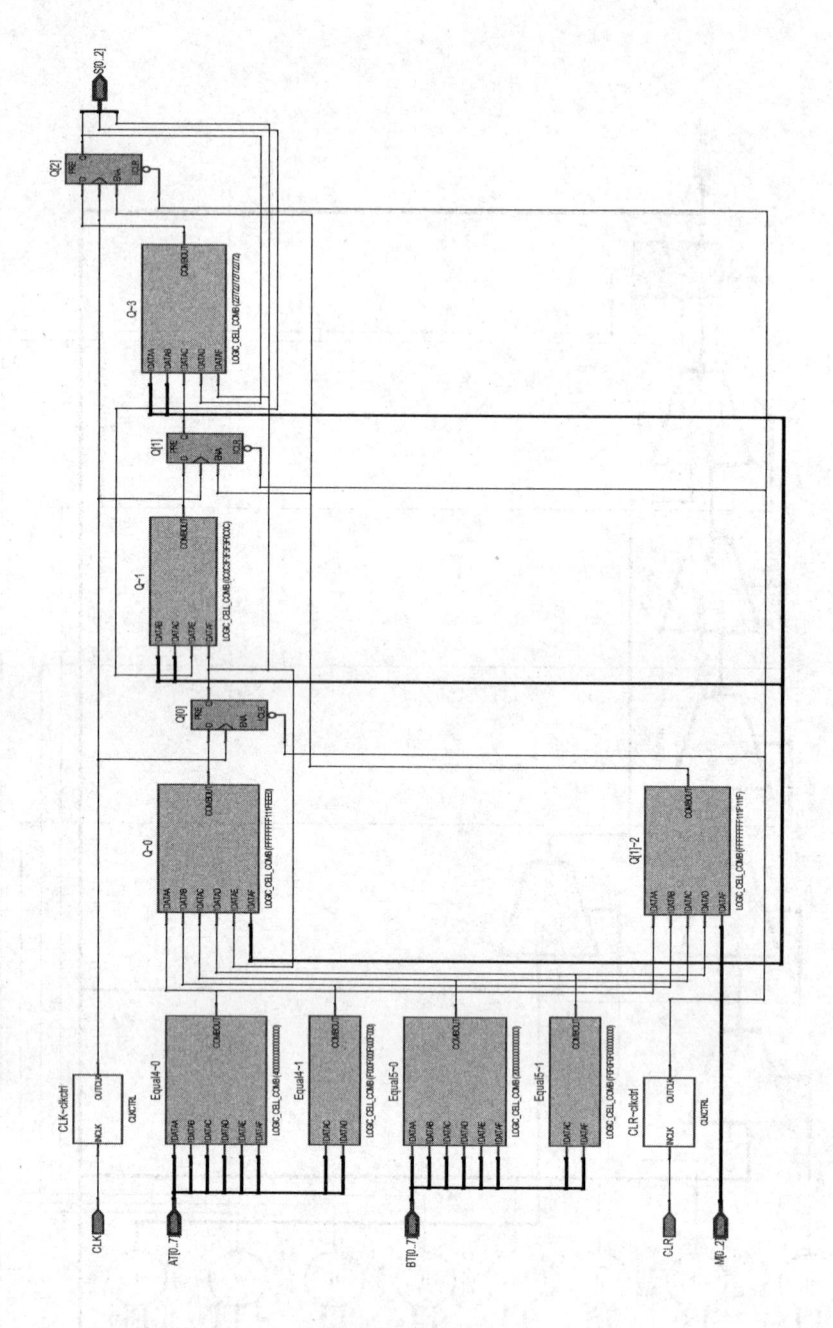

图 8-7 控制模块 Technology Map 图

2. 计时模块的设计

计时模块（JTD_TIME）用来设定 A 和 B 两个方向计时器的初值，并为显示模块 JTD_DIS 提供倒计时时间。正常计时开始后，需要进行定时计数操作，由于东西和南北两个方向上的时间显示器是由两个 LED 七段显示数码管组成的，因此需要产生两个二位计时信息，两个十位信号，两个个位信号，这个定时计数操作可以由一个定时计数器来完成。又因为交通灯的状态变化是在计时为 0 的情况下才能进行，需要一个计时电路来产生使能信号，因此定时计数的功能就是用来产生两个二位计时信息和使能信号。

（1）计时模块的 VHDL 程序：

计时器 VHDL

```
LIBRARY IEEE;
USE IEEE.STD_LOGIC_1164.ALL;
USE IEEE.STD_LOGIC_UNSIGNED.ALL;
ENTITY JTD_TIME IS
PORT(
     CLK，CLR:IN STD_LOGIC;
     M，S:IN STD_LOGIC_VECTOR(2 DOWNTO 0);
     AT，BT:OUT STD_LOGIC_VECTOR(7 DOWNTO 0)
     );
END JTD_TIME;
ARCHITECTURE JTD_2 OF JTD_TIME IS
  SIGNAL AT1，BT1:STD_LOGIC_VECTOR(7 DOWNTO 0);
SIGNAL ART，AGT，ALT，ABYT:STD_LOGIC_VECTOR(7 DOWNTO 0);
  SIGNAL BRT，BGT，BLT:STD_LOGIC_VECTOR(7 DOWNTO 0);
BEGIN
    ART<=X"55";   --ART<= "01010101" A 方向红灯亮
    AGT<=X"40";   --AGT<= "01000000" A 方向绿灯亮
    ALT<=X"15";   --ALT<= "00010101" 灯间歇闪烁
    ABYT<=X"05";  --ABYT<= "00000101" AB 两方向黄灯亮
    BRT<=X"65";   --BRT<= "01100101" B 方向红灯亮
    BGT<=X"30";   --BGT<= "00110000" B 方向绿灯亮
    BLT<=X"15";   --BLT<= "00010101" B 方向灯闪烁
    PROCESS(CLR，CLK，M，S)
    BEGIN
         IF CLR='1'THEN AT1<=X"01"; BT1<=X"01";
         ELSIF (CLK'EVENT AND CLK='1')THEN
             IF M="000"THEN AT1<=X"01"; BT1<=X"51"; --M=0 时，A 方向的计时器计时，B 方向的红灯亮
             END IF;
             IF M="001"THEN AT1<=X"01"; BT1<=X"06"; --M=1 时，A 方向的计时器计时，B 方向的绿灯亮
             END IF;
             IF M="010"THEN AT1<=X"41";BT1<=X"01";--B 方向的计时器计时，A 方向的黄灯亮
             END IF;
```

```
            IF M="011"THEN AT1<=X"06"；BT1<=X"01"；--B 方向的计时器计时，
A 方向的红灯亮
            END IF；
            IF M>="100"THEN
                IF(AT1=X"01")OR(BT1=X"01")THEN
                CASE S IS
                    WHEN"000"=>AT1<=ALT；BT1<=BRT；--当 S=0 时，AB 两
方向的计时器计时，A 方向车左转，B 方向的红灯亮
                    WHEN"001"=>AT1<=ABYT；--当 S=1 时,A 方向计时器计时，
A 方向的黄灯亮
                    WHEN"010"=>AT1<=AGT；--当 S=2 时，A 方向计时器计时，
A 方向的绿灯亮
                    WHEN"011"=>AT1<=ABYT；--当 S=3 时，AB 两方向黄灯亮，
A 方向计时器计时
                    WHEN"100"=>AT1<=ART；BT1<=BLT；--当 S=4 时，A 方向
计时，红灯亮，B 方向车左转，B 方向计时器计时
                    WHEN"101"=>BT1<=ABYT；--当 S=5 时,B 方向计时器计时，
AB 两方向的黄灯亮
                    WHEN"110"=>BT1<=BGT；--当 S=6 时，B 方向计时器计时，
B 方向的绿灯亮
                    WHEN"111"=>BT1<=ABYT；--当 S=7 时,B 方向计时器计时，
AB 两方向车右转
                    WHEN OTHERS=>AT1<=AT1；BT1<=BT1；
                END CASE；
            END IF；
            IF AT1/=X"01"THEN
                IF AT1(3 DOWNTO 0)="0000"THEN
                    AT1(3 DOWNTO 0)<="1001"；--第四位数码管显示
                    AT1(7 DOWNTO 4)<=AT1(7 DOWNTO 4)-1；--高四位数码管
减一显示
                ELSE AT1(3 DOWNTO 0)<=AT1(3 DOWNTO 0)-1；--低四位数码管
减一显示
                    AT1(7 DOWNTO 4)<=AT1(7 DOWNTO 4)；--高四位数码管
显示不变
                END IF；
            END IF；
            IF BT1=X"01"THEN
                IF BT1(3 DOWNTO 0)="0000"THEN
                    BT1(3 DOWNTO 0)<="1001"；--B 方向计数器低四位数码管
显示"9"
                    BT1(7 DOWNTO 4)<=BT1(7 DOWNTO 4)-1；--B 方向计数器
高四位数码管减一计数
                ELSE BT1(3 DOWNTO 0)<=BT1(3 DOWNTO 0)-1；--B 方向计数器
```

低四位数码管减一计数
```
                    BT1(7 DOWNTO 4)<=BT1(7 DOWNTO 4);
               END IF;
             END IF;
          END IF;
        END IF;
      END PROCESS;
        AT<=AT1;
        BT<=BT1;
      END JTD_2;
```
（2）计时模块元件图（见图8-8）。

计时器仿真

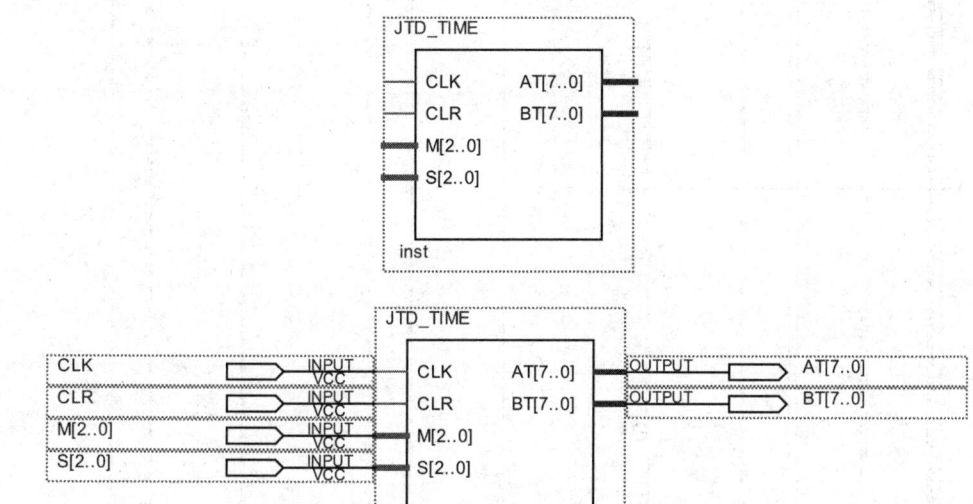

图 8-8　计时模块元件图

（3）计时模块的功能仿真波形图（见图8-9）。

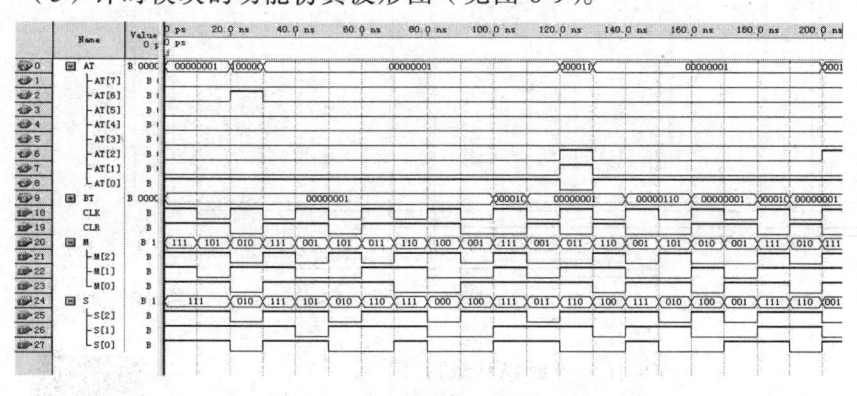

图 8-9　计时模块的功能仿真

计时器 RTL

（4）计时模块的 RTL 图及 Technology Map 图（见图 8-10 和图 8-11）。

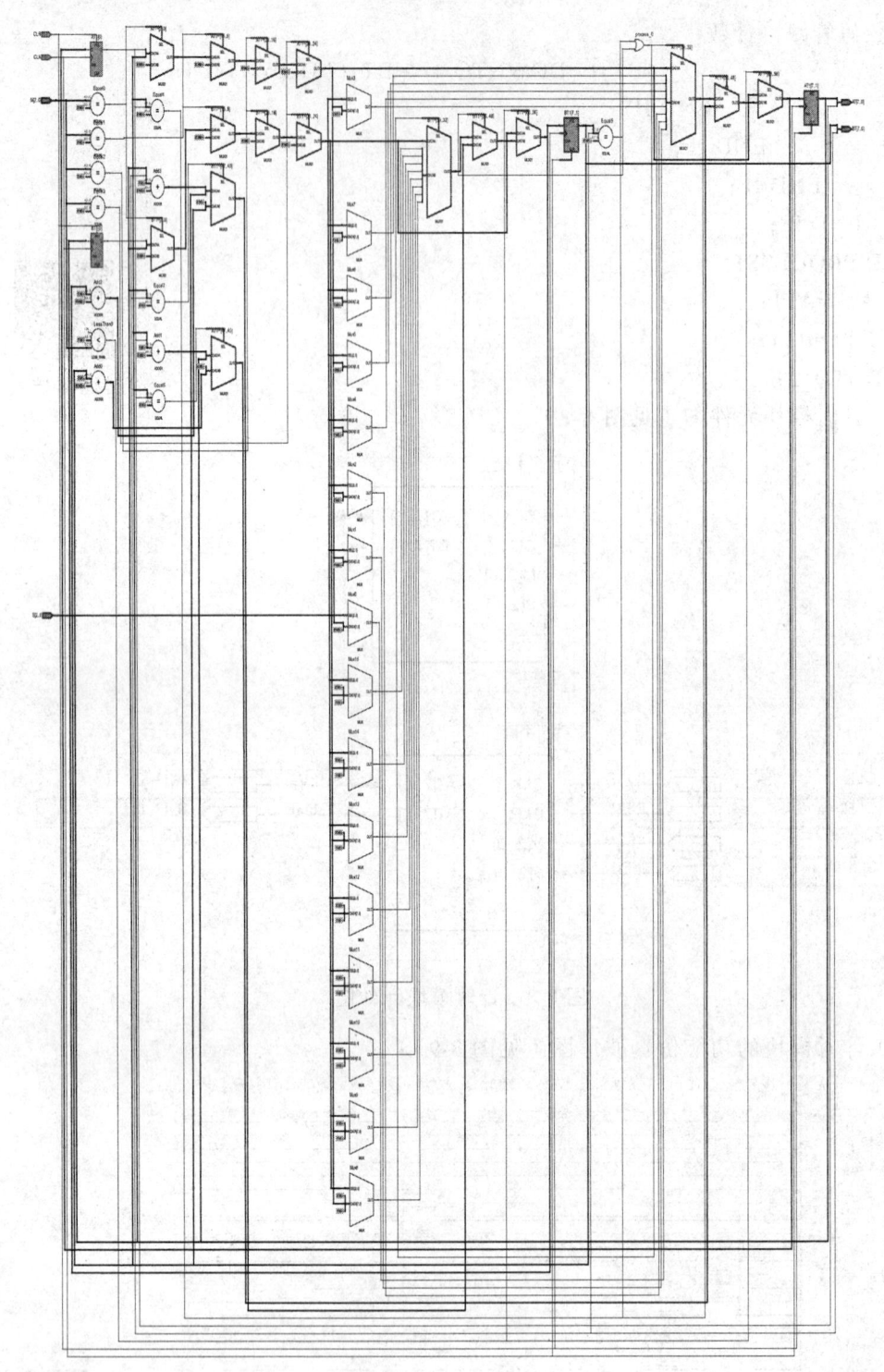

图 8-10 计时模块 RTL 图

扫码看图 8-10

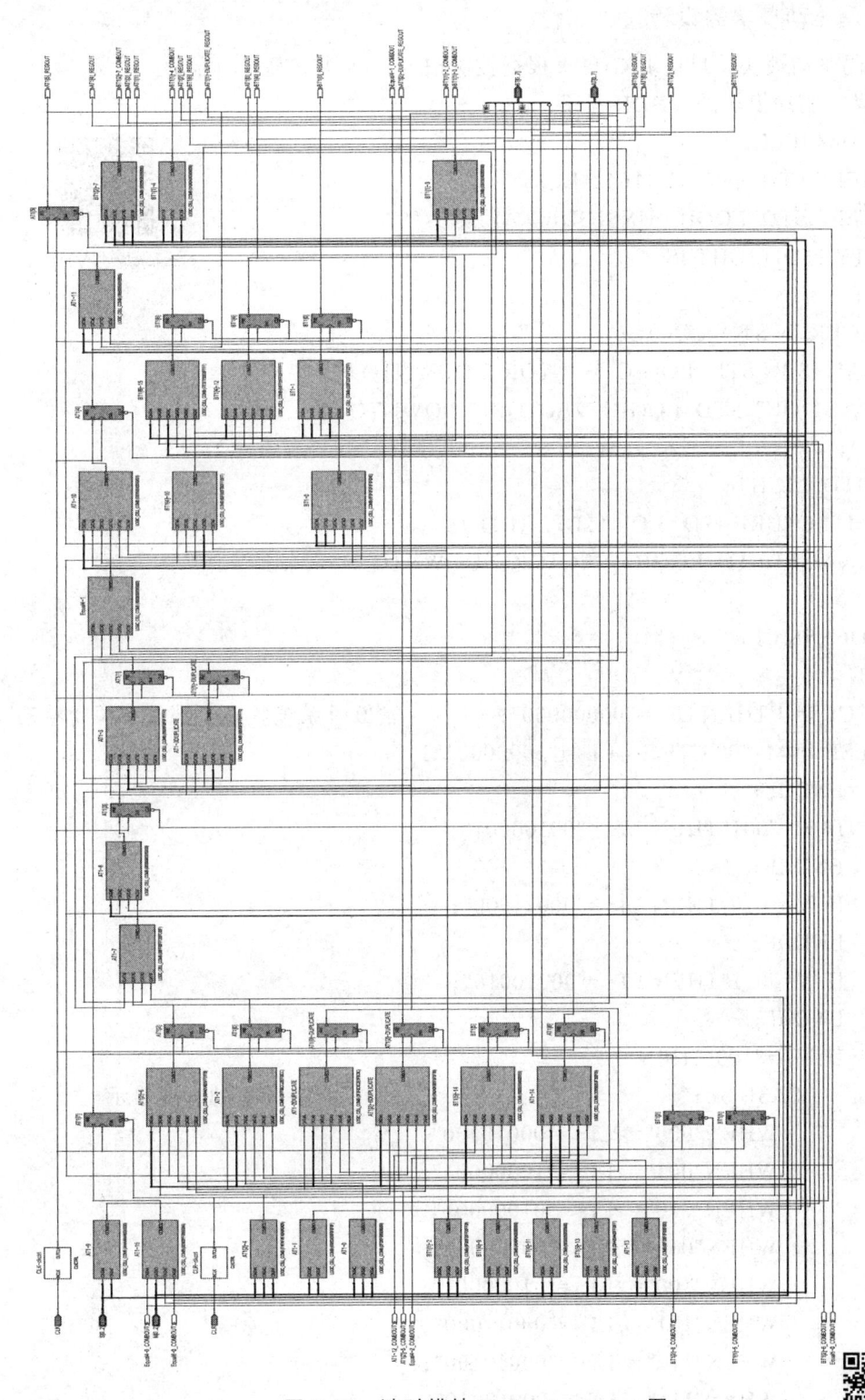

图 8-11 计时模块 Technology Map 图

扫码看图 8-11

3. 译码驱动模块的设计

译码驱动模块（JTD_LIGHT）根据控制信号，驱动交通灯的显示。

（1）译码驱动模块的 VHDL 程序：

```vhdl
LIBRARY IEEE;
USE IEEE.STD_LOGIC_1164.ALL;
USE IEEE.STD_LOGIC_UNSIGNED.ALL;
ENTITY JTD_LIGHT IS
PORT(
    CLR:IN STD_LOGIC;
    M，S:IN STD_LOGIC_VECTOR(2 DOWNTO 0);
    ABL:OUT STD_LOGIC_VECTOR(7 DOWNTO 0)
    );
END JTD_LIGHT;
ARCHITECTURE JTD_3 OF JTD_LIGHT IS
  SIGNAL LT:STD_LOGIC_VECTOR(7 DOWNTO 0);
BEGIN
  PROCESS(CLR，S，M)
BEGIN
    IF CLR='1'THEN LT<="00000000";        --清'0'时系统状态全部处于关闭状态
    ELSE IF M="000"THEN LT<="10000001";
      END IF;
      IF M="001"THEN LT<="00100001";
      END IF;
      IF M="010"THEN LT<="00011000";
      END IF;
      IF M="011"THEN LT<="00010010";
      END IF;
      IF M>="100"THEN
        CASE S IS                          --八种情况下的状况显示
          WHEN"000"=>LT<="00010100";
          WHEN"001"=>LT<="10000001";
          WHEN"010"=>LT<="01000001";
          WHEN"011"=>LT<="00100001";
          WHEN"100"=>LT<="01000001";
          WHEN"101"=>LT<="00011000";
          WHEN"110"=>LT<="00010100";
          WHEN"111"=>LT<="00010010";
          WHEN OTHERS=>LT<=LT;
```

译码驱动 VHDL

```
            END CASE；
        END IF；
      END IF；
   END PROCESS；
ABL<=LT；
END JTD_3；
```

（2）译码驱动的元件图（见图8-12）。

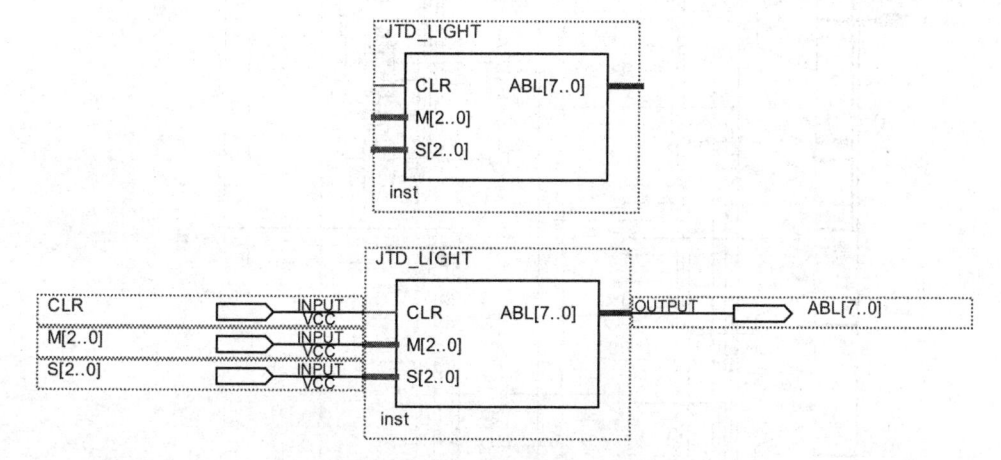

图 8-12 译码驱动模块元件图

译码驱动仿真

（3）译码驱动模块的功能仿真波形图（见图8-13）。

图 8-13 译码驱动模块功能仿真波形图

（4）译码驱动模块的 RTL 图及 Technology Map 图（见图 8-14 和图 8-15）。

译码驱动 RTL

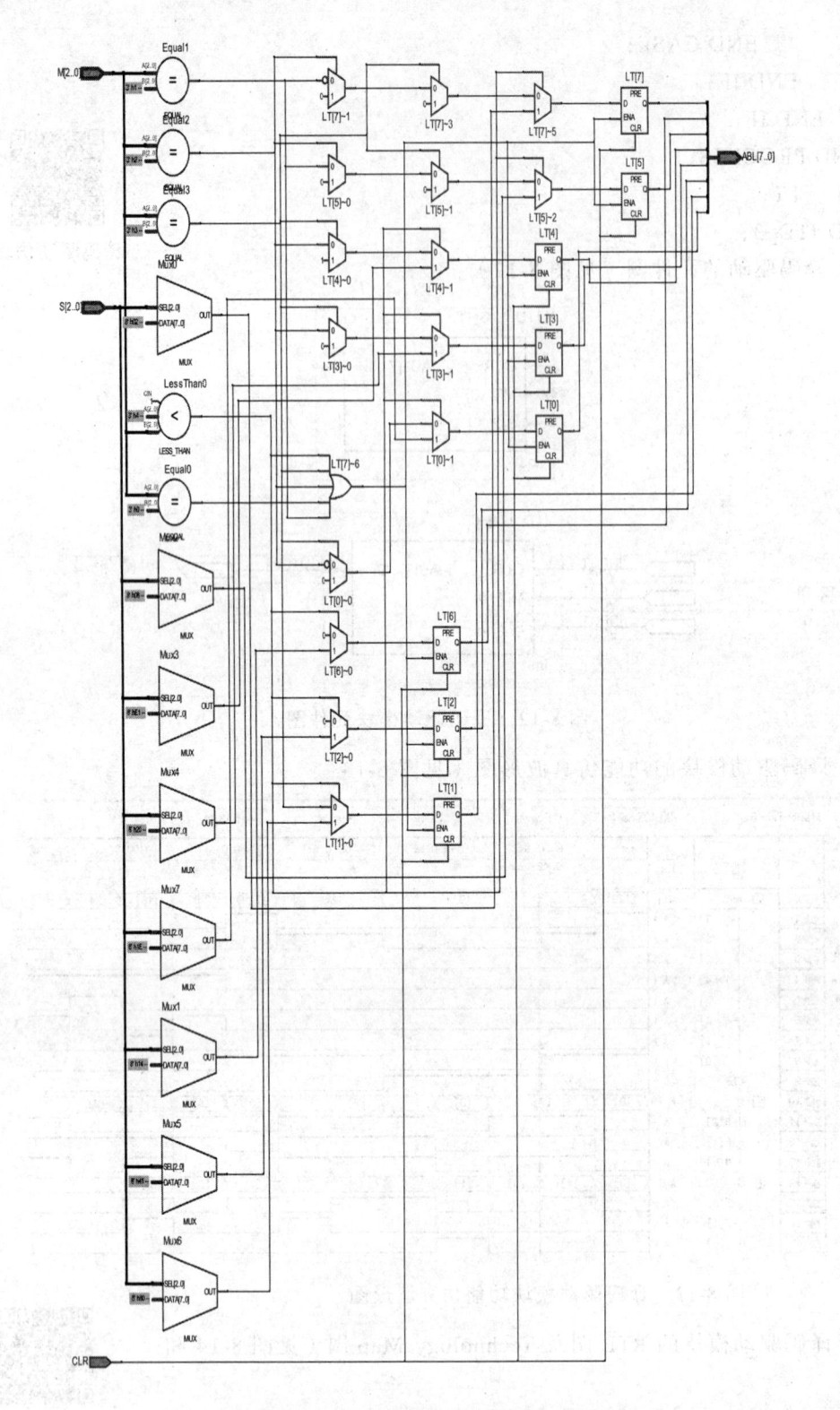

图 8-14 译码驱动模块的 RTL 图

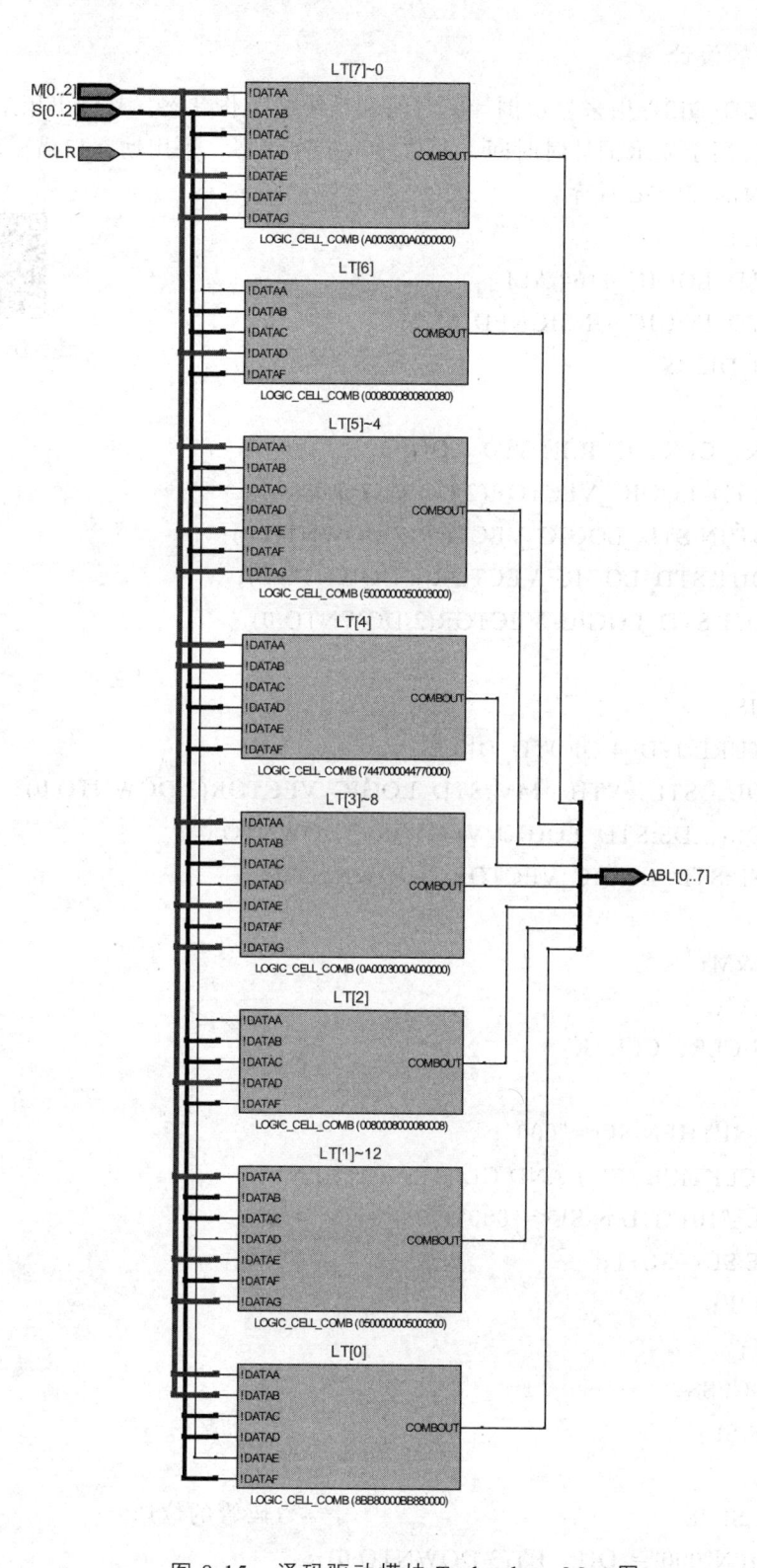

图 8-15 译码驱动模块 Technology Map 图

4. 显示模块的设计

显示模块（JTD_DIS）用来显示倒计时时间和系统的工作状态。其输出用来驱动六位数码管，其中四位用于显示倒计时时间，两位显示工作状态，采用动态扫描显示。

（1）显示模块的 VHDL 程序：

```vhdl
LIBRARY IEEE;
USE IEEE.STD_LOGIC_1164.ALL;
USE IEEE.STD_LOGIC_UNSIGNED.ALL;
ENTITY JTD_DIS IS
PORT(
     CLK1K，CLK，CLR:IN STD_LOGIC;
     M:IN STD_LOGIC_VECTOR(2 DOWNTO 0);
     AT，BT:IN STD_LOGIC_VECTOR(7 DOWNTO 0);
     LED:OUT STD_LOGIC_VECTOR(6 DOWNTO 0);
     SEL:OUT STD_LOGIC_VECTOR(2 DOWNTO 0)
     );
END JTD_DIS;
ARCHITECTURE JTD_4 OF JTD_DIS IS
   SIGNAL OU，STL，STH，MM:STD_LOGIC_VECTOR(3 DOWNTO 0);
   SIGNAL DIS，DS:STD_LOGIC_VECTOR(7 DOWNTO 0);
   SIGNAL SL:STD_LOGIC_VECTOR(2 DOWNTO 0);
BEGIN
   MM<="0"&M;
   STH<=X"A";
   PROCESS(CLR，CLK1K)
   BEGIN
     IF CLR='1'THEN SL<="000";
     ELSIF(CLK1K'EVENT AND CLK1K='1')THEN
       IF SL="101"THEN SL<="000";        --清'0'
       ELSE SL<=SL+1;                     --计数
       END IF;
     END IF;
   END PROCESS;
   PROCESS(SL)
   BEGIN
     CASE SL IS                           --数码管的位选
       WHEN"000"=>OU<=BT(3 DOWNTO 0);
       WHEN"001"=>OU<=BT(7 DOWNTO 4);
```

显示模块 VHDL

```vhdl
            WHEN"010"=>OU<=AT(3 DOWNTO 0);
            WHEN"011"=>OU<=BT(7 DOWNTO 4);
            WHEN"100"=>OU<=STL;
            WHEN"101"=>OU<=STH;
            WHEN OTHERS=>OU<=X"0";
        END CASE;
    END PROCESS;
    PROCESS(OU)
    BEGIN
        CASE OU IS                          --数码管的译码
            WHEN X"0"=>DS<="00111111";      --显示'0'
            WHEN X"1"=>DS<="00000110";      --显示'1'
            WHEN X"2"=>DS<="01011011";      --显示'2'
            WHEN X"3"=>DS<="01001111";      --显示'3'
            WHEN X"4"=>DS<="01100110";      --显示'4'
            WHEN X"5"=>DS<="01101101";      --显示'5'
            WHEN X"6"=>DS<="01111100";      --显示'6'
            WHEN X"7"=>DS<="00000111";      --显示'7'
            WHEN X"8"=>DS<="01111111";      --显示'8'
            WHEN X"9"=>DS<="01101111";      --显示'9'
            WHEN OTHERS=>DS<="00000000";
        END CASE;
    END PROCESS;
PROCESS(MM,CLK)
BEGIN
    IF MM>=X"4"THEN STL<=X"5";              --数码管产生进位
    ELSE STL<=MM+1;
    END IF;
    IF CLR='1'THEN DIS<=X"00";
    ELSIF MM>=X"4"THEN DIS<=DS;
    ELSIF SL<="100"THEN
        IF CLK='0'THEN DIS<=DS;
        ELSIF DIS<=X"00"THEN
        END IF;
    ELSE DIS<=DS;
    END IF;
END PROCESS;
```

LED<=DIS(6 DOWNTO 0);
SEL<=SL;
END JTD_4;

（2）显示模块的元件图（见图 8-16）。

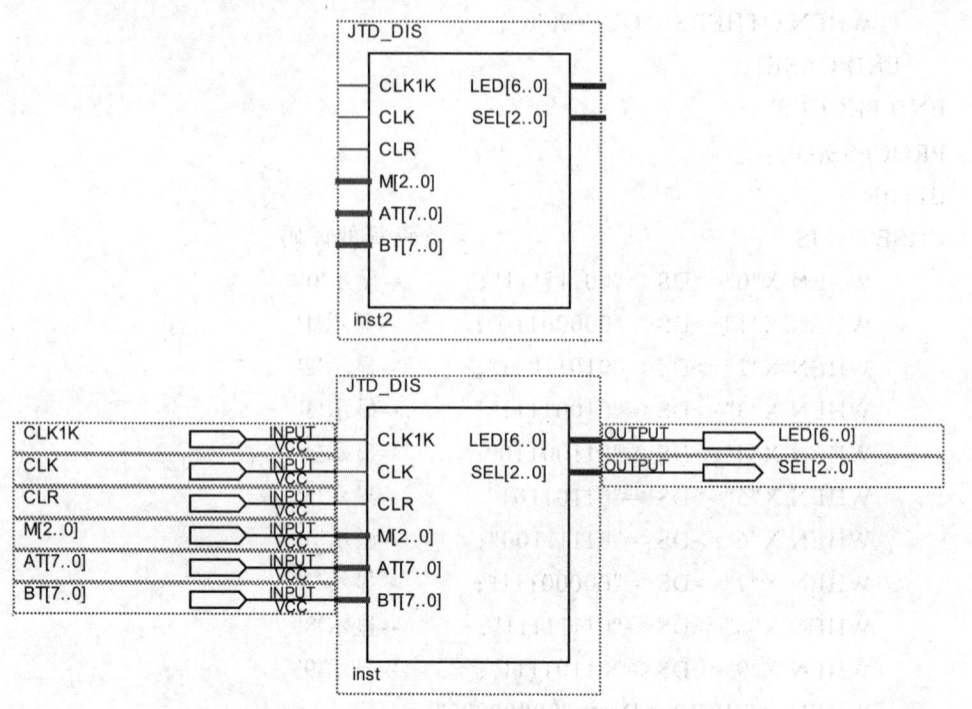

图 8-16　显示模块元件图

（3）显示模块的功能仿真波形图（见图 8-17）。

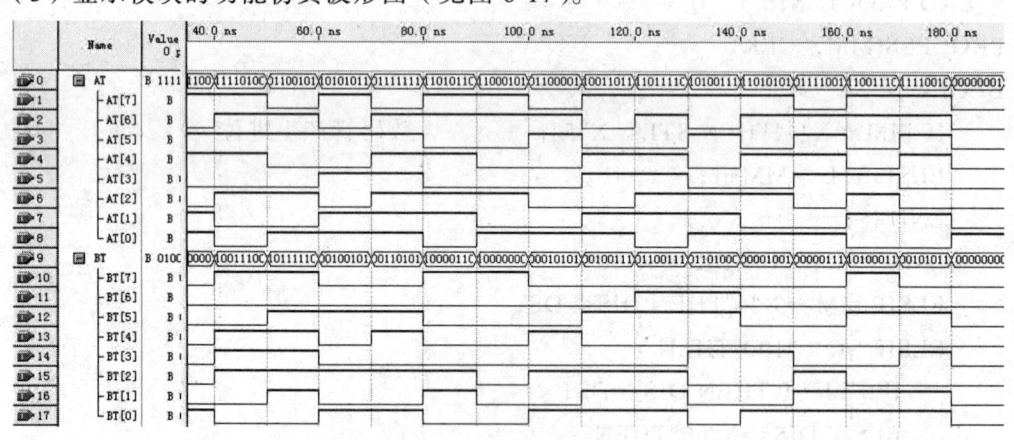

图 8-17　显示模块的功能仿真

（4）显示模块的 RTL 图及 Technology Map 图（见图 8-18 和图 8-19）。

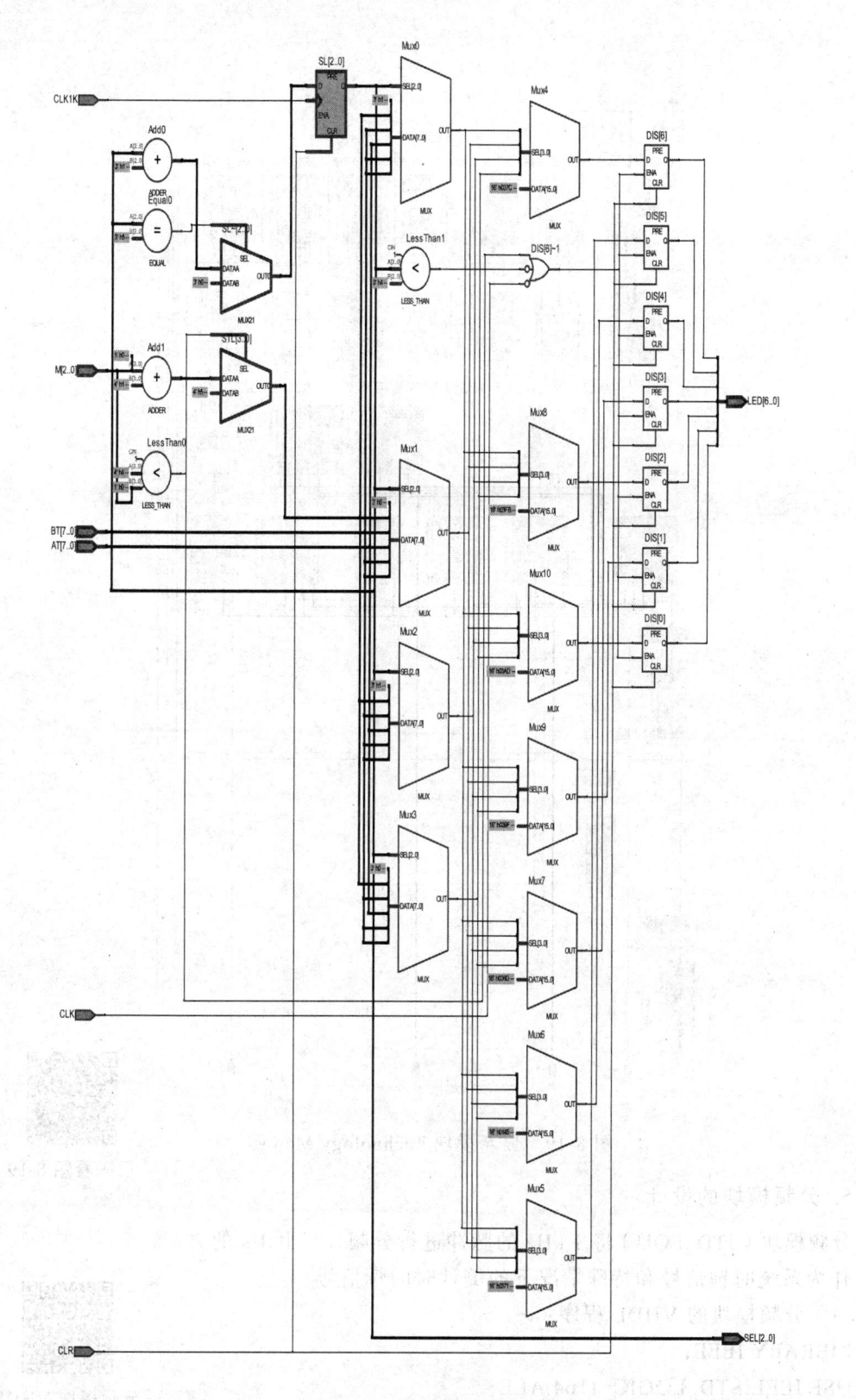

图 8-18 显示模块 RTL 图

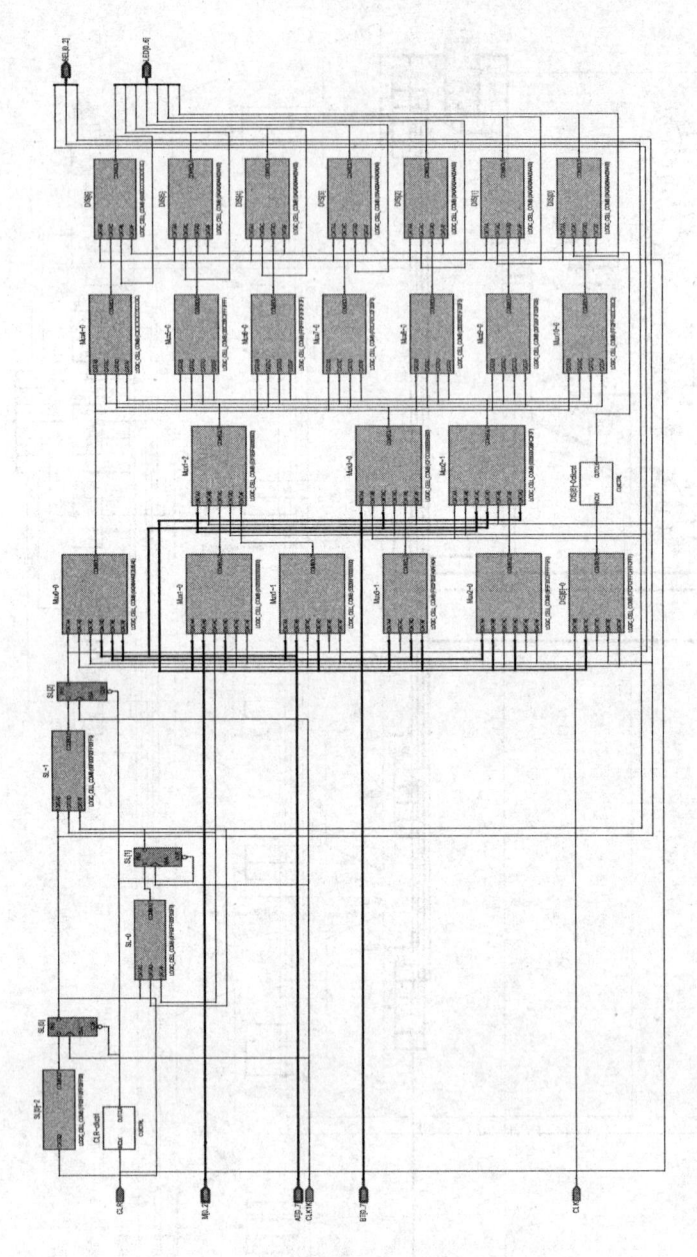

图 8-19 显示模块 Technology Map 图

扫码看图 8-19

5. 分频模块的设计

分频模块（JTD_FQU）将 1 kHz 的脉冲进行分频，产生 1 s 的方波，作为系统时钟信号和特殊情况下的倒计时闪烁信号。

（1）分频模块的 VHDL 程序：
LIBRARY IEEE;
USE IEEE.STD_LOGIC_1164.ALL;

分频模块 VHDL

```
USE IEEE.STD_LOGIC_UNSIGNED.ALL;
ENTITY JTD_FQU IS
PORT(
     CLK1K:IN STD_LOGIC;
     CLK:OUT STD_LOGIC
     );
END JTD_FQU;
ARCHITECTURE JTD_5 OF JTD_FQU IS
SIGNAL Q:STD_LOGIC_VECTOR(9 DOWNTO 0);
BEGIN
  PROCESS(CLK1K)
BEGIN
IF(CLK1K'EVENT AND CLK1K='1')THEN Q<=Q+1;          --计数
END IF;
END PROCESS;
CLK<=Q(9);
END JTD_5;
```

分频模块仿真

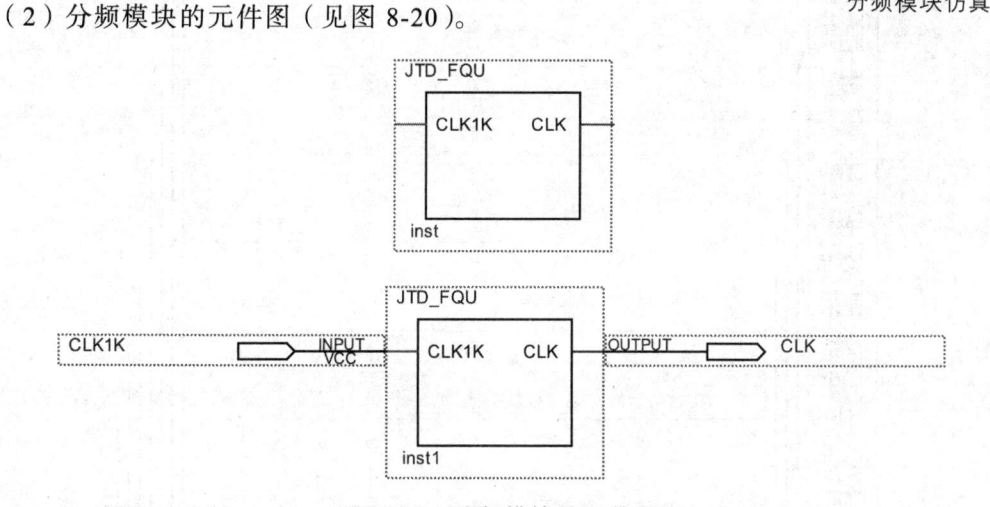

（2）分频模块的元件图（见图 8-20）。

图 8-20　分频模块的元件图

（3）分频模块的功能仿真波形图（见图 8-21）。

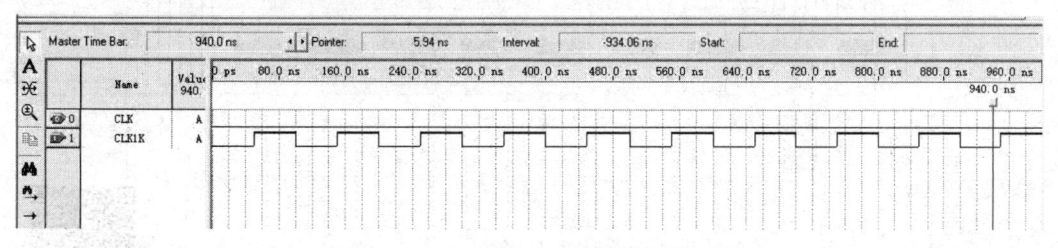

图 8-21　分频模块的功能仿真波形图

（4）分频模块的 RTL 图及 Technology Map 图（见图 8-22 和图 8-23）。

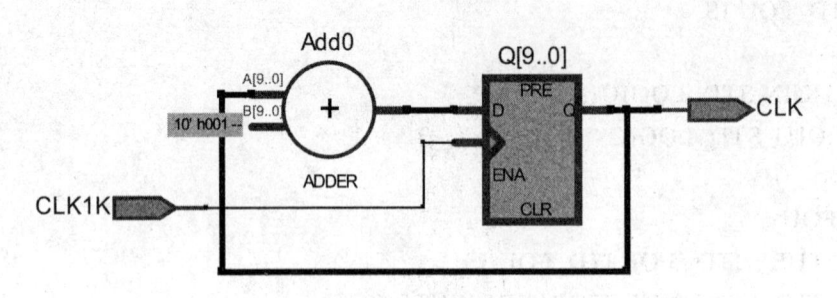

图 8-22　分频模块的 RTL 图

分频模 RTL

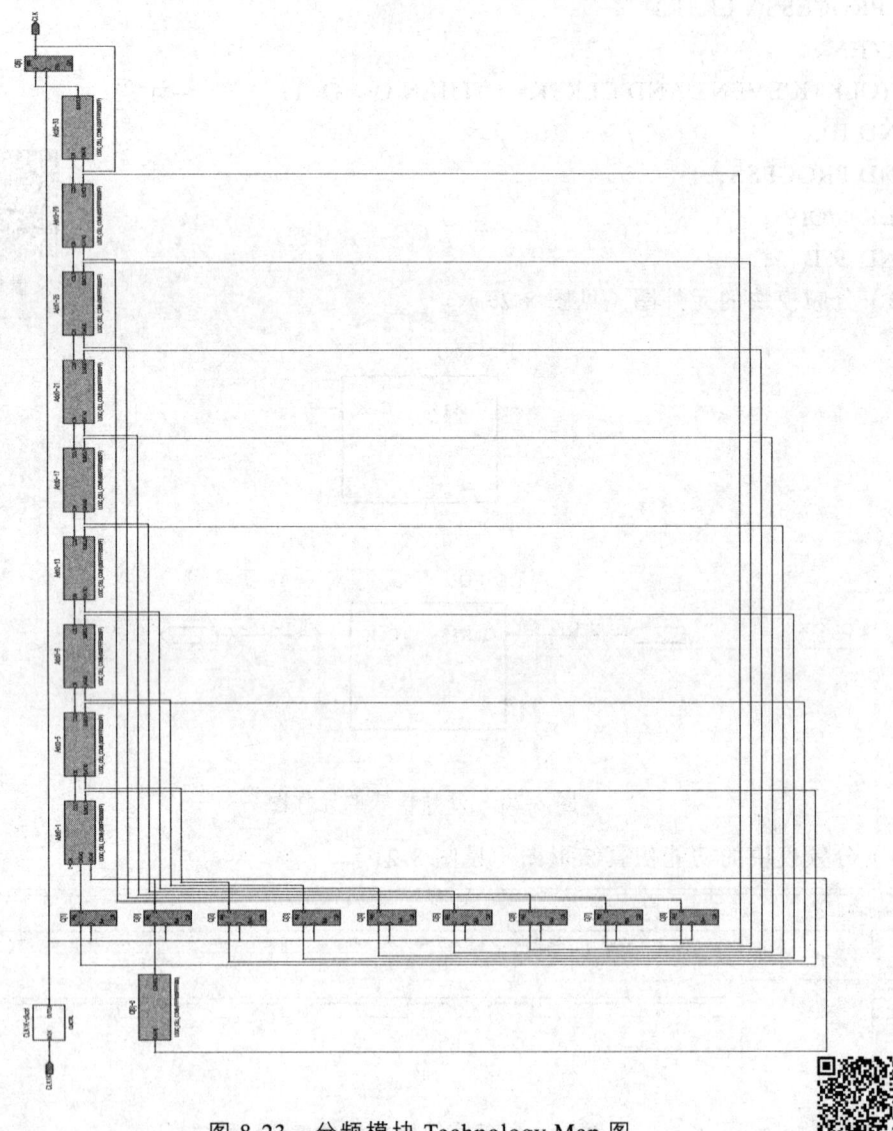

图 8-23　分频模块 Technology Map 图

扫码看图 8-23

三、顶层文件设计

顶层文件的原理图可以依据系统的框图来进行设计，主要由控制模块 JTD_CTRL、计时模块 JTD_TIME、译码驱动模块 JTD_LIGHT、显示模块 JTD_DIS 和分频模块 JTD_FQU 五部分组成。根据设计要求绘制的顶层文件原理图如图 8-24 所示。

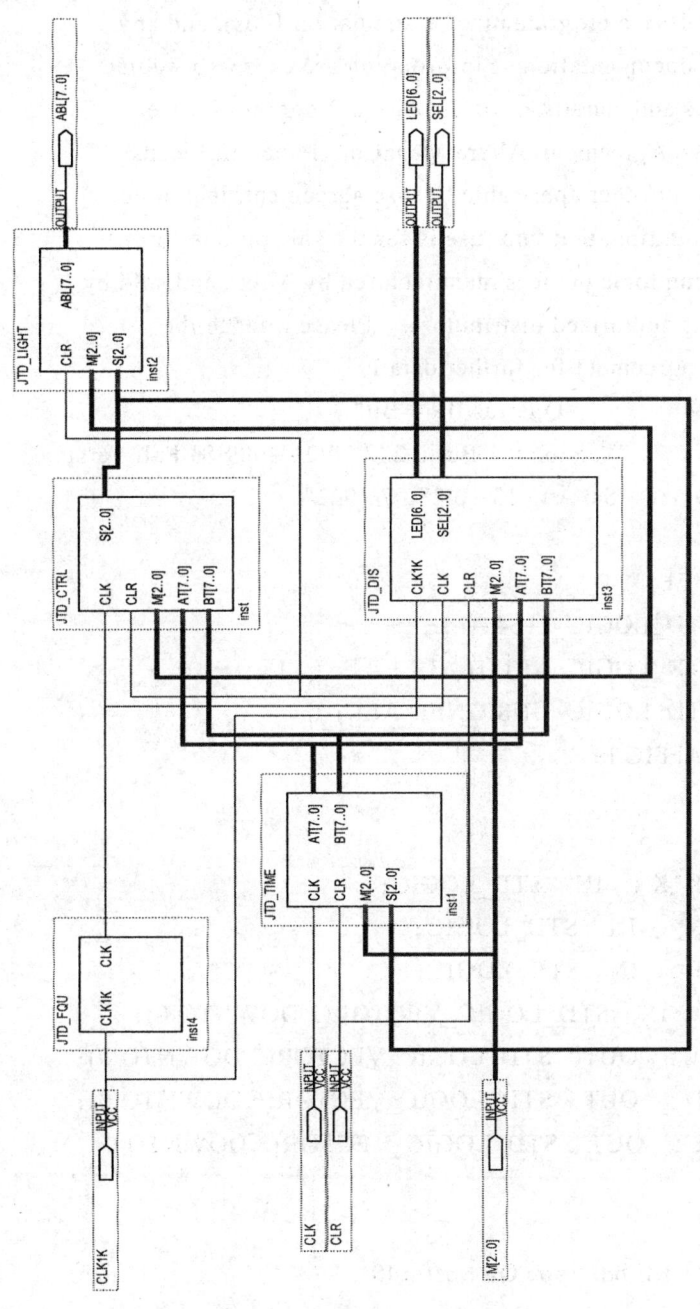

图 8-24 顶层文件原理图

(1)顶层文件的 VHDL 程序：
-- Copyright (C) 1991-2009 Altera Corporation
-- Your use of Altera Corporation's design tools, logic functions
-- and other software and tools, and its AMPP partner logic
-- functions, and any output files from any of the foregoing
-- (including device programming or simulation files), and any
-- associated documentation or information are expressly subject
-- to the terms and conditions of the Altera Program License
-- Subscription Agreement, Altera MegaCore Function License
-- Agreement, or other applicable license agreement, including,
-- without limitation, that your use is for the sole purpose of
-- programming logic devices manufactured by Altera and sold by
-- Altera or its authorized distributors. Please refer to the
-- applicable agreement for further details.
-- PROGRAM   "Quartus II 64-Bit"
-- VERSION   "Version 9.1 Build 222 10/21/2009 SJ Full Version"
-- CREATED   "Sat Aug 13 12:28:07 2022"

交通灯 VDHL

```vhdl
LIBRARY IEEE;
USE IEEE.STD_LOGIC_1164.ALL;
USE IEEE.STD_LOGIC_ARITH.ALL;
USE IEEE.STD_LOGIC_UNSIGNED.ALL;
ENTITY TRAFFIC IS
    PORT
    (
        CLK1K :  IN   STD_LOGIC;
        CLK :  IN   STD_LOGIC;
        CLR :  IN   STD_LOGIC;
        M :  IN   STD_LOGIC_VECTOR(2 DOWNTO 0);
        ABL :  OUT   STD_LOGIC_VECTOR(7 DOWNTO 0);
        LED :  OUT   STD_LOGIC_VECTOR(6 DOWNTO 0);
        SEL :  OUT   STD_LOGIC_VECTOR(2 DOWNTO 0)
    );
END traffic;
ARCHITECTURE bdf_type OF traffic IS
COMPONENT jtd_ctrl
    PORT(CLK : IN STD_LOGIC;
```

```vhdl
        CLR : IN STD_LOGIC;
        AT : IN STD_LOGIC_VECTOR(7 DOWNTO 0);
        BT : IN STD_LOGIC_VECTOR(7 DOWNTO 0);
        M : IN STD_LOGIC_VECTOR(2 DOWNTO 0);
        S : OUT STD_LOGIC_VECTOR(2 DOWNTO 0)
    );
END COMPONENT;
COMPONENT jtd_time
    PORT(CLK : IN STD_LOGIC;
        CLR : IN STD_LOGIC;
        M : IN STD_LOGIC_VECTOR(2 DOWNTO 0);
        S : IN STD_LOGIC_VECTOR(2 DOWNTO 0);
        AT : OUT STD_LOGIC_VECTOR(7 DOWNTO 0);
        BT : OUT STD_LOGIC_VECTOR(7 DOWNTO 0)
    );
END COMPONENT;
COMPONENT jtd_light
    PORT(CLR : IN STD_LOGIC;
        M : IN STD_LOGIC_VECTOR(2 DOWNTO 0);
        S : IN STD_LOGIC_VECTOR(2 DOWNTO 0);
        ABL : OUT STD_LOGIC_VECTOR(7 DOWNTO 0)
    );
END COMPONENT;
COMPONENT jtd_dis
    PORT(CLK1K : IN STD_LOGIC;
        CLK : IN STD_LOGIC;
        CLR : IN STD_LOGIC;
        AT : IN STD_LOGIC_VECTOR(7 DOWNTO 0);
        BT : IN STD_LOGIC_VECTOR(7 DOWNTO 0);
        M : IN STD_LOGIC_VECTOR(2 DOWNTO 0);
        LED : OUT STD_LOGIC_VECTOR(6 DOWNTO 0);
        SEL : OUT STD_LOGIC_VECTOR(2 DOWNTO 0)
    );
END COMPONENT;
COMPONENT jtd_fqu
    PORT(CLK1K : IN STD_LOGIC;
        CLK : OUT STD_LOGIC
```

```
        );
END COMPONENT;
SIGNAL SYNTHESIZED_WIRE_8 :    STD_LOGIC;
SIGNAL SYNTHESIZED_WIRE_9 :    STD_LOGIC_VECTOR(7 DOWNTO 0);
SIGNAL SYNTHESIZED_WIRE_10 :   STD_LOGIC_VECTOR(7 DOWNTO 0);
SIGNAL SYNTHESIZED_WIRE_11 :   STD_LOGIC_VECTOR(2 DOWNTO 0);
BEGIN
b2v_inst : jtd_ctrl
PORT MAP(CLK => SYNTHESIZED_WIRE_8,
         CLR => CLR,
         AT => SYNTHESIZED_WIRE_9,
         BT => SYNTHESIZED_WIRE_10,
         M => M,
         S => SYNTHESIZED_WIRE_11);
b2v_inst1 : jtd_time
PORT MAP(CLK => CLK,
         CLR => CLR,
         M => M,
         S => SYNTHESIZED_WIRE_11,
         AT => SYNTHESIZED_WIRE_9,
         BT => SYNTHESIZED_WIRE_10);
b2v_inst2 : jtd_light
PORT MAP(CLR => CLR,
         M => M,
         S => SYNTHESIZED_WIRE_11,
         ABL => ABL);
b2v_inst3 : jtd_dis
PORT MAP(CLK1K => CLK1K,
         CLK => SYNTHESIZED_WIRE_8,
         CLR => CLR,
         AT => SYNTHESIZED_WIRE_9,
         BT => SYNTHESIZED_WIRE_10,
         M => M,
         LED => LED,
         SEL => SEL);
b2v_inst4 : jtd_fqu
PORT MAP(CLK1K => CLK1K,
```

```vhdl
        CLK => SYNTHESIZED_WIRE_8);
END bdf_type;

LIBRARY IEEE;
USE IEEE.STD_LOGIC_1164.ALL;
USE IEEE.STD_LOGIC_ARITH.ALL;
USE IEEE.STD_LOGIC_UNSIGNED.ALL;
ENTITY TRAFFIC IS
PORT(
     CLK1K, CLR:IN STD_LOGIC;
     M:IN STD_LOGIC_VECTOR(2 DOWNTO 0);
     LED:OUT STD_LOGIC_VECTOR(6 DOWNTO 0);
     SEL:OUT STD_LOGIC_VECTOR(2 DOWNTO 0);
     ABL:OUT STD_LOGIC_VECTOR(7 DOWNTO 0)
     );
END TRAFFIC;
ARCHITECTURE BEHAVE OF TRAFFIC IS
COMPONENT JTD_FQU IS           --分频器元件的例化
PORT(
    CLK1K:IN STD_LOGIC;
    CLK:OUT STD_LOGIC
    );
END COMPONENT;
COMPONENT JTD_DIS IS           --数码显示的元件例化
PORT(
    CLK1K, CLK, CLR:IN STD_LOGIC;
    M:IN STD_LOGIC_VECTOR(2 DOWNTO 0);
    AT, BT:IN STD_LOGIC_VECTOR(7 DOWNTO 0);
    LED:OUT STD_LOGIC_VECTOR(6 DOWNTO 0);
    SEL:OUT STD_LOGIC_VECTOR(2 DOWNTO 0)
    );
END COMPONENT;
COMPONENT JTD_LIGHT IS         --译码驱动的元件例化
PORT(
    CLR:IN STD_LOGIC;
    M, S:IN STD_LOGIC_VECTOR(2 DOWNTO 0);
    ABL:OUT STD_LOGIC_VECTOR(7 DOWNTO 0)
```

```vhdl
      );
END COMPONENT;
COMPONENT JTD_TIME IS            --计时元件的例化
PORT(
     CLK，CLR:IN STD_LOGIC;
     M，S:IN STD_LOGIC_VECTOR(2 DOWNTO 0);
     AT，BT:OUT STD_LOGIC_VECTOR(7 DOWNTO 0)
     );
END COMPONENT;
COMPONENT JTD_CTRL IS            --控制模块的元件例化
PORT(
     CLK，CLR:IN STD_LOGIC;
     AT，BT:IN STD_LOGIC_VECTOR(7 DOWNTO 0);
     M:IN STD_LOGIC_VECTOR(2 DOWNTO 0);
     S:OUT STD_LOGIC_VECTOR(2 DOWNTO 0)
     );
END COMPONENT;
SIGNAL CLK:STD_LOGIC;
SIGNAL AT:STD_LOGIC_VECTOR(7 DOWNTO 0);
SIGNAL BT:STD_LOGIC_VECTOR(7 DOWNTO 0);
SIGNAL S:STD_LOGIC_VECTOR(2 DOWNTO 0);
BEGIN
  U1:JTD_FQU PORT MAP(           --名字关联方式赋值
                 CLK1K=>CLK1K,
                 CLK=>CLK
                 );
  U2:JTD_TIME PORT MAP(
                 CLR=>CLR,
                 AT=>AT,
                 BT=>BT,
                 CLK=>CLK,
                 M=>M,
                 S=>S
                 );
  U3:JTD_CTRL PORT MAP(
                 M=>M,
                 S=>S,
                 CLK=>CLK,
```

```
                CLR=>CLR,
                AT=>AT,
                BT=>BT
                );
U4:JTD_DIS PORT MAP(
                CLK1K=>CLK1K,
                CLK=>CLK,
                CLR=>CLR,
                AT=>AT,
                BT=>BT,
                LED=>LED,
                SEL=>SEL,
                M=>M
                );
U5:JTD_LIGHT PORT MAP(
                CLR=>CLR,
                S=>S,
                ABL=>ABL,
                M=>M
                );
END BEHAVE;
```

（2）顶层模块的元件图（见图 8-25）。

交通灯仿真

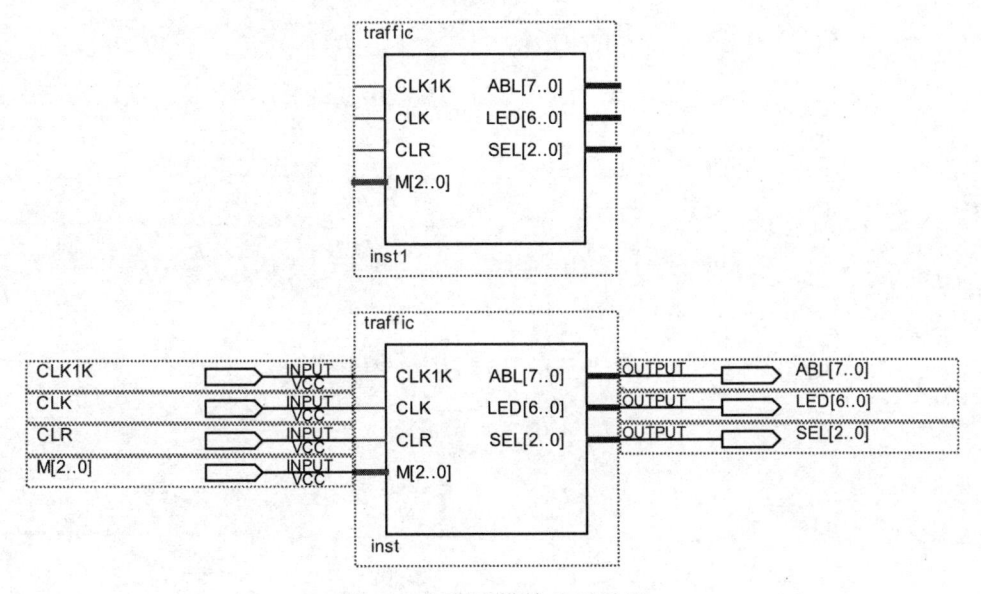

图 8-25　顶层模块的元件图

（3）顶层模块的功能仿真波形图（见图 8-26）。

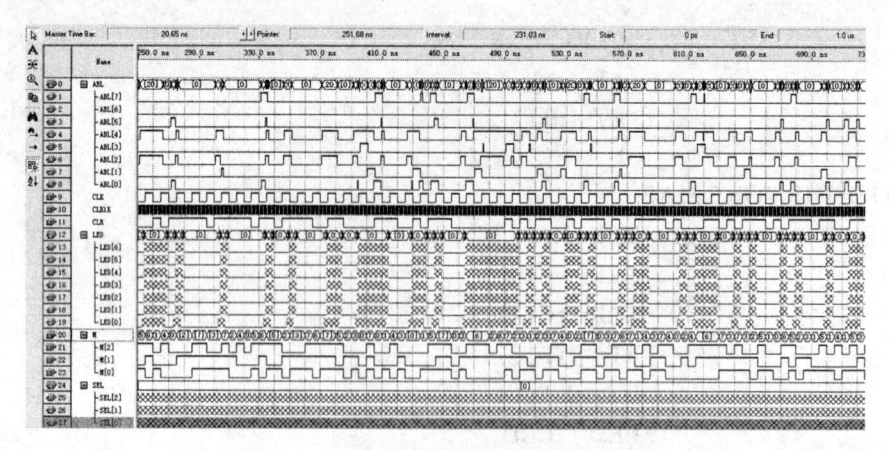

图 8-26　顶层模块的功能仿真波形图

（4）顶层模块的 RTL 图及 Technology Map 图（见图 8-27 和图 8-28）。

交通灯 RTL

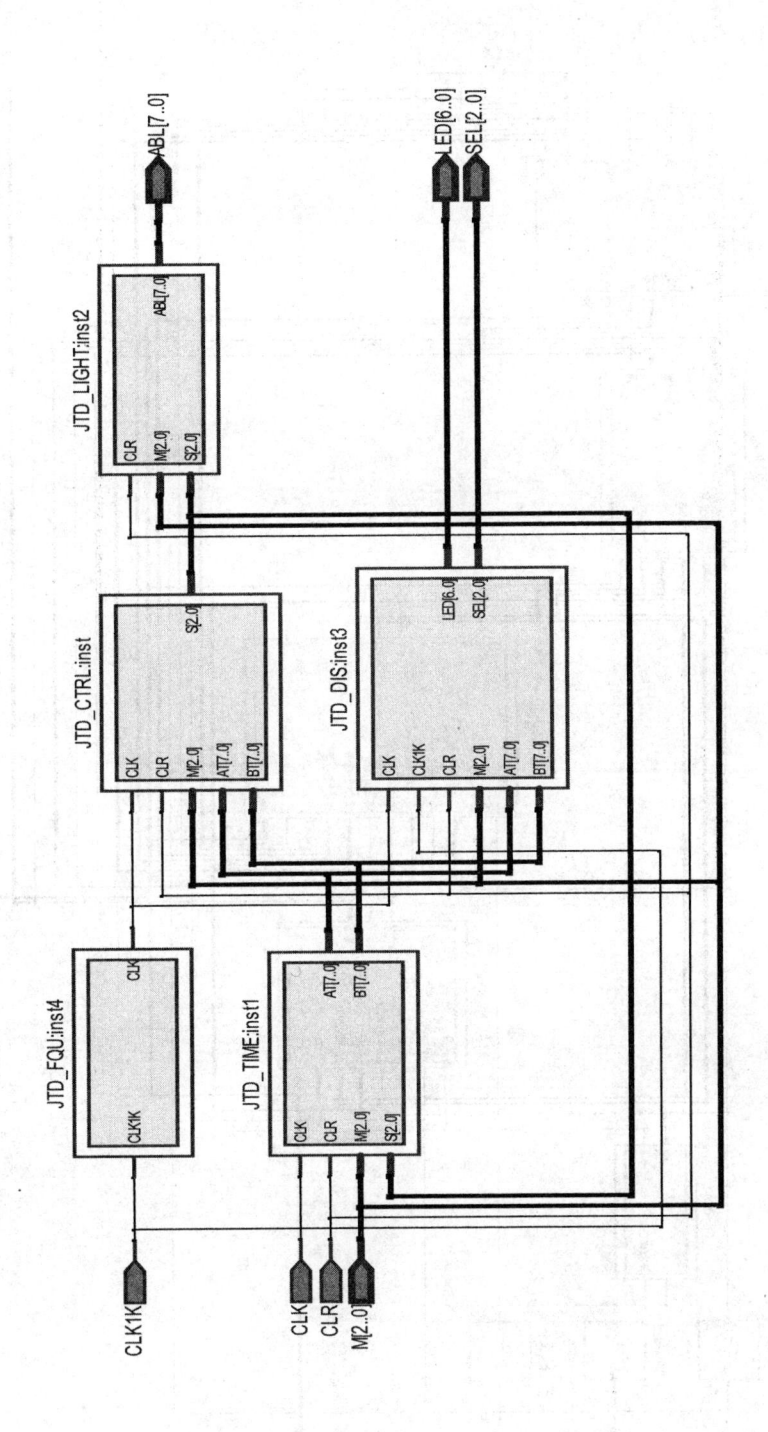

图 8-27　顶层模块的 RTL 图

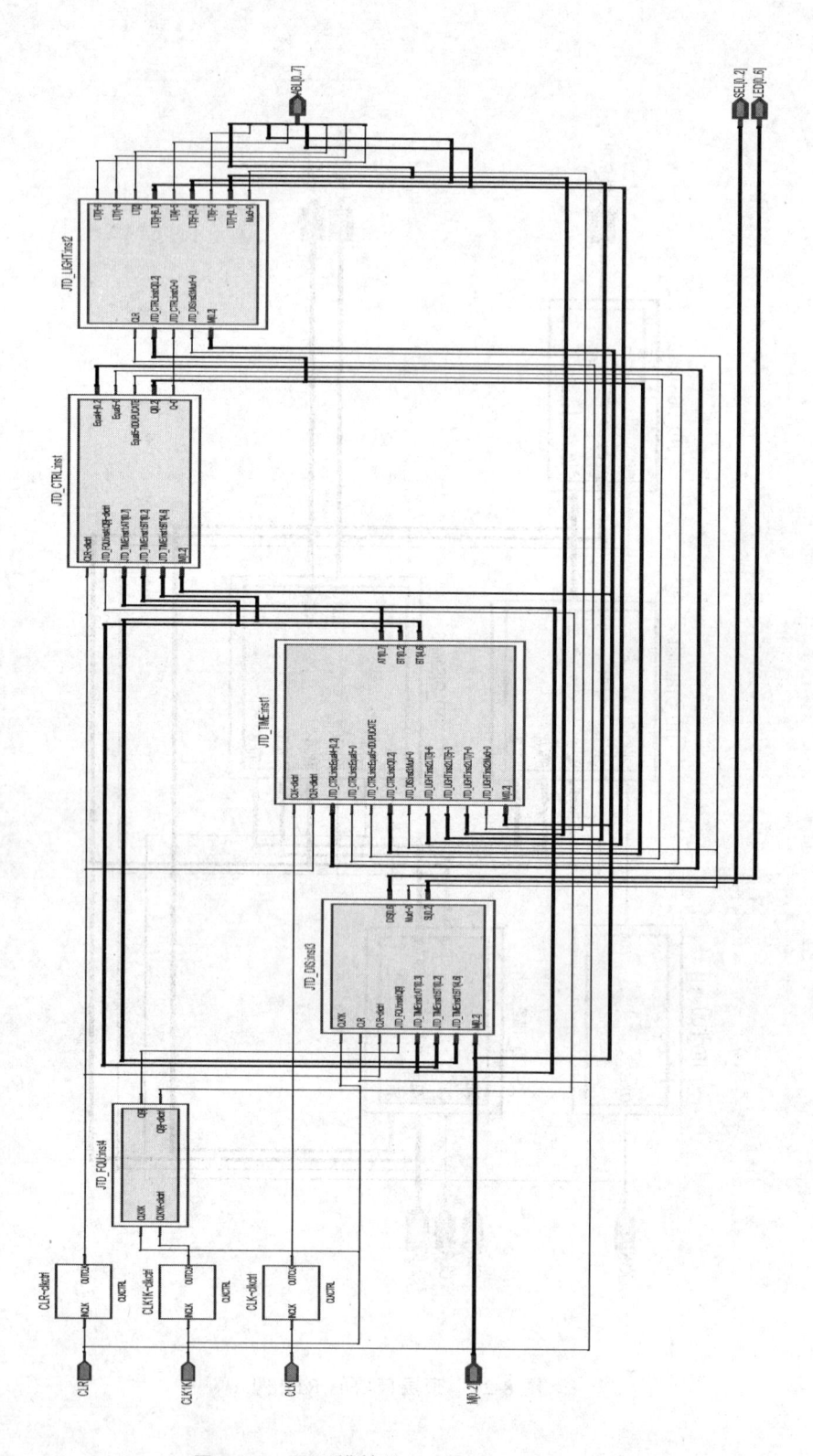

图 8-28 顶层模块的 Technology Map 图

科学家的故事

电子学科奠基者——朱物华

"北有朱自清,南有朱物华,一文一武,一南一北,双星闪耀",这是我国知识界、教育界对朱家两兄弟的赞誉。朱物华是我国著名的无线电电子学家、水声工程专家、教育家,也是我国电子学科与水声学科奠基人之一。朱物华一生重视基础理论教学,重视实验研究,在人才培养和教材编著方面做出了卓越贡献。1923年,朱物华在上海交通大学电机系的四年学习中,以第一名的最佳成绩获得了"美庚款"赴美留学的名额。同年8月,朱物华进入麻省理工学院电机系,他的研究课题是"水银整流器的耗电计算",这是当时未曾解决的课题。1924年,朱物华考入了哈佛大学,并于次年获哈佛大学电机系硕士学位,继而攻读博士学位。1926年,朱物华以论文《广义网络瞬态及在电滤波器中的应用》获美国哈佛大学博士学位。这是电子学科领域中的重大突破。为使我国能获得电视工业方面的成就,1946年,朱物华在上海交通大学首次开设了"电视学""电传真"课程,主要讲授天线、发送、接收、显示设备等理论和技术问题,这在当时的我国是一个了不起的创举,为我国培养了许多电子工业领域的人才。

朱物华一直为国家默默地贡献自己的力量。作为学者,为我国科学事业的发展做出了卓越贡献;作为一名教育家,培养了一代又一代科学家,他的许多学生,如杨振宁、朱光亚、邓稼先、马大猷等都是国内外知名的专家和学者。

思考题

（1）设计含有异步清零和计数使能的 16 位二进制加减可控计数器。

（2）用 74148（8 线-3 线八进位优先编码器）和与非门实现 8421BCD 优先编码器，用 3 块 74139（2 线-4 线译码器）组成一个 5 线-24 线译码器。

（3）用 74283 加法器（四位二进制全加器）和逻辑门设计实现一位 8421BCD 码加法器电路，输入输出均是 BCD 码，CI 为低位的进位信号，CO 为高位的进位信号，输入为两个一位十进制数 A，输出用 S 表示。

（4）用两种方法设计八位比较器，比较器的输入是两个待比较的八位数 A=[A7..A0]和 B=[B7..80]，输出是 D、E、F。当 A=B 时 D=1；当 A>B 时 E=1；当 A<B 时 F=1。第一种设计方案是常规的比较器设计方法，即直接利用关系操作符进行编程设计；第二种设计方案是利用减法器来完成，通过减法运算后的符号和结果来判别两个被比较值的大小。对两种设计方案的资源耗用情况进行比较，并给以解释。

参考文献

[1] 刘昌华，张希. 数字逻辑 EDA 设计与实践[M]. 北京：国防工业出版社，2009.
[2] 潘松，黄继业. EDA 技术实用教程：VHDL 版[M]. 6 版. 北京：科学出版社，2018.
[3] 曾繁泰，曾祥云. VHDL 程序设计教程[M]. 4 版. 北京：清华大学出版社，2014.
[4] 谭会生，张昌凡. EDA 技术及应用[M]. 西安：西安电子科技大学出版社，2011.
[5] CHARLES H R，LIZY K J. 数字系统设计与 VHDL[M]. 2 版. 金明录，刘倩，译. 北京：电子工业出版社，2008.
[6] 潘松，黄继业. EDA 技术与 VHDL[M]. 5 版. 北京：清华大学出版社，2017.
[7] 李福军，刘立军. EDA 技术及应用项目教程[M]. 北京：电子工业出版社，2015.
[8] 樊辉娜. EDA 技术项目教程[M]. 北京：北京邮电大学出版社，2015.
[9] 张鹏. 探索高职 EDA 技术工程实践教学模式[J]. 中国教育学刊，2015（S2）：2.
[10] 张瑾，孙芹芝.《EDA 技术及应用》课程的项目教学设计[J]. 大连大学学报，2018，39（6）：114-117.
[11] 吴迪，符策，李涛，等. 基于 PBL 模式的 EDA 技术实验教学改革[J]. 实验室研究与探索，2021，40（2）：159-163.
[12] 丁家峰，龙孟秋，尹林子，等. 基于口袋实验室的 EDA 课程教改实践[J]. 电气电子教学学报，2022，44（1）：167-170.